"十四五"职业教育国家规划教材

中高职一体化衔接教材

化工安全与环保技术

第二版

齐向阳　刘尚明　栾丽娜　主编

U0254312

化学工业出版社

·北京·

内 容 简 介

《化工安全与环保技术》第二版是中高职一体化衔接教材。本书以贯彻生态文明思想、践行绿水青山就是金山银山的理念，结合化工生产的特点，阐述了化工操作人员必须具备的安全知识和技能，以及需要掌握的环境保护知识。全书共十一章，主要内容包括化工安全与职业危害、安全防护用品的使用、危险化学品与防毒技术、防火防爆技术、压力容器与电气安全技术、化工装置安全检修、环境保护与噪声污染控制、化工废气治理、化工废水处理、化工固体废物的处理与利用，以及化工责任关怀与可持续发展。通过较多的实例说明各类化工生产过程安全与环保及职业卫生防护方法，具有较强的实用性和可操作性。同时，本书配套了二维码数字资源，方便学生理解重难点内容。本书配套了教学课件，可供教师参考。

本书可作为职业院校化工相关专业的教学用书。

图书在版编目（CIP）数据

化工安全与环保技术/齐向阳，刘尚明，栾丽娜主编.—2版.—北京：化学工业出版社，2023.10（2024.11重印）
ISBN 978-7-122-44032-7

Ⅰ.①化… Ⅱ.①齐…②刘…③栾… Ⅲ.①化工安全-教材②化学工业-环境保护-教材 Ⅳ.①TQ086②X78

中国国家版本馆 CIP 数据核字（2023）第 154008 号

责任编辑：王海燕　窦　臻　　　　　　　　　　装帧设计：王晓宇
责任校对：王鹏飞

出版发行：化学工业出版社（北京市东城区青年湖南街 13 号　邮政编码 100011）
印　　装：大厂回族自治县聚鑫印刷有限责任公司
787mm×1092mm　1/16　印张 17¼　字数 420 千字　2024 年 11 月北京第 2 版第 4 次印刷

购书咨询：010-64518888　　　　　　　　　　售后服务：010-64518899
网　　址：http://www.cip.com.cn
凡购买本书，如有缺损质量问题，本社销售中心负责调换。

定　　价：45.00 元

习近平总书记指出"绿水青山就是金山银山",环境保护是经济发展的基石,也是实现美丽中国的必然条件。而党的二十大报告,也将环境保护领向了新的高度,为"化工安全与环保技术"课程的教学改革和教材建设指明了方向。

《化工安全与环保技术》从2016年出版以来,获得了使用学校的广泛欢迎,为化工安全与环保技术课程的教学改革提供了有益、有力的支撑,第一版被评为"十四五"职业教育国家规划教材。随着中高职一体化人才培养模式的不断完善与创新,要求教材动态更新。为此,组成由高职、中职、企业、行业专业带头人或资深专家的编写团队,校企合作对课程主要内容、教学指导建议、教学重难点以及读者意见进行研讨分析,对接岗位需求的知识、能力和素养,以证书标准、书证融通为切入点进行专题研究,形成《化工安全与环保技术》第二版的修订方案。在保留原有结构框架的基础上,淘汰陈旧的资料,增补化工安全与环保的新技术、新工艺、新材料、新设备"四新"成果,有机融入党的二十大精神元素,以纸质教材为核心,形成数字资源相配合的中高职一体化特色教材。

本次修订的主要内容如下:

一、坚持立德树人。编写团队将党的二十大报告中关于安全环保的相关要求融入教材,全面落实课程思政要求,弘扬劳动光荣、技能宝贵、创造伟大的时代风尚。从家国情怀、担当意识、精益求精的工匠精神、诚实守信的职业品质、安全防护、操作规范、责任关怀等细节着手,在职业安全、环境保护、化工可持续发展中培养学生的职业素养。

二、落实《中华人民共和国安全生产法》(2021修订版),对第一章"化工安全与职业危害"重新编写,更新了相关法律、法规。职业危害与职业病案例统计数据更新到2021年。

三、重新编写第七章"环境保护与噪声污染控制",我国环境保护工作方针及原则,生态环保法律体系、突发环境事件及分级标准,让学生牢固树立尊重自然、顺应自然、保护自然的生态文明理念。

四、助力推动绿色化、低碳化,持续深入打好蓝天、碧水、净土保卫战,系统化地介绍了碳达峰碳中和、VOCs污染防治、温室气体减排技术、碳捕集、利用与封存等新理论、新技术。

五、贯彻党的二十大提出的绿色发展理念,推动可持续发展。新增化工责任关怀、清洁生产知识,使学生了解我国当前的生态现实,认识我国面临的生态压力,正视生态危机产生的根源，认清生态价值的多重意蕴，进而加深对生态文明的理论认同与价值遵循。

六、增加 1+X 证书相关内容，新建多个微课，通过二维码，建立纸质教材和数字化资源的有机联系。促进线上线下融合的智慧教学，实现信息技术与纸质教材的深度融合、创新发展。

本书第一章由辽河石油职业技术学院张静编写，第二章由大庆职业学院周新新编写，第三、四章由辽宁石化职业技术学院齐向阳和沈阳市化工学校栾丽娜编写，第五章由本溪市化学工业学校刘尚明编写，第六章由本溪市化学工业学校曹晞编写，第七章由阜新市疾病预防控制中心罗研编写，第八章由中国科学院长春分院钟靖然编写，第九章由沈阳市化工学校刘明华编写，第十章由沈阳市化工学校肖海霞编写，第十一章由锦州中燃能源发展有限公司王雷编写。全书由齐向阳统稿，辽宁石化职业技术学院李晓东教授主审。

在编写过程中，中国石油锦州石化公司蔡道青、褚继勇、齐洪奎参与了资料收集与整理工作，在此表示感谢。

由于编者水平有限，不足之处在所难免，恳请读者批评指正。

编者
2023 年 6 月

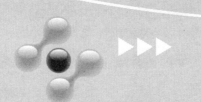

第一版前言

随着我国职业教育体系的不断完善、办学模式的不断创新，为了满足职业教育新形势发展的需要，推进中高职一体化人才培养模式改革，加快建立具有特色的现代职业教育体系，全面提高职业教育教学质量，培养高素质技能型人才，辽宁省教育厅会同财政厅联合审核确立了辽宁省现代职业教育体系建设"中高职教育衔接相关专业人才培养方案编制与课程开发项目"，并划拨专项经费支持该项目建设。以此为基础，辽宁石化职业技术学院与沈阳市化工学校、本溪市化学工业学校共同开发了这套"中高职一体化衔接系列教材"。

这套教材根据中高等职业教育应用化工技术专业的培养目标要求和辽宁省《应用化工技术专业标准》，遵循职业教育教学规律，在教学内容、教学形式、教学方法等方面进行深入探索和有益创新，从知识与专业能力的深浅、宽窄、高低等多维度，选准中高职教育教学的衔接点，优化课程结构，整合、协调相关教学环节，以提高职业学校学生的文化素质、职业技能、创新和创业能力。

《化工安全与环保技术》是系列教材之一，结合化工生产的特点，阐述了化工操作人员必须具备的安全知识和技能以及需要掌握的环境保护知识。主要内容包括化工生产安全管理和法律法规、化工生产防火防爆技术、化工生产电气安全技术、危险化学品的知识、特种设备安全技术、化工生产及检修安全、环境保护及清洁生产，并通过较多的实例说明各类化工生产过程安全与环保及职业卫生防护方法，具有较强的实用性和可操作性。

《化工安全与环保技术》第一、二章由辽宁石化职业技术学院齐向阳编写，第三、四章由本溪市化学工业学校刘尚明编写，第五、六章由沈阳市化工学校栾丽娜编写，第七章由吉林省科技协会钟靖然编写，第八章由辽宁石化职业技术学院晏华丹编写，第九章由沈阳市化工学校刘明华编写，第十章由沈阳市化工学校肖海霞编写，全书由齐向阳统稿、李晓东主审。

由于编者水平有限，不足之处在所难免，恳请读者批评指正。

编者
2016 年 5 月

目 录

CONTENTS

第三章 危险化学品与防毒技术

第八章　化工废气治理

第九章　化工废水处理

第十章　化工固体废物的处理与利用

第十一章　化工责任关怀与可持续发展

二维码数字资源目录

第一章

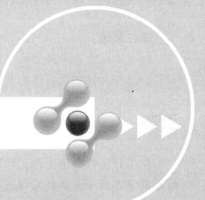

化工安全与职业危害

 教学目的及要求

通过本章学习，我们应熟悉化工生产的基本特点，对化工安全技术有一个总体的、初步的认识。通过化工生产中危险、危害因素，化工单元操作安全技术，典型化工过程安全技术，职业危害作业分级、事故致因理论和事故管理、事故评价，我国安全法规和安全管理体系等主要内容的学习，提高安全意识、社会责任意识和职业素养，增强对化工安全技术学习的信心与热情，做到爱岗敬业、牢记化工人的使命与责任担当。

知识目标：

1.熟悉化工生产的特点，认识安全在化工生产中的重要性；

2.了解职业危害与职业危害因素，理解职业病危害因素的作用条件；

3.掌握"海因里希"安全法则和墨菲定律；

4.掌握我国安全生产方针和安全生产工作体制，了解我国安全法规与安全管理体系。

技能目标：

1.能运用常用的安全风险识别方法进行定性的风险分析辨识；

2.能树立安全第一的理念，并影响周围人；

3.能初步进行职业病危害因素分析并借助资料提出防范措施；

4.能迅速领会新的安全生产法律法规。

素质目标：

1.具有良好的社会责任感和使命感，全面贯彻"安全第一、预防为主、综合治理"的安全生产管理基本方针，具有本质安全、职业健康、绿色环保职业素养，立志化工报国；

2.具有"所有的事故都是可以避免"的安全理念，具备对化工原料处理、反应过程、分离与纯化、产品加工等环节中可能出现的风险进行识别和评估的能力；

3.具备化工生产一线倒班工人需要的身体和心理素质，具有团队协作与沟通能力以及持续学习与创新能力。

课证融通：

1. 化工危险与可操作性（HAZOP）分析职业技能等级证书（初、中级）；
2. 化工总控工职业技能等级证书（中、高级工）。

引言

化工行业的连续生产工种较多，属流程型行业，各生产环节直接相互依存，生产过程是靠调节工艺操作参数实现的，控制信息要求及时、稳定、可靠。因此，化工生产过程的安全、稳定、长周期是节能、稳定、高产的重要保障。就化工行业的产品而言，一般具有有毒、危险等特性，产品专业性强。化工企业对原物料及产成品的管理相当严格，原物料及产成品的任何闪失、任何差错都会严重影响企业的运作及生产的正常秩序。

第一节　化工生产与安全

一、化工生产概述

> **典型案例**
>
> 氯乙烯又名乙烯基氯，有毒、易燃易爆，是一种无色、有醚样气味的气体，属于第一批重点监管的危险化学品（简称危化品），相对蒸气密度（空气为1）2.2，急性中毒具有麻醉作用。这样一种比空气重2.2倍的易燃易爆、有毒有害危险化学品一旦泄漏，其着火、爆炸、中毒的可能性极高。
>
> 河北省张家口市某化工有限公司氯乙烯气柜、球罐等高度危险部位和重大危险源，处于靠近310省道围墙边的工厂内，2018年11月28日0时40分左右，气柜中氯乙烯泄漏扩散到省道上，遇明火发生爆燃，导致停放在公路两侧等待卸货的车辆司机等人员23人死亡、22人受伤。

（一）化工生产的特点

化工生产具有易燃、易爆、易中毒、高温、高压、有腐蚀性等特点，与其他工业部门相比具有更大的危险。化工生产的特点见表1-1。

M1-1 河北省
张家口重大
爆燃事故

表1-1　化工生产的特点

特点	具　体　表　现
1. 化工生产中涉及的危险品多	化工生产中使用的原料、半成品和成品种类繁多，绝大部分是易燃、易爆、有毒、有腐蚀的化学危险品。在生产、使用、运输中管理不当，就会发生火灾、爆炸、中毒和烧伤事故，给安全生产带来重大影响

续表

特点	具体表现
2.化工生产工艺条件苛刻	第一，化学工业是多品种、技术密集型的企业，每一种产品从投料到生产出产品都有其特定的工艺流程、控制条件和检测方法 第二，化学工业发展迅速，新产品层出不穷，老产品也不断改型更新，每一种新产品的推出都要经过设计准备、工艺准备和试制 第三，化工生产过程多数在高温、高压、密闭或深冷等特定条件下进行。生产过程中必须做好防爆炸、防燃烧、防腐蚀、防污染等工作，没有严格的管理和相应的技术措施是无法安全生产的
3.生产规模大型化	近几年来，国际上化工生产采用大型生产装置是一个明显的趋势。采用大型装置可以明显降低单位产品的建设投资和生产成本，有利于提高劳动生产率
4.生产过程连续化、自动化	现代化企业的生产方式已经从过去的手工操作、间歇生产转变为高度自动化、连续化生产；生产设备由敞开式变为密闭式；生产装置由室内走向露天；生产操作由分散控制变为集中控制，同时也由人工手动操作发展到计算机控制
5.高温、高压设备多	许多化工生产离不开高温、高压设备，这些设备能量集中，如果在设计制造中，不按规范进行，质量不合格，或在操作中失误，就会发生灾害性事故
6.操作要求严格	一种化工产品的生产往往由几个车间（工段）组成，在每个车间又由多个化工单元操作和若干台特殊要求的设备和仪表联合组成生产系统，形成工艺流程长、技术复杂、工艺参数多、要求严格的生产线。要求任何人不得擅自改动，要严格遵守操作规程，操作时要注意巡回检查、认真记录，纠正偏差，严格执行交接班制度，注意上下工序联系，及时消除隐患，否则将会导致事故的发生
7."三废"多，污染严重	化学工业在生产中产生的废气、废水、废渣多，是工业生产中的污染大户。在排放的"三废"中，许多物质具有可燃、易燃、有毒、有腐蚀及有害性，这都是生产中不安全的因素
8.事故多，损失重大	在化工生产中，存在着诸多潜在的危险因素，易发生火灾、爆炸等重大事故，给安全生产带来极大威胁

（二）安全在化工生产中的重要性

安全生产事关人民福祉，事关经济社会发展大局。习近平总书记高度重视安全生产工作，作出一系列关于安全生产的重要论述。习近平强调，生命重于泰山。各级党委和政府务必把安全生产摆到重要位置，树牢安全发展理念，绝不能只重发展不顾安全，更不能将其视作无关痛痒的事，搞形式主义、官僚主义。

安全生产是我国的一项重要政策，也是社会、企业管理的重要内容之一。做好安全生产工作，对于保障员工在生产过程中的安全与健康，搞好企业生产经营，促进企业发展具有非常重要的意义。

1.安全生产概念

安全，就是指企业在生产过程中的员工或生产过程中的设备没有危险、不受威胁、不出事故。比如生产过程中的人身和设备安全、道路交通中的人身和车辆安全等。

安全生产，是指在生产过程中的人身安全和设备安全。也就是说，为了使劳动过程在符合安全要求的物质条件和工作秩序下进行，防止伤亡事故、设备事故及各种灾害的发生，保障从业人员的安全与健康，保障企业生产的正常进行。安全生产是安全与生产的统一，安全促进生产，生产必须安全。

安全生产管理，是指企业为实现生产安全所进行的计划、组织、协调、控制、监督和激励等管理活动。简言之就是为实现安全生产而进行的工作。

2. 安全生产的重要意义

安全生产在化工生产中的意义主要体现在：

① 安全生产是化工生产的前提。化工生产中易燃、易爆、有毒、有腐蚀性的物质多，高温、高压设备多，工艺复杂，操作要求严格，因而与其他行业相比，安全生产在化工行业中就更为重要。统计资料表明，在工业企业发生的爆炸事故中，化工企业就占了三分之一。

② 安全生产是化工生产的保障。要充分发挥现代化工生产的优势，必须实现安全生产，确保装置长期、连续、安全运行。发生事故就会造成生产装置不能正常运行，影响生产能力，造成一定的经济损失。如果安全生产搞不好，发生伤亡事故和职业病，劳动者的安全健康受到危害，生产就会遭受巨大损失。

③ 安全生产是化工生产发展的关键。装置规模的大型化、生产过程的连续化是现代化生产发展的方向和趋势，但要充分发挥现代化工生产的优越性，必须实现安全生产，确保装置长期、连续、安全运转。

④ 安全生产是化工企业员工的头等大事。对于生产员工关系到个人的生命安全与健康，家庭的幸福和生活的质量；对于国家关系人民群众的生命财产安全，关系改革发展和社会稳定大局。对于巩固社会的安定，为国家的经济建设提供重要的稳定环境，具有现实的意义。

二、职业危害与职业病

2021 年全国共报告各类职业病新病例 15407 例，职业性尘肺病（肺尘埃沉着病）及其他呼吸系统疾病 11877 例（其中职业性尘肺病 11809 例），职业性耳鼻喉口腔疾病 2123 例，职业性传染病 339 例，职业性化学中毒 567 例，物理因素所致职业病 283 例，职业性皮肤病 83 例，职业性肿瘤 79 例，职业性眼病 43 例（含 5 例放射性白内障），职业性放射性疾病 5 例，其他职业病 8 例。

（一）职业危害因素

1. 概念

在生产劳动场所存在的，可能对劳动者的健康及劳动能力产生不良影响或有害作用的因素，统称为职业危害因素。

职业危害因素是生产劳动的伴生物。它们对人体的作用，如果超过人体的生理承受能力，就可能产生 3 种不良后果。

① 可能引起身体的外表变化，俗称"职业特征"，如皮肤色素沉着、皮肤粗糙等。

② 可能引起职业性疾患——职业病及职业性多发病。

③ 可能降低身体对一般疾病的抵抗能力。

2. 分类

职业危害因素一般可以分为 3 类。

（1）生产工艺过程中的有害因素

① 化学因素，包括生产性粉尘及生产性毒物。

② 物理因素，包括不良气候条件（异常的温度、湿度及气压）、噪声与振动、电离辐射与非电离辐射等。

③ 生物因素，作业场所存在的会使人致病的寄生虫、微生物、细菌及病毒，如附着在

M1-2 什么是
职业病危害
扫
扫

皮毛上的炭疽杆菌、寄生在林木树皮上带有脑炎病毒的壁虱等。

（2）劳动组织不当造成的有害因素

① 劳动强度过大。

② 工作时间过长。

③ 由于作业方式不合理，或使用的工具不合理，或长时间处于不良体位，或机械设备与人不匹配、不适应造成的精神紧张或者个别器官、某个系统紧张等。

（3）生产劳动环境中的有害因素

① 自然环境中的有害因素，如夏季的太阳辐射等。

② 生产工艺要求的不良环境条件，如冷库或烘房中的异常温度等。

③ 不合理的生产工艺过程造成的环境污染。

④ 由于管理缺陷造成的作业环境不良，如采光照明不利、地面湿滑、作业空间狭窄、杂乱等。

另外，原国家卫生和计划生育委员会（现国家卫生健康委员会）发布的《职业病危害因素分类目录》将职业病危害因素分为粉尘类、放射性物质类（电离辐射）、化学物质类、物理因素、生物因素、导致职业性皮肤病的危害因素、导致职业性眼病的危害因素、导致职业性耳鼻喉口腔疾病的危害因素、职业性肿瘤的职业病危害因素、其他职业病危害因素等十大类。

3.职业病危害因素的作用条件

（1）接触机会　劳动者只有到环境恶劣的作业现场中工作，接触有害物质，才能产生职业性损伤。

（2）作用强度　主要取决于接触量，接触量又与作业环境中有害物质的浓度（强度）和接触时间有关，浓度（强度）越高（强），接触时间越长，危害就越大。

（3）毒物的化学结构和理化性质　①化学结构对毒性的影响：烃类化合物中的氢原子被卤族原子取代后，其毒性增大；芳香族烃类化合物，苯环上氢原子若被氯原子、甲基、乙基所取代，对全身的毒性减弱，而对黏膜的刺激性增强；苯环上氢原子若被氨基或硝基取代后，则其毒害作用发生改变，有明显的形成高铁血红蛋白的作用。②理化性质对毒性的影响：毒物的理化性质对毒害作用有影响，如固体毒物被粉碎成分散度较大的粉尘或烟尘，易被吸入，较易中毒；熔点低、沸点低、蒸气压低的毒物浓度高，易中毒；在体内易溶解于血清的毒物，易中毒等。

（4）个体危害因素　①遗传因素；②年龄和性别；③营养状况；④其他疾病；⑤文化水平和习惯因素。

（二）职业病和法定职业病

1.概念

职业病是指劳动者在生产劳动及其他职业活动中，因接触职业性有害因素引起的疾病。在法律意义上，职业病有一定的范围，即指政府主管部门列入"职业病名单"的职业病，也就是法定职业病，它是由政府主管部门所规定的特定职业。法定职业病诊断、确诊、报告等必须按《中华人民共和国职业病防治法》的有关规定执行。只有被依法确定为法定职业病的人员，才能享受工伤保险待遇。

《职业病分类和目录》将职业病分为职业性尘肺病及其他呼吸系统疾病、职业性皮肤病、职业性眼病、职业性耳鼻喉口腔疾病、职业性化学中毒、物理因素所致职业病、职业性放射性疾病、职业性传染病、职业性肿瘤、其他职业病 10 类 132 种。

2.职业病的特点

① 病因明确。病因即职业危害因素，在控制病因或作用条件后，可予消除或减少发病。

② 所接触的病因大多是可以检测的，而且需要达到一定程度，才能使劳动者致病。

③ 在接触同样因素的人群中常有一定的发病率，很少出现个别病人。

④ 职业病是可以预防的。如能早期诊断，进行合理治疗，预后较好，康复较易。

（三）职业危害作业分级

危害程度分级是将职工承受的职业危害的轻重程度，按一定的标准进行分类。所谓危害即是指化学因素（尘、毒等）、物理因素（噪声、振动、温度、电磁和射线等）和生物因素（细菌、病毒和寄生虫等），其存在可能引起职业病。进行职业危害程度分析的目的在于：①便于衡量职工承受职业危害的变动情况，以利于宏观决策；②可以明确职业安全卫生监察和治理的重点，指导人们采取有效措施；③对于不同技术装备的大、中、小企业，可以在一定的时间内提出不同的要求，便于分类指导，避免一刀切，避免提出不切实际的要求。

我国自 1984 年开始陆续发布了 6 个关于高温、噪声、粉尘、毒物等职业危害因素的作业标准，这些标准有的是国家标准，有的是行业标准，至今部分标准不断被更新修订。目前，我国在用的主要职业病危害作业分级标准是 2010 年颁布的《工作场所职业病危害作业分级 第 1 部分：生产性粉尘》（GBZ/T 229.1—2010），《工作场所职业病危害作业分级 第 2 部分：化学物》（GBZ/T 229.2—2010），《工作场所职业病危害作业分级 第 3 部分：高温》（GBZ/T 229.3—2010），《工作场所职业病危害作业分级 第 4 部分：噪声》（GBZ/T 229.4—2012）。

这些职业危害程度分级标准，是劳动保护科学管理的依据。应该指出，职业危害程度分级标准同卫生标准是有区别的。分级标准是一种管理标准，是为促进企业劳动条件逐步达到卫生标准而制定的。而卫生标准是指所处的劳动环境或劳动条件一般不致造成职业病的标准，也可以说是一种理想劳动条件标准。这两种标准互相联系，但各有各的用途，不应混淆使用。

第二节　安全法规与安全管理体系

一、安全法规

（一）安全法规体系

根据我国立法体系的特点，以及安全生产法规调整的范围不同，安全生产法律法规体系由若干层次构成。安全生产法律法规体系包括法律、法规、规章、国家标准。

（1）法律　由全国人民代表大会及其常务委员会制定。如：《中华人民共和国安全生产法》《中华人民共和国消防法》《中华人民共和国职业病防治法》等。

（2）法规　由国务院发布，包括有立法权的机构——省、自治区、直辖市人民代表大会及其常务委员会和地方政府在不同宪法、法律、行政法规相抵触的前提下制定的。如：

《危险化学品管理条例》《生产安全事故应急条例》等。

（3）规章 由国务院各部委等和具有行政管理职能的直属机构，省、自治区、直辖市和较大的市的人民政府制定的。如：《危险化学品企业安全风险隐患排查治理导则》《特种设备作业人员考核规则》等。

（4）国家标准 由国家市场监督管理总局（原国家质量监督检疫总局）发布。如：《重大危险源辨识》《危险货物品名表》等。

依法治国必须有法可依。立法成为建设法治国家的第一步。新发展阶段、新发展理念、新发展格局又对安全、环保工作提出更高的要求，因此国家定期修订相关法律法规，为安全、环保工作提供了有力的法律武器。

以下列举的是安全、环保方面部分最新的法律：

①《中华人民共和国安全生产法》（2021年9月1日起施行）。

②《中华人民共和国环境保护法》（2015年1月1日起实施）。

③《中华人民共和国大气污染防治法》（2018年10月26日起实施）。

④《中华人民共和国水污染防治法》（2018年1月1日起实施）。

⑤《中华人民共和国固体废物污染环境防治法》（2020年9月1日起实施）。

⑥《国家危险废物名录（2021版）》（2021年1月1日起实施）。

M1-3《中华人民共和国安全生产法》的修订

（二）主要安全法规内容

人民至上、生命至上。党的十八大以来，以习近平同志为核心的党中央高度重视安全生产工作，强调要牢固树立安全发展理念，坚持人民利益至上，始终把安全生产放在首要位置，切实维护人民群众生命财产安全。

安全管理法规是根据《中华人民共和国安全生产法》（简称《安全生产法》）以及《中华人民共和国劳动法》（简称《劳动法》）等有关法律规定，而制定的有关条例、部门规章及管理办法规定。它是指国家为了搞好安全生产，加强劳动保护，保障职工的安全健康所制定的管理法规的总称。安全管理法规的主要内容有：确定安全生产方针、政策、原则；明确安全生产体制；明确安全生产责任制；制定和实施劳动安全卫生措施计划；安全生产的经费来源；安全检查制度；安全教育制度；事故管理制度；女职工和未成年工的特殊保护；工时、休假制度等。

我国现行的安全管理法规主要有：《安全生产许可证条例》《国务院关于特大安全事故行政责任追究的规定》《生产安全事故报告和调查处理条例》《女职工劳动保护特别规定》《未成年工特殊保护规定》《乡镇企业劳动卫生管理办法》《企业职工伤亡事故调查分析规则》《企业职工伤亡事故经济损失统计标准》等。

二、安全管理

（一）安全管理原则

（1）安全生产方针 我国推行的安全生产方针是：安全第一、预防为主、综合治理。

（2）安全生产工作体制 我国执行的安全体制是：国家监察，行业管理，企业负责，群众监督，劳动者遵章守纪。

其中，企业负责的内涵是：负行政责任，指企业法人代表是安全生产的第一责任人；管理生产的各级领导和职能部门必须负相应管理职能的安全行政责任；企业的安全生产推行"人人有责"的原则等。负技术责任，企业的生产技术环节相关安全技术要落实到位、达标；推行"三同时"原则等。负管理责任，在安全人员配备、组织机构设置、经费计划的落实等方面要管理到位；推行管理的"五同时"原则等。

（3）安全生产管理五大原则

① 生产与安全统一的原则，即在安全生产管理中要落实"管生产必须管理安全"的原则。

②"三同时"原则，即新建、改建、扩建的项目，其安全卫生设施和措施要与生产设施同时设计，同时施工，同时投产。

③"五同时"原则，即企业领导在计划、布置、检查、总结、评比生产时，计划、布置、检查、总结、评比安全同时进行。

④"三同步"原则，企业在考虑经济发展、进行机制改革、技术改造时，安全生产方面要与之同时规划、同时组织实施、同时运作投产。

⑤"三不放过"原则，发生事故后，要做到事故原因没查清、当事人未受到教育、整改措施未落实的不放过原则。

（4）全面安全管理　企业安全生产管理执行全面管理原则，纵向到底，横向到边；安全责任制的原则是"安全生产，人人有责""不伤害自己，不伤害别人，不被别人伤害"。

（5）三负责制　企业各级生产领导在安全生产方面"向上级负责，向职工负责，向自己负责"。

（6）安全检查制　查思想认识、查规章制度、查管理落实、查设备和环境隐患；定期与非定期检查相结合；普查与专查相结合；自查、互查、抽查相结合。

（二）安全管理的主要内容

1.基础管理

基础管理工作包括各项规章制度建设，标准化工作，安全评价，重大危险源及化学危险品的调查与登记，监测和健康监护，职工和干部的系统培训，日常安全卫生措施的编制、审批，安全卫生检查，各种作业票（证）的管理与发放等。此外，企业的新建、改建、扩建工程基础上的设计、施工和验收以及应急救援等工作均属于基础工作的范畴。

2.现场安全管理

现场的安全管理也叫生产过程中的动态管理。包括生产过程、检修过程、施工过程、设备（包括传动和静止设备、电气、仪表、建筑物、构筑物）、防火防爆、化学危险品、重大危险源、厂区内的其他人员和设备的安全管理。

（三）安全管理模式的发展和完善

随着安全科学的发展和人类安全意识的不断提高，安全管理的作用和效果将不断加强。现代安全管理将逐步实现：变传统的纵向单因素安全管理为现代的横向综合安全管理；变事故管理为现代的事件分析与隐患管理；变被动的安全管理对象为现代的安全管理动力；变静态安全管理为现代的安全动态管理；变被动、辅助、滞后的安全管理模式为现代的主动、本质、超前的安全管理模式；变外迫型安全指标管理为内激型的安全目标管理。

（四）健康-安全-环境管理体系

健康-安全-环境管理体系（简称 HSE 管理体系）是一种系统化、科学化、规范化、制度化的先进管理方法，推行 HSE 管理体系是国际石油、石化行业安全管理的现代模式，也是当前进入国际市场竞争的通行证。目前石化行业正积极推进安全、环境与健康管理体系建设。

健康-安全-环境管理体系是一种事前进行风险分析，确定其自身活动可能发生的危害及后果，从而采取有效的防范手段和控制措施防止事故发生，以减少可能引起的人员伤害、财产损失和环境污染的有效管理方法。HSE 管理体系在实施中突出责任和考核，以责任和考核保证管理体系的实施。

健康，是指人身体上没有疾病，在心理上（精神上）保持一种完好的状态。安全，就是指企业在生产过程中的员工或生产过程中的设备没有危险、不受威胁、不出事故。环境，是指与人类密切相关的、影响人类生活和生产活动的各种自然力量或作用的总和。它不仅包括各种自然因素的组合，还包括人类与自然因素间相互形成的生态关系的组合。由于健康、安全与环境管理在实际工作过程中，有着密不可分的联系，因而把健康（healthy）、安全（safety）和环境（environment）管理形成一个整体管理体系，称作 HSE 管理体系。

通常，HSE 管理体系由几大要素组成，如领导承诺、方针目标和责任；组织机构、职责、资源和文件；风险评价和隐患治理；人员、培训和行为；装置设计和安装；承包商和供应商管理；危机和应急管理；检查、考核和监督；审核、评审、改进和保障体系等。

第三节 安全事故管理

一、事故致因理论

（一）基本概念

危险是指易于受到损害或伤害的一种状态。

事故是指造成人员死亡、伤害、职业病、财产损失或其他损失的意外事件。

事故隐患泛指生产系统中可导致事故发生的人的不安全行为、物的不安全状态和管理上的缺陷。

本质安全是指通过设计等手段使生产设备或生产系统本身具有安全性，即使在误操作或发生故障的情况下也不会造成事故。具体包括失误-安全功能和故障-安全功能。

（二）引发事故的四个因素

图 1-1 表明了引发事故的基本因素：

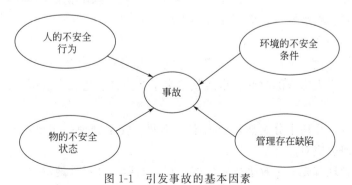

图 1-1 引发事故的基本因素

① 人的不安全行为；

② 环境的不安全条件；

③ 物的不安全状态；

④ 管理存在缺陷。

以上四个因素加在一起就必然会构成一个事故。其中人的原因造成事故的比例大概占 40%，设备的原因造成的物的不安全状态、环境的不安全状态而造成的事故大概占 40%，其他一些外界的因素占 20%。

（三）"海因里希"安全法则

当一个企业有 300 个隐患或违章，必然要发生 29 起轻伤或故障，在这 29 起轻伤事故或故障当中，必然包含有一起重伤、死亡或重大事故。这是美国著名安全工程师海因里希提出的 300：29：1 法则，即"海因里希"安全法则。

扫一扫

M1-4 海因里希法则

海因里希将事故因果联锁过程概括为以下五个因素：遗传及社会环境，人的缺点，人的不安全行为或物的不安全状态，事故，伤害。他认为，企业安全工作的中心就是防止人的不安全行为，消除机械的或物质的不安全状态，中断事故联锁的进程而避免事故的发生。

（四）墨菲定律

假设某意外事件在一次实验中发生的概率为 $P(P>0)$，则在 n 次实验中至少有一次发生的概率为：$P_n=1-(1-P)^n$。由此可见，无论概率 P 多么小，当 n 越来越大时，P_n 越来越接近 1，这意味着事故迟早会发生。

墨菲定律最大的警示意义是告诉人们，小概率事件在一次活动中就发生是偶然的，但在多次重复性的活动中发生是必然的。

（五）事故发生的特点

1. 因果性

事故的起因是在环境系统中，一些不安全因素相互作用、相互影响，到一定的条件下，发生突变，从一些简单的不安全行为酿成了安全事故。

2. 偶然性

事故发生的时间、地点、形式、规模和事故后果的严重程度是不确定的。不确定性让人很难把握事故的影响到底有多大。

3. 必然性

危险客观存在，生产、生活过程中必然会发生事故，采取措施预防事故，只能延长发生事故的时间间隔、减小概率，而不能杜绝事故。

4. 潜伏期

事故发生之前存在一个量变过程。一个系统，如果很长时间没有发生事故，并不意味着系统是安全的。当人麻痹的时候，事故就出来了，而且会造成事故扩大化。

5. 突变性

事故一旦发生，往往十分突然，令人措手不及。安全管理一定要有预案，当有突发事件的时候知道如何去应对。

所以，安全管理首先要了解事故发生的特点，然后有针对性地解决。

二、事故分类

事故分类方法有很多种，可以按事故性质进行分类，也可以按伤害的程度和伤害的方式进行分类。

（一）按事故的性质分类

事故性质可分为责任事故和非责任事故。责任事故是指可以预见、抵御和避免，但由于人的原因没有采取预防措施从而造成的事故。非责任事故包括自然灾害事故和技术事故。自然灾害事故如地震、泥石流造成的事故。技术事故是指由于科学技术水平的限制，安全防范知识和技术条件、设备条件达不到应有的水平和性能，因而无法避免的事故。

在已发生的事故中，大量的属于责任事故。据有关部门对事故的分析，责任事故占90%以上。

（二）按伤害的程度分类

根据伤害程度的不同，分为轻伤、重伤、死亡三类。

（三）按伤害的方式分类

我国在工伤事故统计中，主要是按照伤害方式，即导致事故发生的原因进行分类，依据国标 GB 6441—86《企业职工伤亡事故分类》将工伤事故分为 20 类。

①物体打击；②车辆伤害；③机械伤害；④起重伤害；⑤触电；⑥淹溺；⑦灼烫；⑧火灾；⑨高处坠落；⑩坍塌；⑪冒顶片帮；⑫透水；⑬放炮；⑭火药爆炸；⑮瓦斯爆炸；⑯锅炉爆炸；⑰容器爆炸；⑱其他爆炸；⑲中毒和窒息；⑳其他伤害。

三、事故等级

依据《生产安全事故报告和调查处理条例》第三条规定：根据生产安全事故（以下简称事故）造成的人员伤亡或者直接经济损失，事故一般分为一般事故、较大事故、重大事故、特别重大事故，具体见表 1-2。

表 1-2 生产安全事故分级

事故等级	死亡人数	重伤人数	经济损失
特别重大事故	造成 30 人以上死亡	100 人以上重伤（包括急性工业中毒，下同）	1 亿元以上直接经济损失
重大事故	造成 10 人以上 30 人以下死亡	50 人以上 100 人以下重伤	5000 万元以上 1 亿元以下直接经济损失
较大事故	造成 3 人以上 10 人以下死亡	10 人以上 50 人以下重伤	1000 万元以上 5000 万元以下直接经济损失
一般事故	造成 3 人以下死亡	10 人以下重伤	1000 万元以下直接经济损失

四、安全技术

生产过程中存在着一些不安全或危险的因素，危害着工人的身体健康和生命安全，同时也会造成生产被动或发生各种事故。为了预防或消除对工人健康的有害影响和各类事故的发生，改善劳动条件，而采取各种技术措施和组织措施，这些措施的综合叫作安全技术。

随着化工生产的不断发展，化工安全技术也随之不断充实和提高。安全技术的作用在于消除生产过程中的各种不安全因素，保护劳动者的安全和健康，预防伤亡事故和灾害性事故的发生。采取以防止工伤事故和其他各类生产事故为目的的技术措施，其内容包括：

① 直接安全技术措施，即使生产装置本质安全化；

② 间接安全技术措施，如采用安全保护和保险装置等；

③ 提示性安全技术措施，如使用警报信号装置、安全标志等；

④ 特殊安全措施，如限制自由接触的技术设备等；

⑤ 其他安全技术措施，如预防性实验、作业场所的合理布局、个体防护设备等。

我国推行的安全生产方针是：安全第一、预防为主、综合治理。我国执行的安全体制是：国家监察，行业管理，企业负责，群众监督，劳动者遵章守纪。为实现生产安全所进行的计划、组织、协调、控制、监督和激励等管理活动对安全生产管理尤为重要。

 复习思考题

一、选择题

1. 依据《安全生产法》的规定，生产经营单位负责人接到事故报告后，应当（　　）。

    A. 迅速采取有效措施，组织抢救

    B. 立即向新闻媒体披露事故信息

    C. 告知其他人员处理

    D. 在 48 小时内报告政府部门组织抢救

2. 依据《安全生产法》的规定，生产经营单位（　　）工程项目的安全设施，必须与主体工程同时设计、同时施工、同时投入生产或者使用。

    A. 新建、扩建、改建　　　　　　　　　B. 新建、扩建、引进

    C. 扩建、改建、翻修　　　　　　　　　D. 新建、改建、装修

3. 依据《工伤保险条例》的规定，我国工伤保险实行（　　）补偿的原则。

    A. 无过错　　　　　B. 有过错　　　　　C. 按过错大小　　　　D. 过错推定

4. 《安全生产法》自（　　）时间起执行。

    A. 2002 年 10 月 1 日　　　　　　　　　B. 2002 年 11 月 1 日

    C. 2001 年 11 月 1 日　　　　　　　　　D. 2001 年 11 月 10 日

5. 任何单位或者个人对事故隐患或者安全生产违法行为，均有权向负有安全生产监督管理职责的部门（　　）。

    A. 报告或者举报　　　　　　　　　　　B. 揭发和控告

    C. 检举和揭发　　　　　　　　　　　　D. 揭发和取证

6. 安全生产管理的目标是减少、控制危害和事故，尽量避免生产过程中由于（　　）所造成的人身伤害、财产损失及其他损失。

    A. 事故　　　　　　B. 危险　　　　　　C. 管理不善　　　　D. 隐患

7. 我国安全生产的方针是（　　）。

    A. 安全责任重于泰山　　　　　　　　　B. 质量第一、安全第一

    C. 管生产必须管安全　　　　　　　　　D. 安全第一、预防为主、综合治理

8. 如下保障安全生产的要素中，哪一项不属于安全生产"五要素"？（　　）

    A. 安全文化 安全科技　　　　　　　　　B. 安全责任 安全投入

    C. 安全法制　　　　　　　　　　　　　D. 安全工程

9. 事故隐患泛指生产系统中（　　）的人的不安全行为、物的不安全状态和管理上的缺陷。

    A. 经过评估　　　　　　　　　　　　　B. 存在

    C. 可导致事故发生　　　　　　　　　　D. 不容忽视

10. 根据事故调查分析的要求，事故的间接原因是（   ）。

    A. 人的不安全行为　　　　　　　　　　B. 物的不安全状态

    C. 自然条件、气象条件不良等　　　　　D. 管理不良和教育培训不力

11. 事故的发生具有其内部规律和外在原因，加强企业安全监督是避免事故发生的一个重要环节。企业一旦发生事故，坚持（   ）原则进行处理。

    A. 预防为主　　　　　　　　　　　　　B."四不放过"

    C. 三同时原则　　　　　　　　　　　　D. 责任追查到底

12. 通常职业病危害因素按其来源可以分为三类，下述（   ）不属于职业病危害因素。

    A. 与作业环境有关的职业病危害因素　　B. 与生产过程有关的职业病危害因素

    C. 与生产管理有关的职业病危害因素　　D. 与劳动过程有关的职业病危害因素

二、简答题

1. 化工生产的特点是什么？

2. 安全生产的重要意义是什么？

3. 职业危害因素的概念是什么？

4. 职业病的特点是什么？

5. 我国现行的安全管理体制是什么？

6. 从业人员在安全生产方面的权利和义务有哪些？

参考文献

[1] 张麦秋. 化工生产安全技术. 3 版. 北京：化学工业出版社，2020.

[2] 刘景良. 安全管理. 4 版. 北京：化学工业出版社，2021.

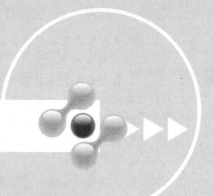

第二章

安全防护用品的使用

 教学目的及要求

通过本章的学习，深刻理解安全防护用品是保障员工安全和健康的最后一道防线。了解化工生产现场相关的安全防护用品知识，掌握头部防护、眼面防护、听力防护、呼吸防护、手部防护、足部防护、身体防护、坠落防护用品的选择及正确使用方法。提高安全意识，激发对我国安全防护用品采用强制管理的认同感和自豪感，珍爱生命，自觉地遵守化工生产安全防护的要求。

知识目标：

1.了解劳动保护的基本知识和安全管理方面的相关知识；

2.掌握主要安全防护用品的防护原理；

3.熟悉职业危害与职业危害因素，分析判断事故发生的原因，进而采取防范措施；

4.熟悉安全生产对生产作业环境的要求，熟悉作业现场安全管理的要求。

技能目标：

1.能认识到化工生产的危险无处不在，安全防护用品是保障员工安全和健康的最后一道防线；

2.能树立安全第一的理念，并影响周围人；

3.能认识生产现场的危险性，正确使用安全防护用品；

4.能掌握劳动防护用品的使用与管理。

素质目标：

1.学习噪声危害、生产性粉尘危害案例，树立安全保护意识，遵守操作规程，形成化工专业技术人才严谨、认真的职业素养，弘扬工匠精神；

2.传承石油工人"三老四严"优良作风，树立"安全无小事，责任大于天"的思想观念，落实发展决不能以牺牲人的生命为代价的重要论述，恪尽职守，自觉践行社会主义核心价值观；

3.具备"以人为本"的安全理念，具有应用个体防护装备免遭或减轻事故伤害和职业危害的职业习惯，做到"四不伤害"。

　　课证融通：

　　1.化工危险与可操作性研究（HAZOP）分析职业技能等级证书（初、中级）；

　　2.化工总控工职业技能等级证书（中、高级工）。

引言

　　《中华人民共和国安全生产法》第四十五条规定：生产经营单位必须为从业人员提供符合国家标准或者行业标准的劳动防护用品，并监督、教育从业人员按照使用规则佩戴、使用。《中华人民共和国职业病防治法》第二十二条规定：用人单位必须采用有效的职业病防护设施，并为劳动者提供个人使用的职业病防护用品。用人单位为劳动者个人提供的职业病防护用品必须符合防治职业病的要求；不符合要求的，不得使用。

　　中华人民共和国劳动和劳动安全标准《劳动防护用品分类与代码》将劳动防护用品分为九大类。既保持了劳动防护用品分类的科学性，同国际分类统一，又照顾了劳动防护用品防护功能和材料分类的原则。

　　（1）头部防护用品；

　　（2）呼吸器官防护用品；

　　（3）眼（面部）防护用品；

　　（4）听觉器官防护用品；

　　（5）手部防护用品；

　　（6）足部防护用品；

　　（7）躯干防护用品；

　　（8）护肤用品；

　　（9）防坠落及其他防护用品。

第一节　头部防护用品的使用

　　在化工、机械、纺织、建筑、采矿、冶金、造船、伐木、高空架线等作业中，人的头部有受到伤害的危险，都应该佩戴安全帽。安全帽有安全头盔和护发帽两类。

一、安全帽的防护作用

典型案例

　　[案例1] 某化工厂，一名检修工人站在人字梯上作业，安全帽的下颌带没有系在下颌处，而是放进帽子内。在检修即将结束时，身体失去重心而向后倾斜摔下来，在即将落地时，安全帽飞出，头部直接撞击在地面上，该检修工人当场死亡。

[案例2] 在某生产车间工艺岗位的巡检路线正上方，有一个管线的放空阀门，后来有人在该阀门下加了一节40cm左右的短管。因为习惯，有部分巡检人员往往记不住该阀门已加了短管，在深夜巡检时，经常能听到安全帽被撞得"吭"的声音。这节短管撞坏了不少巡检人员的安全帽。如果巡检人员不戴安全帽，后果会如何？

图 2-1　安全标志（一）

对人体头部受坠落物及其他特定因素引起的伤害起防护作用的帽子称为安全帽。GB 2811—2019中规定了安全帽的分类与标记、技术要求、检验及标识，化工生产要求进入生产装置的人员必须按规定着装，佩戴符合国家标准的安全帽及工作要求的劳动防护用具。安全标志如图 2-1 所示。

首先，戴安全帽，我们必须看作是一种责任、一种形象。我们正确佩戴安全帽之后，会在施工的时候有两种感觉：一种是沉甸甸的感受；另一种就是会因此觉得受到了约束。沉甸甸的安全帽对于每一位施工的人员而言，是一种责任，一定要多加重视。加强安全生产管理，约束每一位进入现场的人员，安全为我、我要安全的责任心。

其次，它是一种标志。在现场可以看到不同颜色的安全帽，千万别认为安全帽是可以随便戴的。化工企业一般分为：生产工人戴红色安全帽，安全监督人员戴黄色安全帽，管理人员戴白色安全帽。

最后，它是一种安全防护用品。主要保护头部，防高空物体坠落，防物体打击、碰撞。这方面防护作用有以下几点：

① 防止突然飞来的物体对头部的打击；

② 防止从 2～3m 以上高处坠落时头部受伤害；

③ 防上头部遭电击；

④ 防止化学和高温液体从头顶浇下时头部受伤；

⑤ 防止头发被卷进机器里或暴露在粉尘中；

⑥ 防止在易燃易爆区内因头发产生的静电导致引爆危险。

二、安全帽的质量要求

GB 2811—2019《头部防护 安全帽》规定，安全帽的永久标识位于产品主体内侧，并在产品整个生命周期内一直保持清晰可辨的标识，至少应包括以下内容：

① 本标准编号；

② 制造厂名；

③ 生产日期（年、月）；

④ 产品名称（由生产厂命名）；

⑤ 产品的分类标记；

⑥ 产品的强制报废期限。

对于安全帽的质量，要求特殊型安全帽不应超过 600g，普通型安全帽不应超过 430g，产品实际质量与标记质量相对误差不应大于 5%。

1. 冲击吸收性能

按照 GB/T 2812 规定的方法测试，经高温（50℃±2℃）、低温（-10℃±2℃）、浸水

（水温 20℃±2℃）、紫外线照射预处理后做冲击测试，传递到头模的力不应大于 4900N，帽壳不得有碎片脱落。

2.耐穿刺性能

按照 GB/T 2812 规定的方法测试，经高温（50℃±2℃）、低温（-10℃±2℃）、浸水（水温 20℃±2℃）、紫外线照射预处理后做穿刺测试，钢锥不得接触头模表面，帽壳不得有碎片脱落。

3.特殊性能要求

安全帽的特殊性能主要包括阻燃性能、侧向刚性、耐低温性能、耐极高温性能、电绝缘性能、防静电性能和耐熔融金属飞溅性能，GB 2811—2019《头部防护 安全帽》都做出了具体明确的要求。

三、安全帽的结构和材料

（一）安全帽的结构

安全帽由帽壳、帽衬接头、帽舌、吸汗带、下颌带调节器、下颌带、托带衬垫、后箍、托带、后箍调节器、帽檐、透气孔、帽箍组成。

安全帽的帽壳对外来冲击力起到第一道防护作用，帽壳顶部呈光滑圆弧形，应有一定的强度和弹性，使力分散，并吸收掉一部分动能。为了减轻重量，帽顶采用加筋的形式，以增加强度和弹性。

帽衬用来减缓冲击力。帽衬与帽壳之间要有 50mm 的空间，防止动能直接传到头上。帽衬有单层和双层两种，双层的更为安全，双帽衬与帽壳的连接处要牢靠，防止受冲击时脱开。

安全帽的结构和组成如图 2-2、图 2-3 所示。

(a) 安全帽外形

(b) 安全帽帽衬

(c) 安全帽帽衬内部结构

图 2-2 安全帽结构图

（二）分类及使用范围

根据其不同使用场所及类型，安全帽可分为 3 类，见表 2-1。

表 2-1 安全帽类型

类 型	组 成
通用型	帽壳、帽衬、下颌带、标志
操作型	帽壳、帽衬、下颌带、标志、防电弧面罩
带电型	绝缘帽壳、帽衬、下颌带

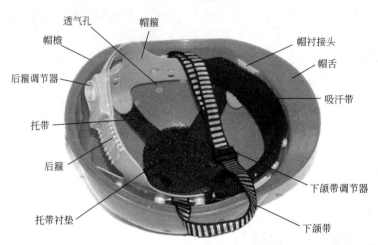

图 2-3　安全帽具体组成

（三）安全帽的材料

安全帽的材料很多，帽壳有聚酯树脂、聚苯树脂、聚乙烯等塑料制成的，这类安全帽的强度高，隔热绝缘性能好，耐酸碱；有金属的适于夏季露天作业，透气性好，但不抗穿刺。帽衬的材料有塑料衬、锦纶带衬、棉布带衬等。

通常，安全帽材料要求如下：

① 安全帽不得使用有毒、有害或引起皮肤过敏等伤害人体的材料。

② 安全帽不得使用回收、再生材料作为安全帽受力部件（如帽壳、顶带、帽箍等）的原料。

③ 正常使用的安全帽在使用期限内不能因材料原因导致防护功能失效，材料耐老化性能应不低于产品标识明示的使用期限。

四、护发帽

在传送带或机器旁工作的人，如果头发卷进转动的传送带或机器中是非常危险的，所以应该戴上护发帽。护发帽应该能够把头发完全包起来。为了便于日常的洗涤，这种帽子应当用经久耐用的纤维织物做成。帽子的样式应当简单，大小可以调节，使任何人戴起来都觉得适合。护发帽应当有一个长而硬的帽檐，这样在头部还没有碰到运动的物体如钻床的主轴时，人就警觉起来。如果工作场所可能遇到火花或热金属，护发帽应当用耐火的材料制作。佩戴护发帽不仅可以防止工伤事故的发生，而且可以保护头发不受灰尘、油烟等其他环境的影响。

五、安全帽的选择与使用

1. 安全帽的选择

在工作时为了保护好头部的安全，选择一顶合适的安全帽是非常重要的。选择安全帽时，要注意的主要问题是：

① 要按不同的防护目的选择安全帽，如防护物体坠落和飞来物冲击的安全帽；防止人员从高处坠落或从车辆上甩出去时头部受伤的安全帽；电气工程中使用的耐压绝缘安全帽等。

② 安全帽的质量须符合国家标准规定的技术指标，生产厂家和销售商须有国家颁发的

生产经营许可证。安全帽的材料要尽可能轻，并有足够的强度。

③ 安全帽在设计上要结构合理，使用时感觉舒适、轻巧，不闷热，防尘防灰。

2.安全帽的使用

选择了合适的安全帽，正确的使用方法同样重要。使用安全帽时要注意以下几点：

① 缓冲衬垫的松紧由带子调节，人的头顶和帽顶的空间至少要有 30mm 的距离才能使用，以保证在遭受冲击时帽体有足够的空间可供变形，同时有利于帽体和头部之间的通风。

② 使用安全帽时要戴正，否则会降低安全帽对物体冲击的防护作用。安全帽的带子要系牢，在发生危险时若由于跑动使安全帽脱落，则起不到防护作用。

③ 由于安全帽在使用过程中会逐步损坏，所以要定期进行检查，仔细检查有无龟裂、下凹、裂痕和磨损等情况。注意不要戴有缺陷的帽子。因为帽体材料有老化变脆的性质，所以注意不要长时间在阳光下暴晒。帽衬由于汗水浸湿而容易损坏，要经常清洗，损坏后要立即更换。

④ 最重要的是，使用安全帽要以规章制度的形式规定下来，并严格执行。在工作中不断进行宣传教育，使职工养成自觉佩戴安全帽的习惯。

⑤ 杜绝不正确的方式。不正确使用安全帽示例，如图 2-4 所示。

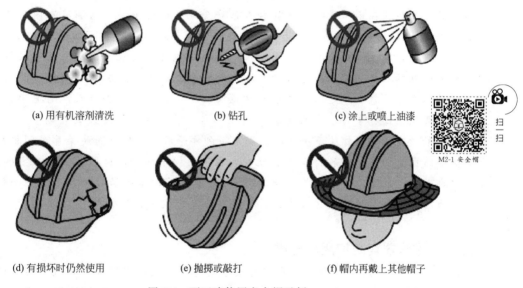

(a) 用有机溶剂清洗　　　　　(b) 钻孔　　　　　(c) 涂上或喷上油漆

扫一扫

M2-1 安全帽

(d) 有损坏时仍然使用　　　　(e) 抛掷或敲打　　　　(f) 帽内再戴上其他帽子

图 2-4　不正确使用安全帽示例

第二节　呼吸器官防护用品的使用

呼吸器官防护用品是为防御有害气体、蒸气、粉尘、烟、雾从呼吸道吸入，直接向使用者供氧或清洁空气，保证尘、毒污染或缺氧环境中作业人员正常呼吸的防护用品。所以，从事化工生产的操作人员要了解呼吸防护用品的适用性和防护功能；会判断防护用品是否适合所遇到的有害物及其危害程度；会选择并能检查防护用品是否完好；会正确使用典型呼吸防护用品。

一、常见的呼吸器官防护用具

典型案例

2018年5月20日前后，安徽省天长市某公司污水处理站调节池水泵损毁，无法使用，公司交由机修班维修。

污水处理站调节池的四周及顶板用塑料板围挡，仅在池东边水泵处留有一个约 1m×1m 的维修门，相对封闭，自然通风不良，是典型密闭空间（有限空间）。事故发生时，池内水深约 0.9m。该企业生产过程中使用二硫化碳进行磺化反应，且涉及硫酸钠、漂白粉、木浆粕、烧碱等化工原料，调节池内的污水含有硫化氢，加之当天气温高等原因，调节池内污泥中存在蛋白质等含硫有机质，在厌氧条件下降解或在硫酸盐还原菌作用下分解产生硫化氢，并在密闭的调节池内积聚，形成可导致中毒死亡的高浓度硫化氢气体环境。

5月23日上午，机修班班长刘某龙自行决定维修水泵，于是带领工人毕某连拉了一台新水泵，放到污水处理站调节池旁边的空地上。因水泵和水管较重，刘某龙叫吴某林、胡某荣、陈某保和分离装置操作工李某江帮忙，六个人合力将新水泵和水管抬到处理池沿口处，准备安装。至17:30左右，因安装新水泵时，原有的旧水管碍事，新水管弯头难以接正，毕某连在未佩戴防毒面具和未系安全绳的情况下，下到调节池内第二层钢管上，不到1min，就听"扑通"一声，毕某连倒向调节池内，脸朝下趴在水面上，没有任何反应。这时，李某江立即跑到车间喊人，吴某林跑去关闭机器设备，其他人找防毒面具。此时，在场人员在没有及时报警、没有分析事故原因、没有采取任何防护措施的情况下就开始盲目施救。先是刘某龙手扶防毒面具，从梯子上下去救人，刚把毕某连从梯子西面拖带至东面梯子旁，自己就倒向调节池内。紧接着，胡某荣拿着绳子，在未佩戴防毒面具的情况下，从梯子下去救人，尚未下到梯子底部就倒下。吴某林关闭机械设备、找到并佩戴防毒面具后也爬梯子下去救人，当下到梯子底部，试图拉人时，突感呼吸困难，立即顺梯子往上爬，离调节池沿口约40cm时昏迷，幸被沿口上工人拉住并被拖出。此次较大生产安全事故造成3人死亡，直接经济损失520余万元。

（一）呼吸器官防护用具分类

呼吸道是工业生产中毒物进入体内的最重要途径。凡是以气体、蒸气、雾、烟、粉尘形式存在的毒物，均可经呼吸道侵入体内。呼吸防护装备是用来防御缺氧环境或空气中有毒有害物质进入人体呼吸道的防护用品，是防止职业危害的最后一道屏障，正确选择与使用是防止职业病和恶性安全事故的重要保障，安全标志如图2-5所示。

必须戴防毒面罩

必须戴防尘口罩

图2-5　安全标志（二）

呼吸器官防护用具分类见表 2-2。

表 2-2　呼吸器官防护用具分类

名称	分类	具　体　类　型		
呼吸护具	净气式呼吸护具（过滤式）	防尘呼吸护具	自吸过滤式防尘口罩	简易型防尘口罩
				复式防尘口罩
			送风过滤式防尘面具	密合型
				开放型
				头罩型
		防毒呼吸护具	自吸过滤式防毒面具	导管式
				直接式
			送风过滤式防毒面具	
	隔绝式呼吸护具	供气式呼吸护具（自给式）	自救器	
			空气呼吸器	
			氧气呼吸器	开放式
				循环式
		送风式呼吸护具	自吸式软管呼吸器	
			压气式呼吸器	

（二）常见的呼吸器官防护用具

常见的呼吸器官防护用具如图 2-6 所示。

(a) 过滤式防尘口罩(一)　(b) 过滤式防尘口罩(二)　(c) 过滤式防尘半面罩(一)　(d) 过滤式防尘半面罩(二)

(e) 过滤式防尘全面罩　(f) 过滤式防毒半面罩　(g) 过滤式防毒全面罩(一)　(h) 过滤式防毒全面罩(二)

(i) 过滤式自救呼吸器　(j) 送风式呼吸器　(k) 正压式空气呼吸器　(l) 自给式氧气呼吸器

图 2-6　常见的呼吸器官防护用具

二、选择呼吸器官防护用具

（一）选择和使用呼吸器官防护用具的依据

① 有害物的性质和危害程度；

② 作业场所污染物的种类和可能达到的最高浓度；

③ 污染物的成分是否单一；

④ 作业的环境如何及作业场所的氧含量。

此外，还要考虑使用者的面型特征以及身体状况如何等因素（图 2-7）。

活动是否自如

视野是否开阔

交流是否方便

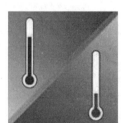
温度是否适宜

湿度是否合适

与其他防护用品的兼容性

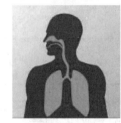
呼吸的肺活量

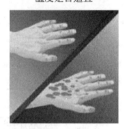
皮肤是否过敏

与脸部是否吻合

呼吸压力大小

设备自重

图 2-7　呼吸防护设备的选择因素示意图

（二）空气呼吸器的使用时间

空气呼吸器的使用时间取决于气瓶中的压缩空气数量和使用者的耗气量，而耗气量又取决于使用者所进行的体力劳动的性质（表 2-3）。

表 2-3　劳动类型与耗气量对应表

劳动类型	耗气量/(L/min)	劳动类型	耗气量/(L/min)
休息	10～15	高强度工作	35～55
轻度活动	15～20	长时间劳动	50～80
轻度工作	20～30	剧烈活动（几分钟）	100
中强度工作	30～40		

可以通过计算气瓶的水容积和工作压力的乘积来得到气瓶中可呼吸的空气量。考虑空

气的纯度，需加一个系数 0.9 来校正。

　　可呼吸空气量(L)＝气瓶容积×工作压力×系数

　　使用时间(min)＝可呼吸空气量(L)/耗气量(L/min)

【例】　计算 6.8L 气瓶压力 30MPa 可供呼吸的使用时间。

解　①　计算气瓶中可呼吸空气量

$$气瓶容积×工作压力×系数＝可呼吸空气量$$
$$6.8L×30MPa×10×0.9＝1836L$$

其中，系数 10 指 1MPa 约为 10 个标准大气压。

　　②　计算可呼吸空气使用时间

使用者进行中强度工作时，该气瓶的理论使用时间

使用时间＝可呼吸空气量(L)/耗气量(L/min)＝1836L/40(L/min)＝46min

三、练习使用佩戴防毒面具

1. 佩戴过滤式防毒面具

具体佩戴方法如图 2-8 所示。

(a) 将头箍调整好尺寸舒适地套在头的后上方

(b) 将下面的系带向后拉，一边拉一边将面罩盖住口鼻

(c) 将下面的系带拉到脖子后面，然后勾住

(d) 拉住系带的两端，调整松紧度

(e) 调整面具在脸部的位置，以达到最佳的佩戴效果

(f) 负压测试

图 2-8　佩戴过滤式防毒面具

　　每次佩戴面具后，请按照如下方法进行面具的负压测试：将手掌盖住过滤盒或滤棉承接座的圆形开口，轻轻吸气。如果面具有轻微塌陷，同时面部和面具之间无漏气，即说明面具佩戴正确。如果有漏气现象，应调整面具在面部的佩戴位置或调整系带的松紧度，防止不密合。如果不能达到佩戴的密合性，请不要进入污染区域。

2. 正压空气呼吸器佩戴方法

(1) 使用前的检查[图 2-9(a)]

① 检查空气呼气器各组织部件是否齐全，有无缺损，接头、管路、阀体连接是否完好。

② 检查空气呼吸器供气系统气密性和气源压力数值。

③ 检查空气呼气器余压报警数值是否在 4.5～5.5MPa 的范围内。

④ 检查气瓶储气量是否在 20～30MPa 之间，气瓶固定是否牢靠。

（2）背带气瓶［图 2-9(b)］ 戴好安全帽，将气瓶阀向下背上气瓶，通过拉肩带上的自由端，调节气瓶的上下位置和松紧，直到感觉舒适为止。

（3）扣紧腰带 ［图 2-9(c)］ 将腰带公扣插入母扣内，然后将左右两侧的伸缩带向后拉紧，确保扣牢。

（4）佩戴面罩 ［图 2-9(d)］ 将安全帽向后推，将面罩的上五根带子放到最松，把面罩置于使用者脸上，然后将头带从头部的上前方向后下方拉下，由上向下将面罩戴在头上。调整面罩位置，使下巴进入面罩下面凹形内，先收紧下端的两根颈带，然后收紧上端的两根头带及顶带，如果感觉不适，可调节头带松紧。

(a) 使用前的检查　　(b) 背带气瓶　　(c) 扣紧腰带

(d) 佩戴面罩　　(e) 面罩密封　　(f) 装配气阀

(g) 检查仪器性能　　(h) 使用　　(i) 结束使用

图 2-9　正压空气呼吸器佩戴方法

M2-2 空气呼吸器的使用方法

（5）面罩密封 ［图 2-9(e)］ 用手按住面罩接口处，通过吸气检查面罩密封是否良好。

做深呼吸，此时面罩两侧应向人体面部移动，人体感觉呼吸困难，说明面罩气密良好，否则再收紧头带或重新佩戴面罩。

（6）装供气阀［图 2-9（f）］　将供气阀上的接口对准面罩插口，用力往上推，当听到"咔嚓"声时，安装完毕。

（7）检查仪器性能［图 2-9（g）］　完全打开气瓶阀，此时应能听到报警哨短促的报警声，否则，报警哨失灵或者气瓶内无气。同时观察压力表读数。气瓶压力应不小于 28MPa，通过几次深呼吸检查供气阀性能，呼气和吸气都应舒畅、无不适感觉。

（8）使用［图 2-9（h）］　正确佩戴仪器且经认真检查后即可投入使用。使用过程中要注意随时观察压力表和报警器发出的报警信号，报警器音响在 1m 范围内声级为 90dB。

（9）结束使用［图 2-9（i）］　使用结束后，先用手捏住下面左右两侧的颈带扣环向前一推，松开颈带，然后再松开头带，将面罩从脸部由下向上脱下。转动供气阀上旋钮，关闭供气阀。捏住公扣锁头，退出母扣。放松肩带，将仪器从背上卸下，关闭气瓶阀。

四、使用空气呼吸器注意事项

① 正确佩戴面具，检查合格即可使用，面罩必须保证密封，面罩与皮肤之间无头发或胡须等，确保面罩密封。

② 供气阀要与面罩接口黏合牢固。

③ 使用过程中要注意报警器发出的报警信号，听到报警信号后应立即撤离现场。

第三节　眼面部防护用品及使用

眼面部受伤是工业中发生频率比较高的一种工伤，对于在有危害健康的气体、蒸气、粉尘、噪声、强光、辐射热和飞溅火花、碎片、刨屑的场所操作的工人应配备防护眼镜。安全标志如图 2-10 所示。

因此，在生产的不同场合，正确选择和使用合适的眼面部防护用品，是化工操作工人必须掌握的。

图 2-10　安全标志（三）

一、常用的眼面部防护用品

典型案例

某化工厂一车间当班操作工发现泵漏液，立刻停泵进行泄压、置换操作后，交由维修班处理。维修工在拆开泵中间一组压盖时，泵内含有氨的冷凝液突然带压喷出，溅入左眼内。虽立刻用清水冲洗，但仍然疼痛难忍，紧急送往医院治疗。

眼面部受伤常见的有碎屑飞溅造成的外伤、化学物灼伤、电弧眼等。预防烟雾、尘粒、金属火花和飞屑、热、电磁辐射、激光、化学品飞溅等伤害眼睛或面部的个人防护用品称为眼面部防护用品。

生产过程可能对眼面部的伤害及防范见表 2-4。

表 2-4   生产过程可能对眼面部的伤害及防范

危险	处于危险的身体部位	减少危险的安全措施	个人防护用品
化学品飞溅 烟雾 微尘 紫外线 焊接发出的射线	眼睛和脸	用安全的材料代替危险材料 安装排气通风设施 安装防尘罩、安装挡板 遮住紫外线以消除其直射员工的眼睛 降低靠近工作区的紫外线辐射	带侧面保护的防震护目镜 防护眼镜 可滤掉98%紫外线的聚碳酸酯眼镜 口罩或面罩

眼面部防护用品种类很多，根据防护功能，大致可分为防尘、防水、防冲击、防高温、防电磁辐射、防射线、防化学飞溅、防风沙、防强光九类。

眼部防护用品按外形结构进行分类，见表 2-5。

表 2-5   眼部防护用品按外形结构分类

名称	眼镜		眼罩	
	普通型	带侧光板型	开放型	封闭型
样型				

面罩按结构分类，见表 2-6。

表 2-6   面罩按结构分类

名称	手持式	头戴式		安全帽与面罩连接式		头盔式
	全面罩	全面罩	半面罩	全面罩	半面罩	
样型						

图 2-11 是常见的眼面部防护用品。

二、眼面部防护用品的选择与使用

（一）眼面部防护用品的选用依据

有效的眼面部防护首先要识别工作场所中的眼面部危害种类，要识别工作场所中的眼面部危害。

① 可能造成危害的是固体颗粒物还是液体？

② 颗粒物是高速运动的吗？

③ 颗粒物的粒径是多少？

| (a) 防护面罩 | (b) 焊接防护面罩 | (c) 防尘面具 |

| (d) 防风护目镜 | (e) 防雾护目镜 | (f) 防紫外线护目镜 |

| (g) 防冲击护目镜 | (h) 防化学品护目镜 | (i) 防电磁护目镜 |

图 2-11 常见的眼面部防护用品

④ 对眼部可能造成危害的物质是不是由某一个设备发出的或工作环境中会不会有碎片产生?

⑤ 液态物质是高温的吗?

⑥ 液态的飞溅物是化学物吗?

⑦ 工作场所中有有害光辐射源吗?

我国 GB 39800.1—2020《个体防护装备配备规范 第 1 部分：总则》,规定了个体防护装备(即劳动防护用品)配备的总体要求,包括配备原则、配备流程、作业场所危害因素的辨识和评估、个体防护装备的选择、追踪溯源、判废和更换、培训和使用等。

其中与眼部防护相关的防护用品的选用见表 2-7。

表 2-7 眼部防护用品的选用

参考适用范围	防护装备的类别	防护装备说明
造船、建材、轻工、机械、电力、汽车、石油、化工、天然气等存在电焊、气弧焊、气焊及气割的作业场所	焊接眼护具	保护佩戴者免受由焊接或其他相关作业所产生的有害光辐射及其他特殊危害的防护用具(包括焊接眼护具和滤光片)

参考适用范围	防护装备的类别	防护装备说明
造船、冶金、轻工、激光加工、汽车、光学实验室等存在意外激光辐射（激光辐射波长在 180nm～1000μm 范围内）危害的场所。不适用于直接观察激光光束的眼护具、作为观察窗用于激光设备上的激光防护产品、光学设备（如显微镜）中的激光防护滤光片	激光防护镜	衰减或吸收意外激光辐射能量
造船、煤矿、冶金、有色、石油、天然气、汽车等防御辐射波长介于 250nm～3000nm 之间的强光危害	强光源防护镜	用于强光源（非激光）防护
造船、煤矿、冶金、石油、天然气、烟花爆竹、化工、建材、水泥、非煤矿山、轻工、烟草、电力、汽车等存在光辐射、机械切削加工、金属切割、碎石等的作业场所。不适用于： a）一般用途太阳镜和太阳镜片或带有视力矫正效果的眼面部防护具； b）患者在进行诊断或治疗时用来防护曝光的眼面部防护具； c）直接观测太阳的产品，如观测日食等的眼部防护具； d）运动眼面部防护具； e）短路电弧眼面部防护具； f）焊接眼面部防护具； g）激光眼面部防护具	职业眼面部防护具	具有防护不同程度的强烈冲击、光辐射、热、火焰、液滴、飞溅物等一种或一种以上的眼面部伤害风险的防护用品

（二）焊接防护用具使用须知

① 使用的眼镜和面罩必须经过有关部门检验。

② 挑选、佩戴合适的眼镜和面罩，以防作业时脱落和晃动，影响使用效果。

③ 眼镜框架与脸部要吻合，避免侧面漏光。必要时应使用带有护眼罩或防侧光型眼镜。

④ 防止面罩和眼镜受潮、受压，以免变形损坏或漏光。焊接用面罩应该具有绝缘性，以防触电。

⑤ 使用面罩式护目镜作业时，累计 8h 至少要更换一次保护片。防护眼镜的滤光片被飞溅物损伤时，要及时更换。

⑥ 保护片和滤光片组合使用时，镜片的屈光度必须相同。

⑦ 对于送风式、带有防尘、防毒面罩的焊接面罩，应严格按照有关规定保养和使用。

⑧ 当面罩的镜片被作业环境的潮湿烟气及作业者呼出的潮气罩住，使其出现水雾，影响操作时，可采取下列措施解决：

a.水膜扩散法，在镜片上涂上脂肪酸或硅胶系的防雾剂，使水雾均等扩散。

b.吸水排除法，在镜片上浸涂界面活性剂（PC树脂系），将附着的水雾吸收。

c.真空法，对某些具有二重玻璃窗结构的面罩，可采取在两层玻璃间抽真空的方法。

第四节　听觉器官防护用品及使用

适合人类生存的最佳声音环境为 15～45dB，而 60dB 以上的声音就会干扰人们的正常生活和工作。噪声是一种环境污染，强噪声使人听力受损，这种损伤是积累性的，有如滴水穿石。不仅影响了人们的工作、休息、语言交流，而且对人体部分器官产生直接危害，引发多种病症，危害人体健康。

一、噪声及危害

（一）噪声的来源

据统计，我国有1000多万工人在高噪声环境下工作，其中有10％左右的人有不同程度的听力损失。据1034个工厂噪声调查，噪声污染85dB（A）以上的占40％，职业噪声暴露者高频听力损失发生率高达71.1％，语频听力损失发生率为15.5％。

化工企业生产工艺的复杂性使得噪声源广泛，如原油泵、粉碎机、机械性传送带、压缩空气、高压蒸汽放空、加热炉、催化"三机"室等。接触人员多，损害后果不可逆，且现有工艺技术条件无法从根本上消除，因此要对员工进行职业危害告知及职业卫生教育。作业现场醒目位置应设置警示标志（图2-12）。操控人员需佩戴防噪声的个体防护用品。

必须戴护耳器

图2-12　安全标志（四）

因此需要学会正确选择和使用听觉器官防护用品。

（二）噪声及危害

噪声是对人体有害的、不需要的声音。

噪声分为工业企业噪声、交通噪声、建筑施工噪声和社会生活噪声等。

在生产劳动过程中对听力的损害因素主要是生产噪声，根据其产生的原因及方式不同，生产噪声可分为下列几种。

机械性噪声：指由于机械的撞击、摩擦、固体振动及转动产生的噪声，如纺织机、球磨机、电锯、机床、碎石机等运转时发出的声音。

空气动力性噪声：指由于空气振动产生的声音，如通风机、空气压缩机、喷射器、汽笛、锅炉排气放空等发出的声音。

电磁性噪声：指电机中交变力相互作用而产生的噪声，如发电机、变压器等发出的声音。

按照GBZ/T 229.4—2012《工作场所职业病危害作业分级 第4部分：噪声》，噪声作业级别共分四级，依据噪声暴露情况计算 $L_{EX,8h}$ 或 $L_{EX,w}$ 后，确定噪声作业级别（表2-8）。

表2-8　噪声作业分级

分级	等效声级 $L_{EX,8h}$/ dB	危害程度	分级	等效声级 $L_{EX,8h}$/ dB	危害程度
I	$85 \leqslant L_{EX,8h} < 90$	轻度危害	III	$95 < L_{EX,8h} < 100$	重度危害
II	$90 < L_{EX,8h} < 94$	中度危害	IV	$L_{EX,8h} \geqslant 100$	极重危害

注：表中等效声级 $L_{EX,8h}$ 与 $L_{EX,w}$ 等效使用。

对于8h/天或40h/周噪声暴露等效声级≥80dB 但＜85dB 的作业人员，在目前的作业方式和防护措施不变的情况下，应进行健康监护，一旦作业方式或控制效果发生变化，应重新分级。

轻度危害（Ⅰ级）：在目前的作业条件下，可能对劳动者的听力产生不良影响。应改善工作环境，降低劳动者实际接触水平，设置噪声危害及防护标识，佩戴噪声防护用品，对劳动者进行职业卫生培训，采取职业健康监护、定期作业场所监测等措施。

中度危害（Ⅱ级）：在目前的作业条件下，很可能对劳动者的听力产生不良影响。针对企业特点，在采取上述措施的同时，采取纠正和管理行动，降低劳动者实际接触水平。

重度危害（Ⅲ级）：在目前的作业条件下，会对劳动者的健康产生不良影响。除了上述措施外，应尽可能采取工程技术措施，进行相应的整改，整改完成后，重新对作业场所进行职业卫生评价及噪声分级。

极重危害（Ⅳ级）：目前作业条件下，会对劳动者的健康产生不良影响，除了上述措施外，及时采取相应的工程技术措施进行整改。整改完成后，对控制及防护效果进行卫生评价及噪声分级。

除听力损伤以外，噪声对健康的损害还包括血压高、心率改变、失眠、食欲减退、胃溃疡和对生殖系统不良影响等，有些患心血管系统疾病的人，接触噪声会加重病情。一般来讲，当听力受到保护后，噪声对身体的其他影响就可以预防。

二、常用的听觉器官防护用品

听觉器官防护用品主要有耳塞、耳罩和防噪声头盔三大类（见图 2-13）。

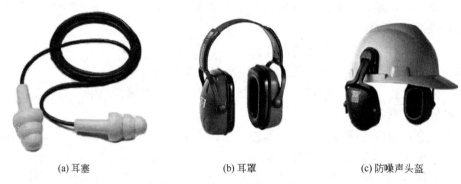

(a) 耳塞　　　　　　　　　(b) 耳罩　　　　　　　　　(c) 防噪声头盔

图 2-13　部分听觉器官防护用品

三、练习使用耳塞

① 把手洗干净，用一只手绕过头后，将耳郭往后上拉（将外耳道拉直），然后用另一只手将耳塞推进去（图 2-14），尽可能地使耳塞体与耳道相贴合。但不要用劲过猛过急或插得太深，自我感觉合适为止。

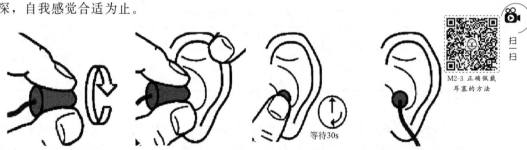

等待30s

(a) 将耳塞圆头部分搓细　(b) 将耳塞的2/3塞入耳道中　(c) 按住耳塞约30s　(d) 直至耳塞膨胀并堵住耳道

图 2-14　耳塞的使用

② 发泡棉式的耳塞应先搓压至细长条状，慢慢塞入外耳道待它膨胀封住耳道。

③ 佩戴硅橡胶成型的耳塞，应分清左右塞，不能弄错；插入外耳道时，要稍作转动放正位置，使之紧贴耳道内。

④ 耳塞分多次使用式及一次性使用两种，前者应定期或按需要清洁，保持卫生，后者只能使用一次。

⑤ 戴后感到隔声不良时，可将耳塞缓慢转动，调整到效果最佳位置为止。如果经反复调整效果仍然不佳时，应考虑改用其他型号、规格的耳塞。

⑥ 多次使用的耳塞会慢慢硬化失去弹性，影响减声功效，因此，应作定期检查并更换。

⑦ 无论戴耳塞与耳罩，均应在进入有噪声工作场所前戴好，工作中不得随意摘下，以免伤害鼓膜。休息时或离开工作场所后，应到安静处才能摘掉耳塞或耳罩，让听觉逐渐恢复。

四、使用耳罩注意事项

① 使用耳罩时，应先检查罩壳有无裂纹和漏气现象，佩戴时应注意罩壳的方位，顺着耳郭的形状戴好。

② 将耳罩调校至适当位置（刚好完全盖上耳郭）。

③ 调校头带张力至适当松紧度。

④ 定期或按需要清洁软垫，以保持卫生。

⑤ 用完后存放在干爽位置。

⑥ 耳罩软垫也会老化，影响隔声功效，因此，应作定期检查并更换。

第五节　手部防护用品及使用

手在人类的生产、生活中占据着极其重要的地位，几乎没有工作不用到手。手就像是一个精巧的工具，有着令人吃惊的力量和灵活性，能够进行抓握、旋转、捏取和操纵。事实上，手和大脑的联系是人类能够胜任各种高技能工作的关键。

一、手部伤害

（一）手部防护的重要性

手是人体最易受伤害的部位之一，在全部工伤事故中，手的伤害大约占 1/4。一般情况下，手的伤害不会危及生命，但手功能的丧失会给人的生产、生活带来极大的不便。可导致终身残疾、丧失劳动和生活的能力。

在生产中我们却常常忽视对手的保护，如酸碱岗位操作时不戴防酸或防碱手套；操作高温易烫伤、低温易冻伤设备时，不穿戴隔温服或隔温手套；安装玻璃试验仪器或用手拿取有毒有害物料时不戴手套；使用钻床时戴手套等。应在醒目位置设置如图 2-15 所示的警示标志。

图 2-15　安全标志（五）

所以手的保护是职业安全非常重要的一环，正确地选择和使用手部防护用具十分必要。

（二）手部伤害

手是人体最为精密的器官之一。它由 27 块骨骼组成，肌肉、血管和神经的分布与组织都极其复杂，仅指尖上每平方厘米的毛细血管长度就可达数米，神经末梢达到数千个。在工业伤害事故中，手部伤害可以归纳为物理性伤害（火和高温、低温、电磁和电离辐射、电击）、化学性伤害（化学品腐蚀）、机械性伤害（冲击、刺伤、挫伤、咬伤、撕裂、切割、擦伤）和生物性伤害（局部感染）。其中，以机械性伤害最为常见。工作中最常见的是割伤和刺伤。一般而言，化工厂、屠宰场、肉类加工厂和革制品厂的损伤极易导致感染并伴随其他并发症。

1. 机械性伤害

由于机械原因造成对手部骨骼、肌肉或组织的创伤性伤害，从轻微的划伤、割伤至严重的断指、骨裂等。如使用带尖锐部件的工具，操纵某些带刀、尖等的大型机械或仪器，会造成手的割伤；处理或使用锭子、钉子、起子、凿子、钢丝等会刺伤手；受到某些机械的撞击而引起撞击伤害；手被卷进机械中会扭伤、压伤甚至轧掉手指等。

2. 化学、生物性伤害

当接触到有毒、有害的化学物质或生物物质，或是有刺激性的药剂，如酸、碱溶液，长期接触刺激性强的消毒剂、洗涤剂等，会造成对手部皮肤的伤害。轻者造成皮肤干燥、起皮、刺痒；重者出现红肿、水疱、疱疹、结疤等。有毒物质渗入体内，或是有害生物物质引起的感染，还可能对人的健康乃至生命造成严重威胁。

3. 电击、辐射伤害

在工作中，手部受到电击伤害，或是电磁辐射、电离辐射等各种类型辐射的伤害，可能会造成严重的后果。

4. 振动伤害

在工作中，手部长期受到振动影响，就可能受到振动伤害，造成手臂抖动综合征、白指症等病症。长期操纵手持振动工具，如油锯、凿岩机、电锤、风镐等，会造成此类伤害。手随工具长时间振动，还会造成对血液循环系统的伤害，而发生白指症。特别是在湿、冷的环境下这种情况很容易发生。由于血液循环不好，手变得苍白、麻木等。如果伤害到感觉神经，手对温度的敏感度就会降低，触觉失灵，甚至会造成永久性的麻木。

二、手的防护

保护手的措施：一是在设计、制造设备及工具时，要从安全防护角度予以充分的考虑，配备较完备的防护措施；二是合理制定和改善安全操作规程，完善安全防范设施。例如对设备的危险部件加装防护罩，对热源和辐射设置屏蔽，配备手柄等合理的手工工具。如果上述这些措施仍不能有效避免事故的话，则应考虑使用个体防护用品。

（一）防护手套的主要类型

防护手套根据不同的防护功能，主要分为以下 14 种：①绝缘手套；②耐酸碱手套；③焊工手套；④橡胶耐油手套；⑤防 X 射线手套；⑥防水手套；⑦防毒手套；⑧防振手套；⑨森林防火手套；⑩防切割手套；⑪耐火阻燃手套；⑫防微波手套；⑬防辐射热手套；⑭防寒手套等。具体如图 2-16 所示。

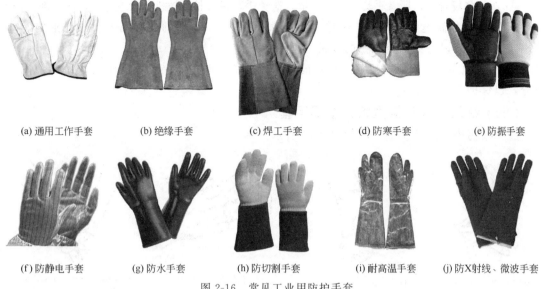

(a) 通用工作手套　　(b) 绝缘手套　　(c) 焊工手套　　(d) 防寒手套　　(e) 防振手套

(f) 防静电手套　　(g) 防水手套　　(h) 防切割手套　　(i) 耐高温手套　　(j) 防X射线、微波手套

图 2-16　常见工业用防护手套

（二）选择防护手套的一般原则

1.手套的无害性

手套与使用者紧密接触的部分，如手套的内衬、线、贴边等均不应有危害使用者安全和健康的风险。生产商对手套中已知的、会产生过敏的物质，应在手套使用说明中加以注明。

pH 值：所有手套的 pH 值应尽可能地接近中性。皮革手套的 pH 值应大于 3.5，小于 9.5。

2.舒适性和有效性

（1）手部的尺寸　测量两个部位：掌围（拇指和食指的分叉处向上 20mm 处的围长）；掌长（从腕部到中指指尖的距离）。

（2）手套的规格尺寸　手套的规格尺寸是根据相对应的手部尺寸而确定的。手套应尽可能使使用者操作灵活。

3.透水汽性和吸水汽性

① 在特殊作业场所，手套应有一定的透水汽性。

② 手套应尽可能地降低排汗影响。

（三）使用防护手套的注意事项

① 应了解不同种类手套的防护作用和使用要求，以便在作业时正确选择，切不可把一般场合用手套当作某些专用手套使用。如棉布手套、化纤手套等作为防振手套来用，效果很差。

② 在使用绝缘手套前，应先检查外观，如发现表面有孔洞、裂纹等应停止使用。绝缘手套使用完毕后，按有关规定保存好，以防老化造成绝缘性能降低。使用一段时间后应复检，合格后方可使用。使用时要注意产品分类色标，像 1kV 手套为红色、7.5kV 为白色、17kV 为黄色。

③ 在使用振动工具作业时，不能认为戴上防振手套就安全了。应注意工作中安排一定的休息时间，随着工具自身振频提高，可相应将休息时间延长。对于使用的各种振动工具，最好测出振动加速度，以便挑选合适的防振手套，取得较好的防护效果。

④ 在某些场合下，所有手套大小应合适，避免手套指过长，被机械绞或卷住，使手部受伤。

⑤ 对于操作高速回转机械作业时，可使用防振手套。某些维护设备和注油作业时，应使用防油手套，以避免油类对手的侵害。

⑥ 不同种类手套有其特定用途的性能，在实际工作时一定结合作业情况来正确使用和区分，以保护手部安全。

（四）练习脱掉沾染危险化学品手套

脱掉被污染手套的正确方法如图 2-17 所示。

(a) 用一只手提起另　　(b) 脱掉手套，把手套　　(c) 把手指插入手套内层　　(d) 由内向外脱掉手套，并
　一只手上的手套　　　　放在戴手套的手中　　　　　　　　　　　　　　　　将第一只手套包在里面

图 2-17　脱掉被污染手套的正确方法

第六节　躯体防护用品及使用

皮肤作为人体的第一道防线，在预防化学品危害方面担负着重要的角色。

据统计，生产中 70% 的化学中毒与危害是由于化学灼伤和化学毒物经皮肤吸收引起的。在生产过程中，化学烧伤除由违章操作和设备事故等造成以外，主要是个人防护不当引起的。很多有机溶剂如四氯化碳、苯胺、硝基苯、三氯乙烯、含铅汽油、有机磷等，即使不发生皮肤灼伤，也可通过完好的皮肤被人体吸收而引起全身中毒。还有许多化学品如染料、橡胶添加剂、医药中间体等都会引起接触性和过敏性皮炎。石油液化气的液体虽然不具有腐蚀性，但若接触人体会迅速汽化而急剧吸热，使人体皮肤产生冻伤。化工厂中化工原料一般都是在管道和反应罐中封闭运行，但由于操作失误或发生泄漏，加料工、维修工受到中毒与危害的可能性还是非常大的。石化生产一线操作工必须要有"病从皮入"的概念。

一、躯体防护用品

典型案例

某化工厂有三个储存硝酸的罐体，装有浓度为 97% 的硝酸，工人操作不当导致阀门失灵硝酸泄漏，现场黄色烟雾缭绕，气味刺鼻，有毒气体迅速蔓延。消防指挥中心接到报警后立刻启动重点单位危险化学品应急预案。身着防护服，头戴防护面具的消防队员靠近罐体，首先对泄漏点进行堵漏；同时另一路消防员利用沙子混合氢氧化钠扬撒在地面上，对外泄残留的硝酸进行中和，并在水枪的配合下，对挥发的有毒气体进行稀释。最后险情被成功处置，事故没有造成人员伤亡。

像类似的化工厂的泄漏事件、化学物质运输过程中发生的意外事件，在处理时都需要在穿戴防护服和防护装备的条件下进行。化学防护服能够有效地阻隔无机酸、碱、溶剂等有害化学物质，使之不能与皮肤接触，安全标志如图 2-18 所示。这样就可以最大限度地保护操作人员的人身安全，将工伤事故降到最低。

因此，我们要了解躯体防护用品的种类和防护原理，掌握躯体防护用品主要功能，会根据实际情况正确选择和使用躯体防护用品。

图 2-18　安全标志（六）

（一）躯体防护用品分类

按照结构、功能，躯体防护用品分为两大类：防护服和防护围裙，见表 2-9。

表 2-9　躯体防护用品分类

名　称	分　　类	
防护服		一般劳动防护服
	特种劳动防护服	阻燃防护服
		防静电服
		防酸服
		抗油拒水服
		防水服
		森林防火服
		劳保羽绒服
		防 X 射线防护服
		防中子辐射防护服
		防带电作业屏蔽服
		防尘服
		防砸背心
防护围裙	—	

化学防护服是指用于防护化学物质对人体伤害的服装，在选择防护服时应当进行相关的危险性分析，如工作人员将暴露在何种危险品（种类）之中，这些危险品对健康有何种危害，它们的浓度如何，以何种形态出现（气态、固态、液态），操作人员可能以何种方式与此类危险品接触（持续、偶然），根据以上分析确定防护服的种类、防护级别并正确着装。

（二）常见的防护服装

常见的防护服装如图 2-19 所示。

二、防护服选用原则

防护服应做到安全、适用、美观、大方，应符合以下原则：

① 有利于人体正常生理要求和健康。

② 款式应针对防护需要进行设计。

③ 适应作业时肢体活动，便于穿脱。

(a) 阻燃防护服　　　　　(b) 防静电服　　　　　　　　(c) 焊工服

(d) 封闭式耐酸服　　　　(e) 隔热服　　　　　　　　(f) 化学防护服

图 2-19　常见的防护服装

④ 在作业中不易引起钩、挂、绞、碾。

⑤ 有利于防止粉尘、污物沾污身体。

⑥ 针对防护服功能需要选用与之相适应的面料。

⑦ 便于洗涤与修补。

⑧ 防护服颜色应与作业场所背景色有所区别，不得影响各色光信号的正确判断。凡需要有安全标志时，标志颜色应醒目、牢固。

三、穿着躯体防护服的注意事项

1. 防静电工作服

① 防静电工作服必须与《足部防护　安全鞋》（GB 21148—2020）规定的防静电鞋配套穿用。

② 禁止在防静电服上附加或佩戴任何金属物件。需随身携带的工具应具有防静电、防电火花功能。金属类工具应置于防静电工作服衣带内，禁止金属件外露。

③ 禁止在易燃易爆场所穿脱防静电工作服。

④ 在强电磁环境或附近有高压裸线的区域内，不能穿防静电工作服。

2. 防酸工作服

① 防酸工作服只能在规定的酸作业环境中作为辅助安全用品使用。在持续接触、浓度高、酸液以液体形态出现的重度酸污染工作场所，应从防护要求出发，穿用防护性好的不透气型防酸工作服，适当配以面罩、呼吸器等其他防护用品。

② 穿用前仔细检查是否有潮湿、透光、破损、开断线、开胶、霉变、龟裂、溶胀、脆变、涂覆层脱落等现象，发现异常停止使用。

③ 穿用时应避免接触锐器，防止机械损伤，破损后不能自行修补。

④ 使用防酸服首先要考虑人体所能承受的温度范围。

⑤ 在酸危害程度较高的场合，应配套穿用防酸工作服与防酸鞋（靴）、防酸手套、防酸帽、防酸眼镜（面罩）、空气呼吸器等劳动防护用品。

⑥ 作业中一旦防酸工作服发生渗漏，应立即脱去被污染的服装，用大量清水冲洗皮肤至少15min。此外，如眼部接触到酸液应立即提起眼睑，用大量清水或生理盐水彻底冲洗至少15min；如不慎吸入酸雾应迅速脱离现场至空气新鲜处，保持呼吸道通畅，呼吸困难者应予输氧；如不慎食入则应立即用水漱口，给饮牛奶或蛋清。重者立即送医院就医。

第七节　足部防护用品及使用

移动和支撑人体的重量是脚的两大重要功能，然而脚部受到的伤害容易被人们忽视。脚处于作业姿势的最低部位，往往是工伤的重灾区。

一、足部伤害

（一）足部防护的必要性

在石化企业，操作人员要经常使用工具、移动物料、调节设备，所接触的可能有坚硬、带棱角的东西，在处理灼热或腐蚀性物质所发生的溅射及搬运时不慎被下坠的物件压伤、砸伤、刺伤，导致无法正常工作，甚至造成终身残疾。

在作业中，足部防护用品用来防护物理、化学和生物等外界因素对足、小腿部的伤害。职工在作业中穿用足部防护用品是避免或减轻工作人员在生产和工作中足部伤害的必要个体防护装备，安全标志如图 2-20 所示。

必须穿防护鞋

图 2-20　安全标志（七）

（二）足部伤害的原因

通过对大量足部安全事故的分析表明，发生足部安全事故有 3 个方面的主因：一是企业没有为职工配备或配备了不合格的足部防护用品；二是作业人员安全意识不强，心存侥幸，认为足部伤害难以发生；三是企业和职工不知道如何正确选择、使用和维护足部防护用品。

作业过程中，足部受到伤害有以下几个主要方面。

1. 物体砸伤或刺伤

在机械、冶金等行业及建筑或其他施工中，常有物体坠落、抛出或铁钉等尖锐物体散落于地面，可砸伤足趾或刺伤足底。

2. 高低温伤害

在冶炼、铸造、金属加工、焦化、化工等行业的作业场所，强辐射热会灼烤足部，灼热的物料可落到脚上引起烧伤或烫伤。在高寒地区，特别是冬季户外施工时，足部可能因低温发生冻伤。

3. 化学性伤害

化工、造纸、纺织印染等接触化学品（特别是酸碱）的行业，有可能发生足部被化学品灼伤的事故。

4.触电伤害与静电伤害

作业人员未穿电绝缘鞋，可能导致触电事故。由于作业人员鞋底材质不适，在行走时可能与地面摩擦而产生静电危害。

5.强迫体位

在低矮的巷道作业，或膝盖着地爬行，造成膝关节滑囊炎。

根据美国 Bureau of Labor 的统计显示，足与腿的防护：66％腿足受伤的工人没有穿安全鞋、防护鞋，33％是穿一般的休闲鞋，受伤工人中 85％是因为物品击中未保护的鞋靴部分。要保护腿足免于受到物品掉落、滚压、尖物、熔融的金属、热表面、湿滑表面的伤害，工人必须使用适当的足部防护用品。

二、足部防护用品

（一）安全鞋的分类

根据防护性能主要分为 10 种：

① 保护足趾安全鞋（靴）——防御外来物体对足趾的打击挤压伤害。

② 胶面防砸安全靴——在有水或地面潮湿的环境中使用，防御外来物体对足趾的打击挤压伤害。

③ 防刺穿鞋——防御尖锐物刺穿对足底部的伤害。

④ 电绝缘鞋——能使足部与带电物体绝缘，防止电击。

⑤ 防静电鞋——能及时消除人体静电积聚，防止由静电引起的着火、爆炸等危害。

⑥ 导电鞋——能在短时间内消除人体静电积聚，防止由静电引起的着火、爆炸等危害。

⑦ 耐酸碱鞋（靴）——防御酸、碱等腐蚀液体对足、小腿部的伤害。

⑧ 高温防护鞋——防御热辐射、熔融金属、火花以及与灼热物体接触对足部的伤害。

⑨ 焊接防护鞋——防御焊接作业的火花、熔融金属、高温金属、高温辐射伤害足部，以及能使足部与带电物体绝缘，防止电击。

⑩ 防振鞋——具有衰减振动性能，防止振动对人体的损害。

（二）安全鞋结构

安全鞋结构见图 2-21。

（三）选择安全鞋要考虑的因素

选择安全鞋靴时，可以遵循以下 5 点：

① 防护鞋靴除了须根据作业条件选择适合的类型外，还应合脚，穿起来使人感到舒适，这一点很重要，要仔细挑选合适的鞋号。

② 防护鞋要有防滑的设计，不仅要保护人的脚免遭伤害，而且要防止操作人员被滑倒所引起的事故。

③ 各种不同性能的防护鞋，要达到各自防护性能的技术指标，如脚趾不被砸伤，脚底不被刺伤，绝缘导电等要求。但安全鞋不是万能的。

④ 使用防护鞋前要认真检查或测试，在电气和酸碱作业中，破损和有裂纹的防护鞋都是有危险的。

⑤ 防护鞋用后要妥善保管，橡胶鞋用后要用清水或消毒剂冲洗并晾干，以延长使用寿命。

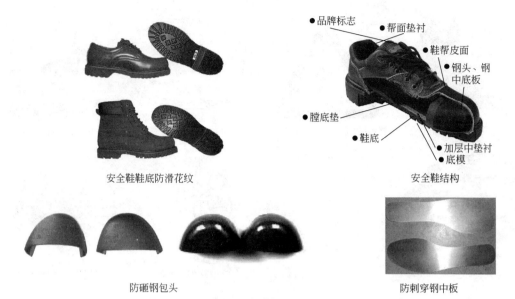

图 2-21 安全鞋结构

（四）使用安全鞋的技术关键点

1. 正确选用方法

安全鞋不同于日用鞋，它的前端有一块保护足趾的钢包头或者是塑胶头。选用的标准是：

① 脚伸进鞋内，脚跟处应该至少可以容纳 1 根手指；

② 系好鞋带，上下左右活动脚趾，不应该感到脚趾受到摩擦或挤压；

③ 走动几步，不应该感到脚背受到挤压；

④ 如果感觉受到挤压，建议更换大一码安全鞋；

⑤ 订尺寸建议最好在下午测量脚的尺寸，因为脚在下午会略微膨胀，此时所确定的尺码穿起来会最舒服；

⑥ 鞋的重量最好不要超过 1kg；

⑦ 当穿着太重及太紧的安全鞋时，易导致脚部疾病如霉菌滋生等。

2. 需穿安全鞋的工作环境

以下工作环境要穿着安全鞋，见图 2-22。

3. 安全鞋的报废

（1）外观缺陷检查 安全鞋外观存在以下缺陷之一者，应予报废。

① 有明显的或深的裂痕，达到帮面厚度的一半；

② 帮面严重磨损，尤其是包头显露出来；

③ 帮面变形、烧焦、熔化、发泡或部分开裂；

④ 鞋底裂痕大于 10mm，深的大于 3mm；

⑤ Ⅰ类鞋帮面和底面分开距离大于 15mm，宽（深）大于 5mm，Ⅱ类鞋出现穿透；

⑥ 曲绕部位的防滑花纹高度低于 1.5mm；

⑦ 鞋的内底有明显的变形。

（2）性能检查 防静电鞋、电绝缘鞋等电性能类鞋，应首先检查是否有明显的外观缺陷。同时，每 6 个月对电绝缘鞋进行一次绝缘性能的预防性检验和不超过 200h 对防静电鞋

(a) 被坚硬、滚动或
下坠的物件触碰

(b) 被尖锐的物件刺穿鞋底或鞋身

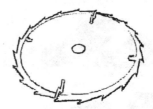
(c) 被锋利的物件割伤，
甚至使表皮撕裂

(d) 场地湿滑、跌倒

(e) 接触化学品

(f) 熔化的金属、高
温及低温的表面

(g) 接触电力装置

(h) 易燃易爆的场所

图 2-22　需穿着安全鞋的工作环境

进行一次电阻值的测试，以确保鞋是安全的。若不符合要求，则不应再当作电性能类安全鞋继续使用。

第八节　坠落防护用品及使用

化工装置塔罐林立、管路纵横，多数为多层布局，高处作业的机会比较多。尤其是检修、施工时，如设备、管线拆装，阀门检修更换，防腐刷漆保温，仪表调校，电缆架空敷设等，重叠交叉作业非常多。高处作业事故发生率高，伤亡率也高。

一、坠落防护

典型案例

某厂脱硝改造工作中，作业人员王某和周某站在空气预热器上部钢结构上进行起重挂钩作业，2人在挂钩时因失去平衡同时跌落。周某安全带挂在安全绳上，坠落后被悬挂在半空；王某未将安全带挂在安全绳上，从标高24m坠落至5m的吹灰管道上，抢救无效死亡。

据统计，化工企业在生产装置检修工作中发生高处坠落事故，占检修总事故的17％。

由于高处作业难度高，危险性大，稍不注意就会发生坠落事故。因此必须会使用坠落防护用品。安全标志如图2-23所示。

（一）防止坠落伤害的三种方法

（1）工作区域限制　通过使用个人防护系统来限制作业人员的活动，防止其进入可能发生坠落的区域。

图 2-23　安全标志（八）

（2）工作定位　通过使用个人防护系统来实现工作定位，并承受作业人员的重量，使作业人员可以腾出双手来进行工作。

（3）坠落制动　通过使用连接到牢固的挂点上的个人坠落防护产品来防止从高于 2m 的高空坠落。

防止坠落伤害的三种方法如图 2-24 所示。

(a) 工作区域限制　　　　　　　(b) 工作定位　　　　　　　(c) 坠落制动

图 2-24　防止坠落伤害的三种方法

（二）安全带分类及使用范围

① 根据使用条件的不同，安全带可分为围杆作业安全带、区域限制安全带、坠落悬挂安全带 3 类，如图 2-25～图 2-27 所示。

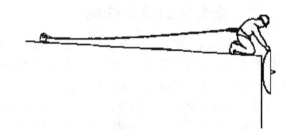

图 2-25　围杆作业安全带示意图　　　　　　图 2-26　区域限制安全带示意图

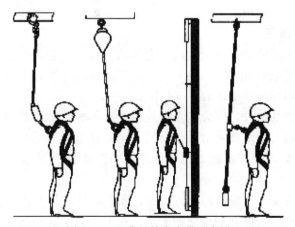

图 2-27　坠落悬挂安全带示意图

② 根据形式的不同，安全带可分为腰带式安全带、半身式安全带、全身式安全带 3 类。

（三）防高空坠落防护系统组件

防高空坠落防护系统（见图 2-28）包括三部分：挂点及挂点连接件；中间连接件；全身式安全带。

挂点（A1）：一般是指安全挂点（如支柱、杆塔、支架、脚手架等）。

挂点连接件（A2）：用来连接中间连接件和挂点的连接件（如编织悬挂吊带、钢丝套等）。

中间连接件（B）：用来连接安全带与挂点之间的关键部件（如缓冲减震带、坠落制动器、抓绳器、双叉型编织缓冲减震系带等）。其作用是防止作业人员出现自由坠落的情况，应该根据所进行的工作以及工作环境来进行选择。

图 2-28　防高空坠落防护系统

全身式安全带（C）：作业人员所穿戴的个人防护用具。其作用是在发生坠落时，可以分解作用力拉住作业人员，减轻作业人员的伤害，也不会从安全带中滑脱。

单独使用这些部分不能对坠落提供防护。只有将它们组合起来，形成一整套个人高空坠落防护系统，才能起到高空坠落的防护作用。

二、安全带的防护作用

当坠落事故发生时，安全带首先能够防止作业人员坠落，利用安全带、安全绳、金属配件的联合作用将作业人员拉住，使之不坠落掉下。由于人体自身的质量和坠落高度会产生冲击力，人体质量越大、坠落距离越大，作用在人体上的冲击力就越大。安全带的重要功能是，通过安全绳、安全带、缓冲器等装置的作用吸收冲击力，将超过人体承受冲击力极限部分的冲击力通过安全带、安全绳的拉伸变形，以及缓冲器内部构件的变形、摩擦、破坏等形式吸收，使最终作用在人体上的冲击力在安全界限以下，从而起到保护作业人员不坠落、减小冲击伤害的作用。

1. 挂点及挂点连接件

（1）挂点　使用牢固的结构作为挂点，它可承受高空作业人员坠落时，重力加速度的作用产生的冲击力，挂点应能承受 22kN 的力。当工作现场没有牢固的构件可以作为挂点时，则需要安装符合同样强度要求的挂点装置。

挂点应位于足够高的地方，因为挂点位置将直接影响到坠落后的下坠距离，挂点位置越低，人下坠距离就越大，坠落冲击力也会增大，同时撞到下层结构的可能性也会大大增加。安全规程要求，坠落防护系统不得"低挂高用"就是为了达到这一目的，如图 2-29 所示。

如果挂点不在垂直于工作场所的上方位置，发生坠落时作业人员在空中会出现摆动现象，并可能撞到其他物体上或撞到地面而受伤。在工作前安装坠落防护系统时，要注意避免"钟摆效应"，如图 2-30 所示。

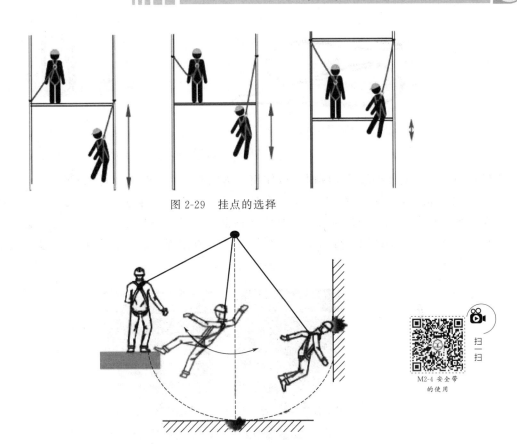

图 2-29 挂点的选择

图 2-30 挂点"钟摆效应"

（2）挂点连接件　用来连接中间连接件和挂点的连接件（如编织悬挂吊带、钢丝套等），如图 2-31 所示。

抓钩直接连接

安全钩直接连接

钢丝绳连接

图 2-31　挂点连接件

2.中间连接件

（1）编织悬挂吊带和安全钩　如图 2-32 所示。

（2）坠落制动器　串联在安全带和挂点之间，在坠落发生时因速度的变化引发制动作用的产品。当作业人员进行高空作业时，希望能够在工作面上自由移动，或挂点离作业面

编织悬挂吊带

安全钩

图 2-32　编织悬挂吊带和安全钩

较远时，或不能使用缓冲系绳时，应使用坠落制动器（见图 2-33）。

　　（3）抓绳器与安全绳　当高空作业的作业人员需要上下装置、构架时，可以使用基于安全绳（见图 2-34）的抓绳器来防高空坠落防护。使用的安全绳装设好后，必须进行试拉检查，安全绳下部必须进行固定。抓绳器安装到安全绳上后，作业人员应进行使用前的试拉检查。

图 2-33　坠落制动器

图 2-34　抓绳器与安全绳

　　（4）双叉型编织缓冲减震系带　双叉型编织缓冲减震系带由两条编织带组成，俗称"双抓"（见图 2-35）。并带有缓冲包和抓钩，破断负荷应≥15kN。两抓钩的交替使用，可以保证高空作业工作人员在上下过程或者水平移动过程中，始终有一条编织带连接在挂点上，从而始终不会失去保护。

　　（5）工作定位绳　工作定位绳是用来实现作业人员的工作定位，并承受作业人员的重量，使作业人员可以腾出双手来进行工作。总长度一般选用 2～2.5m，如图 2-36 所示。

3. 全身式安全带

　　作业人员所穿戴的个人防护用具。其作用是在发生坠落时，可以分解作用力拉住作业人员，减轻作业人员的伤害，也不会从安全带中滑脱。防范高空坠落的安全带必须是全身式安全带，如图 2-37 所示。

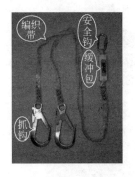

(a) 双抓　　　　　　　　　(b) 抓钩

图 2-35　双叉型编织缓冲减震系带

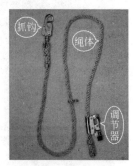

图 2-36　工作定位绳

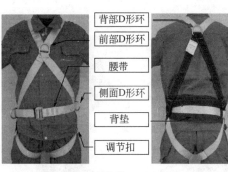

图 2-37　全身式安全带

　　安全带和绳必须用锦纶、维纶、蚕丝料。电工围杆可用黄牛带革。金属配件用普通碳素钢或铝合金钢。包裹绳子的套用皮革、轻带、维纶或橡胶制作。腰带长：1300～1600mm，宽：40～50mm；护腰长：600～700mm，宽：80mm；安全绳总长：[（2000～3000)±40]mm，背带长：(1260±40)mm。

三、佩戴全身式安全带

　　第一步：如图 2-38 所示，握住安全带的背部 D 形环。抖动安全带，使所有的编织带回到原位。如果胸带、腿带和腰带被扣住时，则松开编织带并解开带扣；

　　第二步：把肩带套到肩膀上，让 D 形环处于后背两肩中间的位置；

　　第三步：扣好胸带，并将其固定在胸部中间位置；

　　第四步：从两腿之间拉出腿带，一只手从后部拿着后面的腿带从裆下向前送给另一只手，接住并同前端扣口扣好；用同样的方法扣好第二根腿带；

　　第五步：扣好腰带，拉紧肩带；

　　第六步：全部组件都扣好后，仔细检查所有卡扣是否完全连接。并调整安全带在其肩部、腿部和胸部的位置。收紧所有带子，让安全带尽量贴紧身体，但又不会影响活动。将多余的带子穿到带夹中防止松脱。

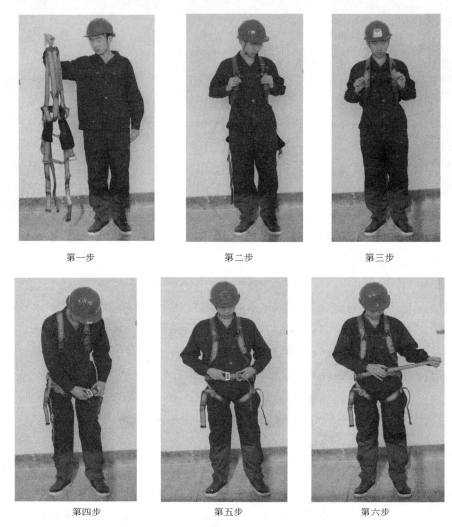

第一步　　　　　　　　第二步　　　　　　　　第三步

第四步　　　　　　　　第五步　　　　　　　　第六步

图 2-38　正确佩戴全身式安全带

四、系挂安全带挂点选择判断

安全带挂点的正确与错误选择分别如图 2-39、图 2-40 所示。

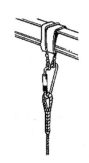
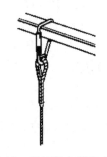
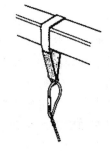

图 2-39　系挂安全带挂点正确选择

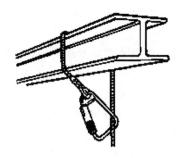

图 2-40 系挂安全带挂点错误选择

复习思考题

一、填空题

1.劳动防护用品是指由_____为从业人员配备的,使其在劳动过程中免遭或者减轻事故伤害及职业危害的个人防护装备。

2.个人防护装备是消除或减少危害的_____。

3.个人防护装备是保护劳动者免受伤害的_____。

4.从劳动卫生学角度,劳动防护用品按照防护部位不同,分类如下:头部防护,如安全帽;眼面部防护,如_____;听力防护,如_____;呼吸防护,如_____、_____;手部防护,如_____;足部防护,如_____;躯体防护,如_____;坠落防护,如_____;皮肤防护,如_____。

5.凡是在我国国内生产销售的劳动防护用品,按规定应具备_____、_____、_____以上三证。

6.使用安全帽时,首先要选择与自己头型适合的安全帽。佩戴安全帽前,要仔细检查_____、_____、_____,并调整帽衬尺寸,帽衬顶端与帽壳内顶之间必须保持_____的空间。有了这个空间,才能形成一个_____系统,使遭受的冲击力分布在头盖骨的整个面积上,减轻对头部的伤害。

7.戴安全帽时,必须系好_____。如果没有系好_____,一旦发生坠落或物体打击,安全帽就会离开头部,这样起不到保护作用,或达不到最佳效果。

8.劳动防护用品具有一定的_____,需定期_____,经常清洁保养不得任意损坏、破坏劳防用品,使之失去原有功效。

二、判断题

1.氧气呼吸器可用于任何场合。(   )

2.使用过滤式防毒面具时作业现场空气中的氧气含量不应小于18%,毒物浓度不应大于3%。(   )

3.过滤式防毒面具的主要部件是面罩,它对防毒面具的功能起着决定性作用。(   )

4.过滤式防毒面具严禁在缺氧的环境中使用。(   )

5.面罩的型号不分大小,使用时可任意选择。(   )

6.过滤式防毒面具呼气阀损坏时,应立即用手堵住呼气阀孔。呼气时将手放松,吸气时再堵住。(   )

7.长管式防毒面具不受污染程度、尘毒种类、缺氧的限制。(   )

8.使用长管式防毒面具工作时，应将导管的进气口端悬放于作业现场下风向空气清洁的环境中。（　　）

9.长管式防毒面具每半年进行一次气密性检查。（　　）

10.氧气呼吸器，它可用于在缺氧及有毒气体存在的各种环境中进行工作，例如事故预防、事故抢救时使用。（　　）

11.使用氧气呼吸器时，必须有两人才可进入毒区，彼此应互相关照、互相监护、互相检查氧气压力。（　　）

12.紧急事故状态下，可以单独一人使用氧气呼吸器进入毒区，进行事故抢救。（　　）

13.氧气呼吸器和空气呼吸器的工作原理是完全相同的。（　　）

14.空气呼吸器气瓶内气体不能全部用尽，应该留有不小于0.05MPa的余压。（　　）

15.氧气呼吸器可以在浓烟、毒气、蒸气或缺氧的各种环境中安全有效地进行灭火、抢险、救灾和救护工作。（　　）

16.长管式防毒面具可以在检修有毒设备、进罐入塔、带有害气体作业时使用。（　　）

17.氧气呼吸器使用过程中严禁在毒区与危险场所摘下面具讲话，有事应按哨子或用手势进行联系。（　　）

三、简答题

1.根据防毒原理，防毒面具分为几类？过滤式防毒面具的适应范围有哪些？

2.正压式空气呼吸器在使用时应注意哪些事项？

3.防止高处坠落伤害的三种方法是什么？

4.全身式安全带穿戴的步骤是什么？

5.如何快速正确地选择劳动防护用品？

参考文献

[1] 张麦秋.化工生产安全技术.3版.北京：化学工业出版社，2020.

[2] 齐向阳.化工安全技术.3版.北京：化学工业出版社，2020.

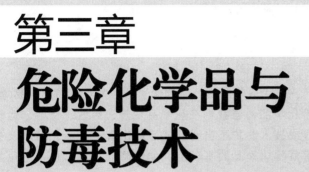
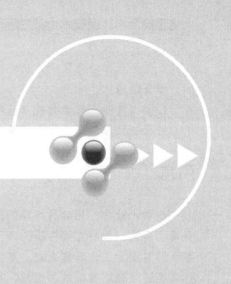

第三章
危险化学品与防毒技术

 教学目的及要求

通过学习本章，使学生了解危险化学品安全相关的技术规程、规范和标准，掌握我国关于危险化学品的类别划分，危险化学品包装、运输及储存的安全技术要求，泄漏处置和火灾控制措施，熟悉危险化学品对人体的侵入途径、职业危害。掌握危险化学品中毒、污染事故应采取的主要措施。培养学生的安全生产素养，树立高度的化工过程安全责任意识。

知识目标：

1. 了解与危险化学品安全相关的技术规程、规范和标准；

2. 了解危险化学品的类别划分；

3. 熟悉危险化学品包装、运输及储存的安全技术要求；

4. 熟悉工业毒物侵入人体的途径和危害；

5. 了解工业毒物的分类及工业毒物的危害；

6. 掌握急性中毒的现场抢救原则、污染事故应采取的主要措施。

技能目标：

1. 能根据危险化学品储运的安全要求，正确储存、运输危险化学品；

2. 能使用个人防护用品进行工业毒物防护；

3. 当发生急性中毒时能熟练采取措施防止毒物继续侵入人体；

4. 能采用正确措施对急性中毒人员进行现场急救。

素质目标：

1. 具有正确理解使用安全标签和安全技术说明书能力，冷静的头脑和遇到紧急事故的处理能力，安全第一，保护环境；

2. 对化学品所产生的毒害、腐蚀、爆炸、燃烧、助燃、有毒有害因素具备系统性思维和较强的分析能力，能够评估危险化学品的燃烧爆炸危害、健康危害和环境危害；

3. 具备化学品中毒必要的应急处理方法和自救、互救措施，严格遵守安全操作规程；

4.认同化工企业文化，树立"安全生产、人人有责"的意识。

课证融通：

1.化工危险与可操作性（HAZOP）分析职业技能等级证书（初、中级）；

2.化工总控工职业技能等级证书（中、高级工）。

引言

在现代社会，化学品与我们的生产、生活息息相关。部分化学品因为具有易燃、易爆、有毒、腐蚀、放射性等性质，属于危险化学品，当我们在化学品生产、经营、储存、运输等环节对安全工作麻痹大意、重视不够或技术防护不当时，就可能出现对生命、财产及生存环境造成破坏的事故。因此，在了解危险化学品的基础上，如何降低其危害性，避免发生事故是本章研究的问题。

第一节　危险化学品

一、危险化学品的分类和特性

典型案例

2020年9月14日，甘肃省某污水处理厂发生硫化氢气体中毒事故，造成3人死亡，直接经济损失450万元。

该起事故发生的原因是，企业污水处理厂当班人员违反操作规程将盐酸快速加入含有大量硫化物的废水池内进行中和，致使大量硫化氢气体短时间内快速溢出，当班人员在未穿戴安全防护用品的情况下冒险进入危险场所，吸入高浓度的硫化氢等有毒混合气体，导致人员中毒。

（一）危险化学品及其分类

1.危险化学品的定义

化学品是指各种元素组成的纯净物和混合物，无论是天然的还是人造的，都属于化学品。全世界已有的化学品多达700万种，其中经常使用的有7万多种，每年全世界新出现化学品有1000多种。

应急管理部等十个部门制定的《危险化学品目录（2022年调整）》中把具有毒害、腐蚀、爆炸、燃烧、助燃等性质，对人体、设施、环境具有危害的剧毒化学品和其他化学品称为危险化学品。其中，剧毒化学品指具有剧烈急性毒性危害的化学品，包括人工合成的化学品及其混合物和天然毒素，还包括具有急性毒性易造成公共安全危害的化学品，如图3-1所示。

扫一扫

M3-1 危险化学品

2.危险化学品的分类

危险化学品根据危险和危害种类分为理化危险、健康危险和环境危险三大类。

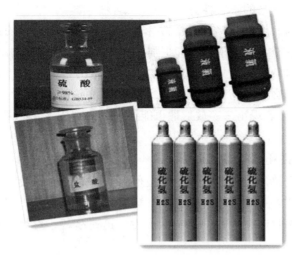

图 3-1　危险化学品

（1）理化危险　分爆炸物、易燃气体、易燃气溶胶、氧化性气体、压力下气体、易燃液体、易燃固体、自反应物质或混合物、自燃液体、自燃固体、自热物质和混合物、遇水放出易燃气体的物质或混合物、氧化性液体、氧化性固体、有机过氧化物、金属腐蚀剂等十六种危险化学品。

（2）健康危险　分急性毒性、皮肤腐蚀/刺激、严重眼损伤/眼刺激、呼吸或皮肤过敏、生殖细胞致突变性、致癌性、生殖毒性、特异性靶器官系统毒性--次接触、特异性靶器官系统毒性-反复接触、吸入危险十类。

（3）环境危险　在《化学品分类和危险性公示　通则》（GB 13690—2009）中，环境危险从危害水生环境方面阐述，分急性水生毒性和慢性水生毒性两类。

（二）危险化学品造成化学事故的主要特性

1.易燃性、易爆性和氧化性

物质本身能否燃烧或燃烧的难易程度和氧化能力的强弱，是决定火灾危险性大小的最基本的条件。化学物质越易燃，其氧化性越强，火灾的危险性越大。

物质所处的状态不同，其燃烧、爆炸的难易程度不同。气体的分子间力小，化学键容易断裂，无需溶解、溶化和分解，所以气体比液体、固体易燃易爆，燃速更快。由简单成分组成的气体比复杂成分组成的气体易燃、易爆。

物质的组分不同，其燃烧、爆炸的难易程度不同。分子越小、分子量越低的物质化学性质越活泼，越容易引起燃烧爆炸。含有不饱和键的化合物比含有饱和键的化合物易燃、易爆。

物质的特性不同，其燃烧、爆炸的难易程度不同。燃点较低的危险品易燃性强，如黄磷在常温下遇空气即发生燃烧。有些遇湿易燃的化学物质在受潮或遇水后会放出氧气引燃，如电石、五氧化二磷等。有些化学物质相互间不能接触，否则将发生爆炸，如硝酸与苯、高锰酸钾与甘油等。有些易燃易爆气体或液体含有较多的杂质，当它们从破损的容器或管道口处高速喷出时，由于摩擦产生静电，变成了极危险的点火源。

2.毒害性、腐蚀性和放射性

许多危险化学品进入肌体内，累积到一定量时，能与体液和器官发生生物化学变化或生物物理变化，扰乱或破坏肌体的正常生理功能，引起暂时性或持久性的病理改变，甚至危及生命。这是危险化学品的毒害性。

腐蚀性指化学品与其他物质接触时会破坏其他物质的特性。不同的化学品可以腐蚀不同的物质。但是，从安全角度来说，人们更加关注危险化学品对生物组织的腐蚀伤害。

一些化学品具有自然地向外界放出射线、辐射能量的特性。人体在无保护情况下暴露在大剂量辐射环境中，会受到伤害甚至死亡。放射性损害具有滞后性，一些身体受损症状往往需要 20 年以上才会表现出来。放射性也能损伤遗传物质，主要是引起基因突变，使下一代甚至几代受害。

3. 突发性、扩散性和多样性

化学事故大多不受地形、季节、气候等条件的影响而突然爆发，事故的时间和地点难以预测。一般的火灾要经过起火、蔓延扩大到猛烈燃烧几个阶段，需经历几分钟到几十分钟，而化学危险物品一旦起火，往往是突然爆发，迅速蔓延，燃烧、爆炸交替发生，迅速产生巨大的危害。

化学事故中化学物质溢出，可以向周围扩散，比空气轻的可燃气体可在空气中迅速扩散，与空气形成混合物，随风飘荡。比空气重的物质飘落在地表各处，引发火灾和环境污染。

大多数危险化学品具有危险的多样性，如硝酸既有强烈的腐蚀性，又有很强的氧化性。硝酸铀既有放射性，又有易燃性。当化学物质具有可燃性的同时，还具有毒害性、放射性、腐蚀性等特性时，一旦发生火灾，其危害性更大。

（三）影响危险化学品危险性的主要因素

化学物质的物理性质、中毒危害性和其他性质是影响危险化学品危险性的主要因素。

1. 物理性质

危险化学品的物理性质主要有沸点、熔点、液体相对密度、饱和蒸气压和蒸气相对密度等因素。

（1）沸点　沸腾是在一定温度下液体内部和表面同时发生的剧烈汽化现象。液体沸腾时候的温度被称为沸点。沸点越低的物质汽化越快，可以让事故现场的危险气体浓度快速升高，产生爆炸的危险。

（2）熔点　熔点是物质由固态转变为液态的温度。熔点的高低不仅关系到危险化学品的生产、储存、运输安全，还涉及事故现场处理的方式、方法等许多问题。

（3）液体相对密度　液体的相对密度是指在 20℃ 时，液体与 4℃ 的水的密度比值。如果液体相对密度小于 1 的物质发生火灾，采用水灭火，会使燃烧的物质漂浮在水面上，随着消防用水到处流动而加重火势。

（4）饱和蒸气压　蒸气压指的是在液体（或者固体）的表面存在着该物质的蒸气，这些蒸气对液体表面产生的压强就是该液体的蒸气压。饱和蒸气压指密闭条件下物质的气相与液相达到平衡即饱和状态下的蒸气压力。

饱和蒸气压是物质的一个重要性质，它的大小取决于物质的本身性质和温度。饱和蒸气压越大，表示该物质越容易挥发，而挥发出可燃气体是火灾发生的重要条件。

（5）蒸气相对密度　化学物质的蒸气密度与比较物质（空气）密度的比值是蒸气相对密度。当蒸气相对密度值小于 1 时，表示该蒸气比空气轻，其值大于 1 时，表示重于空气。

2. 中毒危害性

危险化学品的毒性是引发人体损害的主要原因。在化学品事故或保护不当的生产、运输作业中，有毒物质引起人员的伤害，这种伤害可能是立即的，也可能是长期的，甚至是终身不可逆的。

3. 其他性质

物质的溶解度、挥发性、固体颗粒度、潮湿程度、含杂质量、聚合等特性也是影响化学品危险性的因素。

毒害品在水中的溶解度越大，挥发速度越快，越容易引起中毒。固体毒物的颗粒越细，越易中毒。某些杂质可起到催化剂的作用，加大物质的危害。聚合通常是放热反应，发生聚合反应会使物质温度急剧升高，着火、爆炸的危险性大大提高。

二、危险化学品的储运安全

典型案例

2015 年 8 月 12 日，位于天津市滨海新区的瑞海公司危险品仓库运抵区起火，随后发生两次剧烈的爆炸，共造成 165 人死亡、8 人失踪、798 人受伤，直接经济损失 68.66 亿元。事故的直接原因是瑞海公司运抵区南侧集装箱内的硝化棉由于湿润剂散失出现局部干燥，在高温（天气）等因素的作用下加速分解放热，积热自燃，引起相邻集装箱内的硝化棉和其他危险化学品长时间大面积燃烧，导致堆放于运抵区的硝酸铵等危险化学品发生爆炸。

事故的主要原因是安全管理混乱，企业负责人、管理人员及操作工、装卸工都不知道运抵区储存的危险货物种类、数量及理化性质，冒险蛮干问题十分突出，特别是违规大量储存硝酸铵等易爆危险品，直接造成此次特别重大火灾爆炸事故的发生。

（一）危险化学品储存的安全要求

1. 储存企业要求

危险化学品储存是指对爆炸品、压缩气体和液化气体、易燃液体、易燃固体、自燃物品和遇湿易燃物品、氧化剂和有机过氧化物、有毒品和腐蚀品等危险化学品的储存行为。化学性质相抵或灭火方式不同的物料称为禁忌物料。危险化学品储存应重点关注禁忌物料的储存。

我国《危险化学品安全管理条例》规定，危险化学品生产、储存企业必须具备以下条件：

① 有符合国家标准的生产工艺、设备或者储存方式、设施；

② 工厂、仓库的周边防护距离符合国家标准或者国家有关规定；

③ 有符合生产或者储存需要的管理人员和技术人员；

④ 有健全的安全管理制度；

⑤ 符合法律、法规规定和满足国家标准要求的其他条件。

2. 储存方式

由于各种危险化学品的性质和类别不同，储存方式也不相同。根据危险化学品的危险特性，一般分为隔离储存、隔开储存和分离储存三种储存方式。

隔离储存是在同一房间或同一区域内，不同的物料分开一定距离，非禁忌物料间用通道保持空间距离的储存方式。这种方式只适用于储存非禁忌物料，如图 3-2 所示；隔开储存是在同一建筑或同一区域，用隔板或墙体将禁忌物料分开储存的方式，如图 3-3 所示；分离储存是在不同的建筑物内或远离所有建筑的外部区域内的储存方式，如图 3-4 所示。

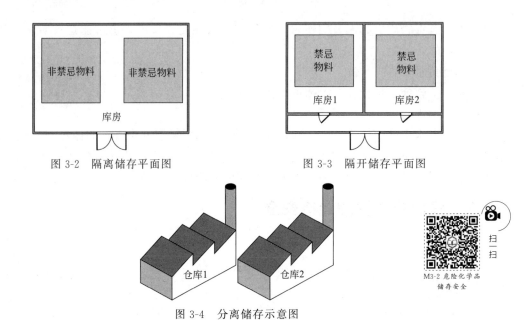

图 3-2　隔离储存平面图　　　　　　图 3-3　隔开储存平面图

图 3-4　分离储存示意图

M3-2 危险化学品
储存安全

危险化学品的储存应严格遵照表 3-1 的储存原则。

表 3-1　危险化学品储存原则

危险物质组别	储存原则
爆炸性物质	① 爆炸性物质必须存放在专用仓库内； ② 存放爆炸性物质的仓库，不得同时存放相抵触的爆炸物质； ③ 一切爆炸性物质不得与酸、碱、盐类以及某些金属、氧化剂等同库储存； ④ 为了通风、装卸和便于出入检查，爆炸性物质堆放时，堆垛不应过高过密； ⑤ 爆炸性物质仓库的温度、湿度应加强控制和调节
压缩气体和液化气体	① 压缩气体和液化气体不得与其他物质共同储存，易燃气体不得与助燃气体、剧毒气体共同储存，易燃气体和剧毒气体不得与腐蚀性物质混合储存，氧气不得与油脂混合储存； ② 液化石油气储罐区的安全要求：液化石油气储罐区，应布置在通风良好且远离明火或散发火花的露天地带；不宜与可燃、可燃液体储罐同组布置，更不应设在一个土堤内；卧式压力液化气罐的纵轴不宜对着重要建筑物、重要设备、交通要道及人员集中的场所； ③ 对气瓶储存的安全要求：储存气瓶的仓库应为单层建筑，设置易揭开的轻质屋顶，地坪可用沥青砂浆混凝土铺设，门窗都向外开启，玻璃涂以白色，库温不宜超过 35℃，有通风降温措施。瓶库应用防火墙分隔，若单独分间，每一分间应有安全出入口，气瓶仓库的最大储存量应按有关规定执行
易燃液体	① 易燃液体应储存于通风阴凉处，并与明火保持一定的距离，在一定区域内严禁烟火； ② 沸点低于或接近夏季气温的易燃液体，应储存于有降温设施的库房或储罐内，盛装易燃液体的容器应保留不少于 5% 容积的空隙，夏季不可曝晒； ③ 闪点较低的易燃液体，应注意控制库温，气温低时容易凝结成块的易燃液体受冻后易使容器胀裂，故应注意防冻； ④ 易燃、可燃液体储罐分地上、半地上和地下三种类型；地上储罐不应与地下或半地下储罐布置在同一储罐组内，且不宜与液化石油气储罐布置在同一储罐组内；储罐组内储罐的布置不应超过两排。在地上和半地下的易燃、可燃液体储罐的四周应设置防火堤
易燃固体	① 储存易燃固体的仓库要求阴凉、干燥，要有隔热措施，忌阳光照射，易挥发、易燃固体应密封堆放，仓库要求严格防潮； ② 易燃固体多属于还原剂，应与氧和氧化剂分开储存，有很多易燃固体有毒，故储存中应注意防毒
自燃物质	① 自燃物质不能与易燃液体、易燃固体、遇水燃烧物质混放储存，也不能与腐蚀性物质混放储存； ② 自燃物质在储存中，对温度，湿度的要求比较严格，必须储存于阴凉、通风干燥的仓库中，并注意做好防火、防毒工作

续表

危险物质组别	储存原则
氧化剂	① 一级无机氧化剂与有机氧化剂不能混放储存；不能与其他弱氧化剂混放储存；不能与压缩气体、液化气体混放储存；氧化剂与有毒物质不得混放储存； ② 储存氧化剂应严格控制温度、湿度，可以采取整库密封、分垛密封与自然通风相结合的方法
有毒物质	① 有毒物质应储存在阴凉通风的干燥场所，要避免露天存放，不能与酸类物质接触； ② 严禁与食品同存一库； ③ 包装封口必须严密，无论是瓶装、盒装、箱装或其他包装，外包装均应贴(印)有明显名称和标志
腐蚀性物质	① 腐蚀性物质均须储存在冬暖夏凉的库房中，保持通风、干燥，防潮、防热； ② 腐蚀性物质不能与易燃物质混合储存，可用墙分隔同库储存不同的腐蚀性物质； ③ 采用相应的耐腐蚀容器盛装腐蚀性物质，且包装封口要严密

3. 储存发生事故因素分析

① 在危险化学品储存过程中突遇如汽车排气管火星、烟头、烟囱飞火等明火，或发生内部管理不善，如露天阳光暴晒，野蛮装卸，承受的化学能、机械能超标等均可能发生事故。

② 保管人员缺乏知识，化学品入库管理不健全或因为企业缺少储存场地而任意临时混存，当禁忌化学品因包装发生渗漏时可能发生火灾。

③ 危险化学品包装损坏，或者包装不符合安全要求，均会引发事故。

④ 储存场地条件差，不符合物品储存技术要求。如没有隔热措施使物品受热，仓库漏雨进水使物品受潮均会发生着火或爆炸事故。

⑤ 危险化学品长期不用又不及时处理，往往因产品变质引发事故。

⑥ 搬运化学品时没有轻拿轻放；或者堆垛过高不稳而发生倒塌；或在库内拆包，使用明火等违反生产操作规程造成事故。

（二）危险化学品运输安全事项

1. 危险化学品安全运输的定义及原则

危险化学品运输是特种运输的一种，是指专门组织对非常规物品使用特殊方式进行的运输。一般只有经过国家相关职能部门严格审核，并且拥有能保证安全运输危险货物的相应设施设备，才能有资格进行危险品运输。

危险化学品运输组织管理要做到：三定，即定人、定车和定点；三落实，即发货、装卸货物和提货工作要落实。

2. 运输方式

危险化学品的运输方式主要有水路运输和陆路运输两种方式，陆路运输包括公路运输和铁路运输，如图 3-5 所示。

（1）公路运输 汽车装运不仅可以运输固体物料还可以运输液体和气体物质。运输过程不仅运动中容易发生事故，而且装卸也非常危险。公路运输是化学品运输中出现事故最多的一种运输方式。

（2）铁路运输 铁路是运输化工原料和产品的主要工具，通常对易燃、可燃液体采用槽车运输，装运其他危险货物使用专用危险品货车。

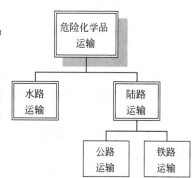

图 3-5 危险化学品运输方式

（3）水路运输 水路运输是化学品运输的一种重要途径。目前，已知的经过水路运输的危险化学品达3000余种。水路危险化学品的运输形式一般分为包装危险化学品运输，固体散装危险化学品运输和使用散装液态化学品船、散装液化气体船及油轮等专用船舶运输。因为水路运输的特殊性，对安全的要求更高。

3. 运输安全要求

危险化学品的发货、中转和到货，都应在远离市区的指定专用车站或码头装卸货物，要根据危险物品的类别和性质合理选用车、船等。车、船、装卸工具，必须符合防火防爆规定，并装设相应的设施。

装运危险化学品应遵守危险货物配装规定。性质相抵触的物品不能一同混装。装卸危险化学品，必须轻拿轻放，防止碰击、摩擦和倾斜，不得损坏包装容器。包装外的标志要保持完好。

危险化学品的装卸和运输工作应选派责任心强、经过安全防护技能培训的人员承担并应按规定穿戴相应的劳动保护用品。运送爆炸、剧毒和放射性物品时应按照公安部门规定指派押运人员。

M3-3 危险化学品
运输安全

4. 运输事故因素分析

危险化学品运输设施、设备条件差，缺乏消防设施。有些城市对从事危险化学品的码头、车站和库房缺乏通盘考虑，布局凌乱。在危险化学品消防方面，公共消防力量薄弱，特别是水上消防能力差，不能有效应对特大恶性事故的发生。

有些运输企业和管理部门不重视员工培训工作。从业人员素质低，对危险化学品性质、特点不了解，一旦发生危险，不能采取正确措施应对，导致各种危险货物泄漏、污染、燃烧、爆炸等事故频频发生。

（三）危险化学品的包装及标志

1. 包装作用及要求

危险化学品包装的作用，首先是防止包装物因接触雨、雾、阳光、潮湿空气和杂质，使物品变质或发生剧烈的化学反应而导致事故。其次是减少物品撞击、摩擦和挤压等外部作用，使其在包装保护下处于相对稳定和完好状态。再次是防止挥发以及与性质相抵触的物品直接接触发生火灾、爆炸事故。最后是便于装卸、搬运和储存管理。

危险化学品包装应严格遵守技术要求，根据危险化学品的特性选择包装容器的材质，选择适用的封口密封方式和密封材料。包装容器的机械强度、材质应能保证在运输装卸过程中承受正常的摩擦、撞击、振动、挤压及受热。

2. 包装的分类

危险化学品包装按照包装的结构强度、防护性能和内装物的危险程度分三类。

（1）Ⅰ类包装　货物具有大的危险性和包装强度高的场合。如中、低闪点的液体等采用Ⅰ类包装。

（2）Ⅱ类包装　货物具有中度危险性，包装强度要求较高。如易燃气体、有毒气体、自反应物质等采用Ⅱ类包装。

（3）Ⅲ类包装　货物具有小的危险性，包装强度要求一般。如不燃气体、高闪点液体等采用Ⅲ类包装。

3. 包装标志

为了便于管理，提高警戒意识，危险化学品包装容器外应有清晰、牢固的专用标志。标志的类别、名称、尺寸、颜色等应符合国家标准的规定。常见的危险化学品包装标志如图3-6所示。

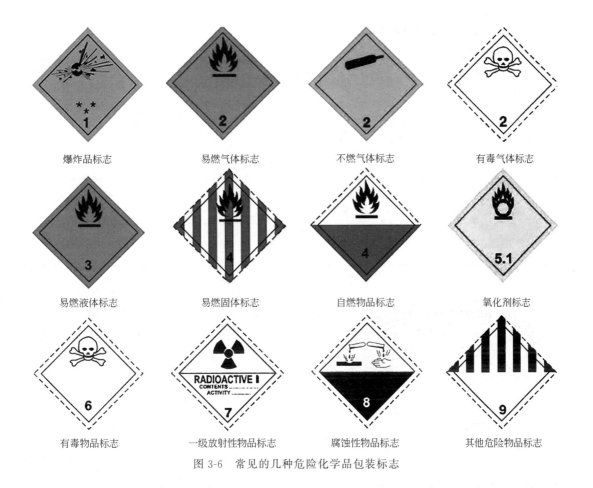

图 3-6 常见的几种危险化学品包装标志

爆炸品标志　易燃气体标志　不燃气体标志　有毒气体标志

易燃液体标志　易燃固体标志　自燃物品标志　氧化剂标志

有毒物品标志　一级放射性物品标志　腐蚀性物品标志　其他危险物品标志

第二节　工业毒物

一、工业毒物的毒性

典型案例

2020 年 9 月，山西某科技有限公司挥发性有机化合物（VOCs）处理装置发生一起有毒气体泄漏中毒事故，造成 4 人死亡、1 人受伤。发生原因是，VOCs 工段操作人员操作不当，将酸洗塔废液排入地下槽，又把碱洗塔内的碱性废液排入地下槽，在地下槽内酸碱废液发生反应，生成硫化氢气体溢散导致人员中毒。

（一）工业毒物定义及其分类

1. 工业毒物定义

有些物质进入机体并累积到一定程度后，就会与机体组织和体液发生生物化学作用或生物物理作用，扰乱或破坏机体的正常生理功能，引起暂时性或持久性的病变，甚至危及生命，称该物质为毒物。在工业生产中使用的毒物称为工业毒物。在工业生产中由于接触工业毒物引起的中毒称为职业中毒。

2.工业毒物分类

（1）按物理形态分类　可分为粉尘、烟尘、雾、蒸气和常温常压下气态物质等。

M3-4 职业中毒

① 粉尘是指较长时间飘浮于空气中的固体悬浮物。粉尘按颗粒直径可以分为飘尘、降尘和总悬浮颗粒，具体见表3-2。

表 3-2　按颗粒直径粉尘分类表

名称	粒径/μm	特　征
飘尘	≤ 10	能较长时间飘浮在空气中,不易扩散,也叫可吸入颗粒物,英文缩写 PM_{10}
降尘	>10	重力作用下,它可在较短的时间内沉降到地面,不扩散
总悬浮颗粒	≤ 100	大气中固体微粒的总称

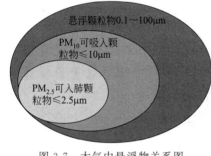

图 3-7　大气中悬浮物关系图

近年来，$PM_{2.5}$ 成为人们关注的热点。$PM_{2.5}$ 又称细颗粒、细粒，是可入肺颗粒物。$PM_{2.5}$ 指环境空气中直径小于等于 $2.5\mu m$ 的颗粒物，与较粗的大气颗粒物相比，$PM_{2.5}$ 粒径小、面积大、活性强，易附带有毒、有害物质，且在大气中的停留时间长、输送距离远，因而对人体健康和大气环境质量的影响更大。其在空气中含量浓度越高，空气污染越严重。$PM_{2.5}$ 与其他粉尘的关系如图 3-7 所示。

② 烟尘又叫烟雾或烟气，是指悬浮在空气中的烟状固体微粒，直径小于 $0.1\mu m$。如铅块加热熔融时在空气中形成的氧化铅烟，有机物加热或燃烧时产生的烟等。

③ 雾是指悬浮于空气中的微小液滴。

④ 蒸气是指由液体蒸发或固体升华而形成的气体。前者如苯蒸气、汞蒸气等，后者如熔磷形成的磷蒸气等。

⑤ 常温常压下呈气态的物质，如氯、一氧化碳、硫化氢等。

（2）按化学性质和用途相结合的方法分类　这是目前较常用的一种分类方法。

① 金属、类金属及其化合物，这是最多的一类，如铅、汞、锰、砷、磷等。

② 卤族及其无机化合物，如氟、氯、溴、碘等。

③ 强酸和碱性物质，如硫酸、硝酸、盐酸、氢氧化钠、氢氧化钾等。

④ 氧、氮、碳的无机化合物，如臭氧、氮氧化物、一氧化碳、光气等。

⑤ 窒息性惰性气体，如氦、氖、氩等。

⑥ 有机毒物，按化学结构又分为脂肪烃类、芳香烃类、脂肪环烃类、卤代烃类、氨基及硝基烃化合物、醇类、醛类、酚类、醚类、酮类、酰类、酸类、腈类、杂环类、羰基化合物等。

⑦ 农药类，包括有机磷、有机氯、有机汞、有机硫等。

⑧ 染料及中间体、合成树脂、橡胶、纤维等。

（3）其他分类方法　按毒物的化学成分分为无机和有机毒物。

按毒物的来源分为原料类、成品类、废料类。

按生物作用性质可分为刺激性毒物，如酸的蒸气、氯气、氨气等；窒息性毒物，如氮气、氢气、二氧化碳等；麻醉性毒物，如乙醚、苯胺等；溶血性毒物，如苯、二硝基苯等；腐蚀性毒物，如硝酸、硫酸等；致敏性毒物，如钾盐、苯二胺等；致癌性毒物，如3,4-苯并芘；致畸性毒物，如甲基苯、多氯联苯等；致突变性毒物，如砷等。

按损害器官分为神经毒性、血液毒性、肝脏毒性、肾脏毒性、呼吸系统毒性、全身毒性等。有的毒物具有一种作用，有的有多种甚至全身性作用。

（二）工作场所空气中有害因素职业接触限值及其应用

1.职业接触限值定义

职业性有害因素的接触限制量值，指劳动者在职业活动过程中长期反复接触，对绝大多数接触者的健康不引起有害作用的容许接触水平。化学有害因素的职业接触限值包括时间加权平均容许浓度、短时间接触容许浓度和最高容许浓度三类。

2.空气中化学有害因素职业接触限值衡量指标

分为时间加权平均容许浓度、最高容许浓度和短时间接触容许浓度。

（1）时间加权平均容许浓度（PC-TWA），以时间为权数规定的8h工作日的平均容许接触浓度。

（2）短时间接触容许浓度（PC-STEL），在时间加权平均允许浓度前提下容许短时间（15min）接触的浓度。

（3）最高容许浓度（MAC），工作地点在一个工作日内，任何时间有毒化学物质均不应超过的浓度。

3.限值标准

职业接触限值标准包括化学有害因素的职业接触限值和物理有害因素职业接触限值，其中化学因素的职业接触限值归纳为三方面的内容。具体是"工作场所空气中化学物质容许浓度""工作场所空气中粉尘容许浓度""工作场所空气中生物因素容许浓度"。表3-3列出了几种常见化学物质在工作场所空气中的允许浓度。

表 3-3 常见化学物质在工作场所空气中的允许浓度

中文名	MAC/(mg/m³)	PC-TWA/(mg/m³)	PC-STEL/(mg/m³)
氨	—	20	30
苯	—	6	10
苯胺	—	3	—
丙醇	—	200	300
丙酸	—	30	—
丙酮	—	300	450
二硫化碳	—	5	10
二氧化氮	—	5	10
二氧化硫	—	5	10
二氧化碳	—	9000	18000
汞-金属汞(蒸气)	—	0.02	0.04
甲醇	—	25	50
硫化氢	10	—	—

4. 职业接触限值的应用

工作场所空气中有害因素职业接触限值是监测工作场所环境污染情况、评价工作场所卫生状况和劳动条件以及劳动者接触化学因素程度的重要技术依据，也可用于评估生产装置泄漏情况、评价防护措施效果等。工作场所有害因素职业接触限值也是职业卫生监督管理部门实施职业卫生监督检查、职业卫生技术服务机构开展职业病危害评价的重要技术法规依据。

PC-TWA 是评价工作场所环境卫生状况和劳动者接触水平的主要指标。职业病危害控制效果评价，如建设项目竣工验收、定期危害评价、系统接触评估，因生产工艺、原材料、设备等发生改变需要对工作环境影响重新进行评价时，尤应着重进行这方面的评价。

PC-STEL 是与 PC-TWA 相配套的短时间接触限值，可视为对 PC-TWA 的补充。只适用于短时间接触较高浓度可导致刺激、窒息、中枢神经抑制等急性作用，及其慢性不可逆性组织损伤的化学物质。

MAC 主要是针对具有明显刺激、窒息或中枢神经系统抑制作用，可导致严重急性损害的化学物质而制定的不应超过的最高容许接触限值，即任何情况都不容许超过的限值。最高浓度的检测应在了解生产工艺过程的基础上，根据不同工种和操作地点采集能够代表最高瞬间浓度的空气样品进行检测。

二、工业毒物的危害

典型案例

某灯泡厂点焊工，女，39 岁，接触汞蒸气 9 年。车间为一地下室，有排风扇 6 个。个人防护差，仅有工作服、纱布口罩。每日工作 10h，每班安装日光灯 3000～4000 个。生产工艺中改管、封口、退镀、点焊均接触汞蒸气。

患者开始头晕、头痛，乏力，伴失眠，多梦，记忆力减退。几年后症状逐渐加重，有情感改变，易怒爱哭，刷牙时牙龈易出血，口腔有异味。1989 年 7 月住院治疗，经市职业病诊断小组诊断为职业性慢性轻度汞中毒，于 1990 年 2 月好转出院。

患者出院后神经精神症状加重，出现多疑、易怒、易激惹、情绪抑郁，生活懒散，对生活失去信心，想寻死，常常无端大哭大闹，对家庭和社会漠不关心，曾多次被家人送到精神病医院治疗。诊断为慢性汞中毒后精神障碍，后经反复治疗，患者好转。

（一）工业毒物进入人体的途径

工业毒物进入人体的途径主要有呼吸道、皮肤和消化道三种。在生产过程中毒物进入人体最主要的途径是呼吸道，其次是皮肤，经过消化道进入人体的较少。在生活中，毒物进入人体以消化道进入为主。

1. 经呼吸道进入

人的呼吸系统中从鼻腔到肺泡，各部分结构不同，对毒物的吸收也不同，越深入吸收量越大。肺泡的吸收能力最强。空气在肺泡内缓慢流动使得气态、蒸气态或气溶胶状态的毒物随时伴随呼吸过程进入人体，并随血液分布全身。

肺泡内的二氧化碳对增加某些毒物的溶解起到一定作用，从而促进毒物的吸收。另外，由呼吸道进入人体的毒物不经肝脏解毒而直接进入血液循环系统，分布全身，毒害较为严重。

此外对于固体毒物，吸收量与其颗粒、溶解度有关，对于气体有毒物质，与呼吸深度、呼吸速度、循环速度有关，这些因素与劳动强度、环境温度、环境湿度、接触条件等密切相关。

所以，毒物经呼吸道进入人体成为最主要、最危险、最常见的人体中毒途径。在全部职业中毒者中，大约有 95％ 是经呼吸道吸入引起的。

2.经皮肤进入

毒物经皮肤进入人体的途径主要是通过表皮毛囊，少数是通过汗腺导管进入的。皮肤本身是人体具有保护作用的屏障，如水溶性物质不能通过无损的皮肤进入人体内。但是当水溶性物质与脂溶性物质共存时，就有可能通过屏障进入人体。

毒物经皮肤进入人体的数量和速度除了与毒物的脂溶性、水溶性、浓度和皮肤的接触面积有关外，还与环境中气体的温度、湿度等条件有关。

3.经消化道进入

毒物从消化道进入人体，主要是由于误服毒物，或发生事故时毒物喷入口腔等所致。毒物从消化道进入后经小肠吸收，经肝脏解毒，未被解毒的物质进入血液循环，只要不是一次性进入大量毒物，后果一般不严重。

（二）职业中毒的类型

1.急性中毒

急性中毒是大量毒物短时间内经皮肤、黏膜、呼吸道、消化道等途径进入人体，使机体受损并发生功能障碍，称之为急性中毒。急性中毒病情急骤，变化迅速，多数是由生产事故或工人违反安全操作规程所引起的。

2.慢性中毒

在毒物分布较集中的器官和组织中，即使停止接触，仍有该毒物存在，如继续接触，则该毒物在此器官或组织中的量会继续增加，这就是毒物的蓄积作用。当蓄积超过一定量时，会表现出慢性中毒的症状。

慢性中毒是指长时间内有低浓度毒物不断进入人体，逐渐引起的病变。慢性中毒绝大部分是毒物的蓄积引起的，往往从事该毒物作业数月、数年或更长时间才出现症状。

3.亚急性中毒

亚急性中毒是介于急性与慢性中毒之间，病变较急性的时间长、发病症状较急性缓和的中毒。

M3-5 正己烷
慢性中毒

（三）职业中毒对人体系统及器官的损害

毒物进入人体通过血液循环进入全身各个器官或组织，破坏人的生理机能，导致中毒。由于毒物不同，作用于人体的不同系统，对各系统的危害也不相同。

1.对神经系统的危害

（1）神经衰弱综合征　绝大多数慢性中毒的早期症状是神经衰弱综合征及植物神经紊乱。患者出现全身无力、头痛、头昏、倦怠、失眠、心悸等症状。

（2）神经症状　二硫化碳、汞、四乙基铅、汽油、有机磷等"亲神经性毒物"作用于人体，可出现中毒性脑病，表现为神经系统症状，如狂躁、忧郁、消沉、健谈或寡言等症状。有的患者还会出现自主神经系统失调，

M3-6 二硫化碳

如脉搏减慢、血压和体温降低、多汗等。

（3）中毒性周围神经炎　周围神经炎主要损害周围神经，如二硫化碳、有机溶剂、铊、砷的慢性中毒引发手指、脚趾触觉减退，严重者会造成下肢运动神经元瘫痪和营养障碍。

2.对呼吸系统的危害

（1）窒息　氨气、氯气等急性中毒引起喉部痉挛和水肿，当病情进一步发展会发生呼吸道机械性阻塞而窒息死亡。另外，高浓度刺激性气体能迅速引起反射性呼吸抑制。麻醉性毒物可直接抑制呼吸中枢。

（2）中毒性水肿　吸入水溶性刺激性气体后，改变了肺泡毛细血管的通透性而发生肺水肿，如氯气、氨气、光气、硫酸二甲酯等。

（3）呼吸道炎症　某些气体如二氧化氮等可作用气管、肺泡引起炎症。长期接触刺激性气体，能引起黏膜和间质的慢性炎症，甚至发生支气管哮喘。

（4）肺纤维化　某些微粒滞留在肺部可导致肺受到化学和物理的伤害，会导致肺纤维化。肺纤维化患者呼吸困难、干咳、乏力、丧失劳动能力。

3.对血液系统的危害

（1）血细胞数量变化　引起血液中白细胞、红细胞及血小板数量的减少，严重则形成再生障碍性贫血。如慢性苯中毒、放射病等。

（2）血红蛋白变性　毒物引起的血红蛋白变性常见高铁血红蛋白症。由于血红蛋白变性，带氧功能下降，患者常出现头昏、乏力、胸闷等症状。同时红细胞可能发生退行性病变、溶血异常等现象。

（3）溶血性贫血　砷化氢、苯胺、硝基苯等中毒会由于红细胞迅速减少，导致缺氧，患者头昏、气急、心动过速等，严重可引起休克和急性肾功能衰竭。

4.对消化系统的危害

有毒物质对消化系统损害较大，经消化系统进入人体的毒物可直接刺激、腐蚀胃黏膜产生绞痛、恶心、呕吐、腹泻等症状。有些毒物主要引起肝脏损害，造成急性或慢性中毒性肝炎。这些毒物常见的是磷、锑、四氯化碳、三硝基甲苯等"亲肝性毒物"。

5.对泌尿系统的危害

泌尿系统各部位都可能受到有毒物质损害，如慢性铍中毒常伴有尿路结石，杀虫脒中毒可出现出血性膀胱炎等，乙二醇、铅、铀等可引起中毒性肾病。

6.对皮肤的危害

在化工生产中，人员皮肤接触毒物的机会较多，由于直接刺激可发生皮肤痛痒、刺痛、潮红、斑丘疹等各种皮炎和湿疹。一些毒物还会引起皮肤附属器官和口腔黏膜的病变，如毛发脱落、甲沟炎、口腔黏膜溃疡等。有些毒物经口鼻吸入也会引起皮肤病变。

7.对眼部的危害

生产性毒物引起的眼损害分为接触性和中毒性两类。前者是毒物直接作用于眼部所致；后者则是全身中毒在眼部的改变。接触性眼损害主要为气体、液体、烟尘、粉尘或碎末的化学物质直接进入眼部，引起刺激性炎症、腐蚀性烧伤、色素沉着、过敏反应等。

毒物侵入人体引起中毒性眼病最典型的毒物为甲醇和三硝基甲苯。

8.工业毒物的致癌

有些化学物质可使人体产生肿瘤。现在发现的致癌物较多，如砷、镍、铬酸盐、亚硝酸盐、石棉、亚硝胺、芥子气、氯甲醚等。

我国规定,在职业生产中接触致癌物质引起的肿瘤称为职业性肿瘤。如焦炉工人肺癌和铬酸盐制造工人肺癌等为法定的职业性肿瘤。

第三节 中毒的救护与预防

一、急性中毒的现场救护程序

典型案例

2020年5月,江苏某公司在对垃圾库外墙缝隙封堵外包作业过程中,3名作业人员佩戴自吸过滤式半面罩(也就是过滤式防毒面具,可防范一般有毒气体,但不能防范硫化氢等有毒气体)进入垃圾库内施工,发生中毒事故。2名营救人员也佩戴自吸过滤式半面罩进入垃圾库营救,造成不同程度中毒。事故共造成3名作业人员死亡,2名营救人员中毒。事故根本原因是作业人员不了解作业环境的危险有害因素,仅凭垃圾产生的硫化氢有股臭味,而随便佩戴了一个不防硫化氢的自吸过滤式防毒面具,酿下大祸。

(一)救护者的个人防护

作业人员进行事故处理、抢救、检修及正常生产工作中,为保证安全与健康,防止意外事故的发生,要采取个人防护措施。个人防护分为皮肤防护和呼吸防护。

皮肤防护主要依靠个人防护用品,如穿防护服、工作鞋,戴工作帽、防护手套、防护眼镜等,这些防护用品可以避免有毒物质与人体皮肤的接触。对于外露的皮肤,则需涂上皮肤防护油膏。常见的皮肤防护油膏有单纯的防水用软膏、防水溶性刺激物的油膏、防油溶性刺激物的软膏、防光感性软膏等。

保护呼吸器官用防毒的呼吸器材,可分为过滤和隔离式两类。

(二)切断毒物来源

生产和检修现场发生的急性中毒,多是由设备损坏或泄漏致使大量毒物外溢所造成的。若能及时、正确地抢救,对于挽救中毒者生命、减轻中毒程度、防止中毒综合征具有重要意义。

救护人员进入现场后在对中毒者进行抢救的同时,应迅速查明毒物源,采取果断措施切断毒物源,避免毒物进一步外泄。对于已经扩散的有害气体、蒸气应立即启动通风设备和开启门窗以及采取中和等措施,降低空气中有害物含量。

(三)采取有效措施防止毒物继续侵入人体

1.迅速脱离毒源

救护人员进入现场后,应该争分夺秒地对中毒者开始施救。应使中毒者迅速脱离毒源,将中毒者转移至有新鲜空气处。搬运患者时,要使患者侧卧或仰卧,保持头低位,并注意保温。

2.清洗皮肤、黏膜

清除毒物防止其沾染皮肤和黏膜。迅速脱掉中毒者被污染的衣服、鞋帽、手套等,并立即用大量清水或中和液彻底清洗被污染皮肤、毛发甚至指甲缝。对于遇水能反应的物质，应先用干布或者其他能吸收液体的东西抹去污染物，再用水冲洗。

较大面积的冲洗，要注意防止着凉，必要时可将冲洗液保持接近体温的温度。

3.冲洗眼睛

毒物进入眼睛时，应用大量流水缓慢冲洗眼睛 15min 以上，冲洗时把眼睑撑开，让伤员的眼睛向各个方向缓慢移动。

（四）促进生命器官功能恢复

中毒者转移至安全地后应解开中毒者的颈、胸部纽扣及腰带，将头侧偏以保持呼吸通畅。对中毒者要注意保暖和保持安静，严密注意中毒者神志、呼吸状态和循环系统的功能。

如果中毒者神志清醒，可以送医院医治。但是心跳、呼吸骤停和意识丧失等意外情况发生时，必须立即进行心肺复苏术救治，也就是给予迅速而有效的人工呼吸与心脏按压使呼吸循环重建并积极保护大脑。简单地说，通过胸外按压、口对口吹气使中毒者恢复心跳、呼吸。一般来说，徒手心肺复苏术的操作流程分为以下四步。

第一步是评估意识。轻拍患者双肩、在双耳边呼唤（禁止摇动患者头部，防止损伤颈椎）。如果清醒（对呼唤有反应、对痛刺激有反应），要继续观察，如果没有反应则为昏迷，进行下一个流程。

第二步是胸外心脏按压。松开衣领和裤带。心脏按压部位是胸骨下半部，胸部正中央，两乳头连线中点。双肩前倾在患者胸部正上方，腰挺直，以臀部为轴，用整个上半身的重量垂直下压，双手掌根重叠，手指互扣翘起，以掌根按压，手臂要挺直，胳膊肘不能打弯，如图 3-8 所示。按压 30 次，每分钟至少 100 次，按压深度 5cm。

第三步是检查及畅通呼吸道。取出口内异物，清除分泌物。用一手推前额使头部尽量后仰，同时另一手将下颌向上方抬起。注意，不要压到喉部及颌下软组织。

第四步是人工呼吸。判断是否有呼吸，靠一看二听三感觉（维持呼吸道打开的姿势，将耳部放在病人口鼻处）。一看是患者胸部有无起伏，二听是有无呼吸声音，三感觉是用脸颊接近患者口鼻，感觉有无呼出气流。如果无呼吸，应立即给予人工呼吸，保持压额抬颌手法，用压住额头的手以拇指食指捏住患者鼻孔，张口罩紧患者口唇吹气，同时用眼角注视患者的胸廓，胸廓膨起为有效。待胸廓下降，吹第二口气，如图 3-9 所示。氰化物、硫化氢、有机磷农药中毒的患者，应给予单纯胸外按压的心肺复苏，不宜做口对口的人工呼吸。

一般来说，心脏按压与人工呼吸交替进行，比例为 30∶2。

除中毒症状外，还应检查有无外伤、骨折、内出血等症候，以便对症处置。

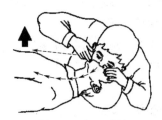

M3-7 心肺
复苏的方法
扫一扫

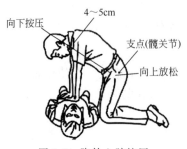

图 3-8　胸外心脏按压　　　　图 3-9　人工呼吸

（五）及时解毒和促进毒物排出

发生急性中毒时，应及时采取各种有效措施，降低或消除毒物对机体的作用。如采用各种金属络合剂与毒物的金属离子络合成稳定的有机化合物，随尿液排出体外。采用中和毒物及其分解产物的措施，降低毒物的危害。采用利尿、换血疗法以及腹膜透析等方法，促进毒物尽快排泄。如是非腐蚀性毒物经口腔进入人体，可以采用催吐、洗胃、导泻等方法。

二、综合防毒措施

典型案例

太仓市某人造革生产企业是一家民营企业，主要生产服装用人造革，该厂生产车间涂台岗位使用二甲基甲酰胺作为溶剂。二甲基甲酰胺是一种工业生产使用的有机溶剂，属于亲肝性毒物。2009～2010年，该车间陆续发生多起二甲基甲酰胺中毒事故，经调查发现是车间涂台岗位没有有效通风排毒设施所致。2010年10月，该厂改造生产车间通风排毒系统。经整改前后空气样本检测，有害物浓度合格率由整改前的52.8%提高到整改后的100%。

（一）防毒技术措施

防毒技术措施包括预防措施和净化回收措施两部分。

1.预防措施

① 改变生产工艺，使生产中少产生乃至不产生有毒物质，这是生产防毒的努力目标。另外，生产中的原料和辅助材料尽量采用无毒和低毒物质，以低毒、无毒的物料代替高毒、有毒的物料，是解决工业毒物对人造成危害的最好措施。

② 生产过程的密闭化，防止有毒物质从生产过程散发、外逸。主要应保证装置密封，投料、出料实现机械投料，真空投料，高位槽、管道密封和密封出料。对填料密封、机械密封、磁密封等保证达到要求。设备加强维护，避免跑冒滴漏现象的发生。

生产过程机械化，用机械化代替笨重的手工劳动，不仅可以减轻工人的劳动强度，而且可以减少工人与毒物的接触，从而减少了毒物对人体的危害。

③ 隔离操作，把工人操作的地点与生产设备隔离开来。可以把化工设备布置在室外，利用室外较高的风速稀释有毒气体浓度，也可以把生产设备放在隔离室内，并使隔离室保持负压状态；把工人的操作地点放在隔离室内，采用向隔离室内输送新鲜空气的方法使隔离室内处于正压状态也是一种防毒措施。

④ 自动化控制也是预防中毒的有效措施。自动化控制就是对工艺设备采用仪表或微机控制，使监视、操作地点离开生产设备，从而确保操作人员安全。

2.净化回收措施

生产中采用一系列防毒技术预防措施后，仍然会有有毒物质散逸，因此必须对作业环境进行治理，以达到国家卫生标准。治理措施就是将作业环境中的有毒物质收集起来，然后采取净化回收的措施。

（1）通风排毒 通风排毒是使空气中的毒物浓度不超过国家规定标准的一种重要防毒措施。通风排毒可分为局部排风和全面通风换气两种。

局部排风是把有毒物质从发生源直接抽出去，然后净化回收。局部排风效率高，动力消耗低，比较经济合理。通风排毒应首选局部排风。

全面通风又叫稀释通风，是对整个房间进行通风换气。其基本原理是用清洁空气稀释（冲淡）室内空气中的有害物浓度，同时不断地把污染空气排至室外，保证室内空气环境达到卫生标准。全面通风一般只适合用于污染源不固定和局部排风不能将污染物排出的场合。全面通风换气可作为局部排风的辅助措施。

对于可能突然释放高浓度有毒物质或燃烧爆炸物质的场所，应设置事故通风装置，以满足临时性大风量送风的要求。

（2）净化回收　排出的有毒气体加以净化或回收利用。气体净化的基本方法有洗涤吸收法、吸附法、催化氧化法、热力燃烧法和冷凝法等。

（二）防毒管理措施

1. 组织管理

企业及其主管部门在组织生产的同时要高度重视防毒工作的领导和管理，要有人分管该项工作。要认真贯彻落实"安全第一、预防为主、综合治理"的安全工作方针，做到对新建、改建和扩建的项目，防毒技术措施同时设计、同时施工、同时投产（三同时原则）。执行生产工作和安全工作同时计划、同时布置、同时检查、同时总结、同时评比（五同时工作）。加强防毒知识的宣传，建立健全有关防毒的管理规章制度。

2. 作业管理

在化工生产中，劳动者个人的操作方法不当、技术不熟练、身体过负荷等，都是构成毒物散逸甚至造成急性中毒的原因。对有毒作业进行管理的方法是加强劳动技能培训和安全意识的培养，使劳动者学会正确的作业方法。在操作中必须按生产要求严格控制工艺参数的数值，改变不适当的操作姿势和动作，同时学会正确地使用个人防护用品。

3. 健康管理

这是从医学卫生方面直接保护从事有害作业人员的健康。

（1）个人卫生　注意饭前洗脸洗手，车间内禁止吃饭、饮水和吸烟，班后沐浴，工作衣帽与便服隔开存放和定期清洗等。

（2）保健食品　按照国家规定供给从事有毒作业人员保健食品，以增加营养，增强体质。保健食品的发放范围应当是有显著职业性毒害并对营养有特殊需要的工种。

（3）定期健康检查　由国家卫生健康委员会对从事有毒作业人员进行定期健康检查，以便对职业中毒能够早期发现，早期治疗。同时，实行就业前健康检查，发现患有禁忌证的，不要分配相应的有毒作业，在定期检查中发现患有禁忌证时，也应及时调离相应的有毒作业。

例如，苯主要损害血液系统，中毒病人容易出血或出血不止，严重者还可以罹患白血病，因此，血象检查结果低于接触苯标准参考值的人就不宜从事有苯系物作业。患有活动性肺结核、慢性呼吸系统疾病的人接触粉尘时，容易导致原有肺部疾病加重，吸入的粉尘也难以排出，容易罹患尘肺病，所以患有这些疾病的人不宜从事粉尘作业。

（4）中毒急救及急救培训　对于有可能发生急性中毒的企业，其企业医务人员应定期培训，掌握中毒急救的知识，工厂医务室要随时准备有关急救的医药器材，准备必要时抢救中毒人员。

（5）其他　对一些新的有毒作业和新的化学物质，应当请职业病防治单位或卫生、科研部门协助进行卫生调查，做动物实验。弄清致毒物质、毒害程度、毒害机理等情况，研究防毒对策，以便采取有关的防毒措施。

 复习思考题

一、选择题

1. 在生产过程中，控制尘毒危害的最重要的方法是（　　　）。

　　A. 生产过程密闭化　　　　　　　　　　B. 通风

　　C. 发放保健食品　　　　　　　　　　　D. 使用个人防护用品

2. 下列哪项不属于工业生产中的毒物进入人体的主要途径（　　　）。

　　A. 眼睛　　　　　　B. 呼吸道　　　　　　C. 皮肤　　　　　　D. 消化道

3. 工业毒物按化学成分分为（　　　）。

　　A. 原料类、成品类、废料类

　　B. 粉尘、烟尘、雾、蒸气、常温下呈气态的物质

　　C. 有机毒物、无机毒物

　　D. 金属，卤族及其无机化合物，强酸和碱性物质，氧、氮、碳的无机化合物等

4. （　　　）是物质由固态转变为液态的温度。它的高低不仅关系到危险化学品的储存、运输，还涉及事故现场处理等许多问题。

　　A. 熔点　　　　　　B. 相对密度　　　　　　C. 饱和蒸气压　　　　D. 沸点

5. 危险化学品包装按照包装的结构强度、防护性能和内装物的危险程度分为（　　　）。

　　A. 两类　　　　　　B. 三类　　　　　　C. 五类　　　　　　D. 八类

6. （　　　）是指长时间内有低浓度毒物不断进入人体，逐渐引起的病变。这种中毒绝大部分是蓄积性毒物所引起的。

　　A. 亚急性中毒　　　　B. 慢性中毒　　　　C. 中毒性水肿　　　　D. 窒息

7. PM$_{2.5}$指环境空气中直径小于等于 2.5μm 的颗粒物，它又叫（　　　）。

　　A. 可入肺颗粒物　　　B. 可吸入颗粒物　　　C. 飘尘　　　　　　D. 降尘

8. 下列哪个措施不是化工生产为预防中毒而采取的隔离操作。（　　　）

　　A. 把工人操作的地点与生产设备隔离开来

　　B. 把生产设备放在隔离室内，并使隔离室保持负压状态

　　C. 把工人的操作地点放在隔离室内，使隔离室内处于正压状态

　　D. 工人现场操作时穿防护服进行保护

二、简答题

1. 危险化学品造成化学事故的主要特性有哪些？

2. 防毒技术的预防措施主要内容是什么？

3. 对急性中毒人员救护时，如何采取有效措施防止毒物继续侵入人体？

4. 危险化学品生产、储存企业应该具备什么条件？

5. 什么是急性职业中毒？它的特点是什么？

6. 如何通过通风排毒预防职业中毒？

7. 简述职业中毒对神经系统的危害。

8. 工业毒物如何通过呼吸道侵入人体？

参考文献

［1］张晓宇.化工安全与环保.北京：北京理工大学出版社，2020.

［2］孙玉叶.化工安全技术与职业健康.3版.北京：化学工业出版社，2021.

［3］张麦秋，唐淑贞，刘三婷.化工生产安全技术.3版.北京：化学工业出版社，2020.

［4］纪红兵，李文军，程丽华.典型危险化学品事故现场处置.北京：中国石化出版社，2021.

［5］孙万付，袁纪武.危险化学品企业事故应急管理.北京：化学工业出版社，2021.

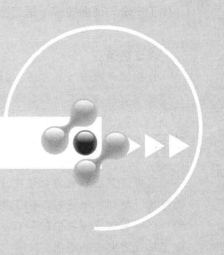

第四章

防火防爆技术

 教学目的及要求

通过学习本章，使学生了解点火源及其分类方法，掌握闪点、燃点、自燃点及火灾三要素，了解与防火防爆安全相关的技术规程、规范和标准，掌握爆炸极限及影响因素，熟悉常见的灭火方法及灭火剂，了解初起火灾扑救的方法和原则。增长化工安全知识，规范安全生产操作，培养职业安全意识，做到"防患于未然"。

知识目标：

1.了解点火源及其分类方法，掌握闪点、燃点、自燃点概念，掌握火灾发生的三要素；

2.了解与防火防爆安全相关的技术规程、规范和标准；

3.掌握爆炸极限及影响因素，熟悉爆炸事故的控制措施；

4.熟悉常见的灭火方法及灭火剂，了解火灾爆炸事故的案例分析；

5.了解初起火灾扑救的方法和原则。

技能目标：

1.能根据火灾、爆炸基础知识解决生产安全问题；

2.能灵活地采用各种预防措施预防火灾、爆炸事故的发生；

3.当发生火灾时能正确地使用灭火器具和利用消防设施灭火；

4.能正确扑灭生产装置、易燃易爆储罐、电气设备的初起火灾。

素质目标：

1.学习典型事故案例，从安全与事故正反两个方面了解职业素养的重要性，理解生命的意义，珍爱生命，提高安全意识、社会责任意识和职业素养，为将来走向工作岗位实现安全生产打下坚实的基础；

2.具有良好的社会责任感和使命感，重视安全，时刻将本岗位防火与防爆放在首位，无私奉献、勇于担当，具有安全环保意识；

3.具有良好的身体心理素质，关注最新的灭火器材和救援方法，具有持续学习和创新的意识。

课证融通：

1. 化工危险与可操作性（HAZOP）分析职业技能等级证书（初、中级）；
2. 化工总控工职业技能等级证书（中、高级工）。

引言

可燃、易燃和易爆物质在生产、生活中随处可见。生活中许多物质是易燃物质，如木质家具、燃料、纸张等。化工生产中易燃易爆物质更是遍布我们的周围，可以说生产现场到处都有易燃易爆物质的存在。因此，了解防火防爆基础知识，能正确处理各种险情成为化工从业者必备的素质。

第一节　燃烧与爆炸的基础知识

一、火灾爆炸危险性分析

典型案例

2023年1月15日，辽宁省盘锦某化工有限公司烷基化装置在维修过程中发生泄漏爆炸着火事故，造成13人死亡、35人受伤。事故发生后，共投入消防车辆105台，消防人员441人；救护车辆20台，医护人员240人；应急、公安等部门车辆31台，370人参与抢险救援。

此前，该公司多次投产危化品未办理环保手续，擅自开工建设投产。因环保以及消防问题多次被有关部门处罚。

（一）燃烧的基础知识

1. 燃烧的定义及条件

（1）燃烧定义　燃烧是一种激烈的氧化反应，同时伴随着发光、发热现象和生成新的物质。

可燃物质不只和氧发生反应才叫燃烧，像钠在氯气中燃烧，炽热的铁在氯气中燃烧也发生激烈的氧化反应，有发光、发热现象，生成了新的物质，所以也叫燃烧。但是铜和稀硝酸反应，虽属氧化反应，但没有发光、发热现象。白炽灯泡中的灯丝通电后虽然发光、发热但不是氧化反应所以不能叫燃烧。

（2）燃烧条件　燃烧的发生必须同时具备三个条件，如图4-1所示。

① 有可燃物的存在。可燃物是能与氧气或其他氧化剂发生剧烈氧化反应的物质。可燃物包括可燃固体，如木材、煤、纸张、棉花等。可燃液体，如石油、酒精、甲醇等；可燃气体，如甲烷、氢气、一氧化碳等。

② 有助燃物的存在。助燃物是能与可燃物发生化学反应，协助和维持燃烧的物质。常见的有氯气、氧气和氟等氧化剂。

③ 有点火源的存在。点火源是能引起可燃物质燃烧的热能源。如撞击、摩擦、明火、高温表面、电火花、光和射线、化学反应热等。

图 4-1　燃烧条件图

可燃物、助燃物和点火源是构成燃烧的三个要素。缺少其中任何一个燃烧便不能发生。有时，即使三要素都存在，但是可燃物没有达到一定的浓度、助燃物数量不足、点火源没有足够的温度，燃烧也不会发生。

当物质已经燃烧起来，若消除燃烧三要素中的任何一个要素，燃烧便会终止，这是灭火的基本原理。

2.燃烧的分类

（1）按是否有火焰分类　燃烧时有火焰产生叫火焰型燃烧。没有火焰的燃烧叫均热燃烧或表面燃烧。

（2）按燃烧的起因和剧烈程度分类　燃烧分闪燃、着火和自燃三种。

各种可燃液体的表面由于温度的影响，都有一定的蒸气存在，这些蒸气与空气混合后，一旦遇到点火源就会出现瞬间火苗或闪光，这种现象称为闪燃。

足够的可燃物质和助燃物质遇到明火而引起持续燃烧的现象称为着火。

自燃是可燃物质自行燃烧的现象。可燃物质在没有外界火源的直接作用下，常温下自行发热，或由于物质内部的物理、化学或生物过程所提供的热量聚积起来，使其达到自燃温度而自行燃烧。

3.闪点、着火点和自燃点

（1）闪点　液体发生闪燃时的最低温度称为闪点。在闪点时，液体的蒸发速度还不足以维持持续燃烧，所以一闪便灭。但是闪燃是将要起火的先兆。

除了可燃液体以外，像石蜡、樟脑等能蒸发出蒸气的固体，表面上产生的蒸气达到一定的浓度，与空气混合而成为可燃的气体混合物，若与明火接触，也能出现闪燃现象。

根据各种液体闪点的高低，可以衡量其危险性，闪点越低，火灾的危险性越大。通常把闪点低于45℃的液体叫易燃液体，把闪点高于45℃的液体叫可燃液体。显然易燃液体比可燃液体的火灾危险性要高。某些液体的闪点如表4-1所示。

表 4-1　某些液体的闪点

物质名称	闪点/℃	物质名称	闪点/℃	物质名称	闪点/℃
戊烷	−40	丙酮	−19	乙酸甲酯	−10
己烷	−21.7	乙醚	−45	乙酸乙酯	−4.4
庚烷	−4	苯	−11.1	氯苯	28
甲醇	11	甲苯	4.4	二氯苯	66
乙醇	11.1	二甲苯	30	二硫化碳	−30
丙醇	15	乙酸	40	氰化氢	−17.8
丁醇	29	乙酸酐	49	汽油	−42.8
乙酸丁酯	22	甲酸甲酯	−20		

（2）着火点　着火点也叫燃点或火焰点。可燃物被加热到超过闪点温度时，其蒸气与空气的混合气与火源接触即着火，并能持续燃烧5s以上时的最低温度，称为该物质的燃点。

一般来说，燃点比闪点高出5～20℃，但闪点在100℃以下时，二者往往相同。易燃液体的燃点与闪点很接近，仅差1～5℃。可燃液体，特别是闪点在100℃以上时，两者相差30℃以上。

（3）自燃点　可燃物质在没有外界火花或火焰的直接作用下能自行燃烧的最低温度称为该物质的自燃点。自燃点是衡量可燃性物质火灾危险性的又一个重要参数，自燃点越低，火灾危险性越大。

自燃又分为受热自燃和自热自燃。受热自燃是可燃物质在外界热源作用下，温度升高，当达到其自燃点时，即着火燃烧。自热自燃是可燃物由于本身产生的氧化热、分解热、聚合热、发酵热等，使物质温度升高，达到自燃点而燃烧的现象。

影响可燃物质自燃点的因素很多。如压力越高，自燃点越低；固体越碎，自燃点越低等。表4-2给出某些气体、液体的自燃点。

表4-2　某些气体、液体的自燃点

物质名称	自燃点/℃	物质名称	自燃点/℃	物质名称	自燃点/℃
二硫化碳	102	苯	555	甲烷	537
乙醚	170	甲苯	535	乙烷	515
甲醇	455	乙苯	430	丙烷	466
乙醇	422	二甲苯	465	丁烷	365
丙醇	405	氯苯	590	水煤气	550～650
丁醇	340	萘	540	天然气	550～650
乙酸	485	汽油	280	一氧化碳	605
乙酸酐	315	煤油	380～425	硫化氢	260
乙酸甲酯	475	重油	380～420	焦炉气	640
丙酮	537	原油	380～530	氨	630
甲胺	430	乌洛托品	685	半水煤气	700

（二）火灾分类

火灾：在时间或空间上失去控制的燃烧。

根据国家标准《火灾分类》（GB/T 4968—2008）的规定，将火灾分为A、B、C、D、E、F六类。

A类火灾指固体物质火灾，一般在燃烧时能产生灼热的余烬。如木材、干草、煤炭、棉、毛、麻、纸张等火灾。

B类火灾指液体或可熔化的固体物质火灾。如煤油、柴油、乙醇、石蜡、塑料等火灾。

C类火灾指气体火灾。如煤气、天然气、甲烷、乙烷、丙烷、氢气等火灾。

D类火灾指金属火灾。如钾、钠、镁、钛、锆、锂、铝镁合金等火灾。

E类火灾指带电火灾，物体带电燃烧的火灾。

扫一扫

M4-1 什么是爆炸

F 类火灾指烹饪器具内的烹饪物火灾。如动植物油脂燃烧的火灾。

（三）爆炸的基础知识

1.爆炸的定义及特征

爆炸是指物质的状态和存在形式发生突变，在瞬间以机械功的形式释放出大量的气体和能量，可使周围物质受到强烈的冲击，同时伴随声音或光效应的现象，如图 4-2 所示。

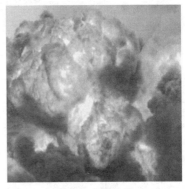

图 4-2　爆炸图

爆炸具有爆炸过程进行得很快，一次爆炸在瞬间即完成；爆炸点附近瞬间压力急剧上升；发出或大或小的声响；爆炸点周围的介质发生震动或邻近物体受到冲击破坏四个特征。

2.爆炸的分类

（1）按照爆炸的性质分类

① 物理爆炸。物理爆炸是纯粹的物理变化过程，爆炸前后系统内物质只发生状态变化，化学组成及化学性质均不发生变化。如汽车爆胎，压力锅超压发生的爆炸就属于此类。

② 化学爆炸。化学爆炸是物质在短时间内完成化学反应，同时产生大量气体和能量的爆炸现象。化学爆炸前后，物质的性质和化学成分均发生了根本的变化。

（2）按爆炸的速度分类

① 轻爆。爆炸传播速度为每秒数十厘米至数米的过程。

② 爆炸。爆炸传播速度为每秒十米至数百米的过程。

③ 爆轰。指传播速度为每秒一千米至数千米的爆炸过程。爆轰是在一定浓度极限范围内产生的。

3.爆炸极限

（1）爆炸极限定义　可燃气体、可燃液体的蒸气或可燃粉尘、纤维与空气形成的混合物遇火源会发生爆炸的极限浓度称为爆炸极限。其中在空气中能引起爆炸的最低浓度称为爆炸下限，最高浓度称为爆炸上限，上、下限之间的范围称为爆炸极限范围。混合物中可燃物浓度低于爆炸下限和高于爆炸上限时都不会发生爆炸，如图 4-3 所示。一些气体和液体的爆炸极限如表 4-3 所示。

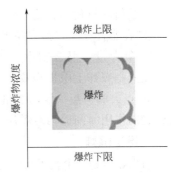

图 4-3　爆炸极限图

表 4-3　一些气体、液体的爆炸极限

物质名称	爆炸极限/%		物质名称	爆炸极限/%	
	下限	上限		下限	上限
氢气	4.0	75.6	丁醇	1.4	10.0
氨气	15.0	28.0	甲烷	5.0	15.0
一氧化碳	12.5	74.0	乙烷	3.0	15.5
二硫化碳	1.0	60.0	丙烷	2.1	9.5

续表

物质名称	爆炸极限/%		物质名称	爆炸极限/%	
	下限	上限		下限	上限
乙炔	1.5	82.0	丁烷	1.5	8.5
氰化氢	5.6	41.0	甲醛	7.0	73.0
乙烯	2.7	34.0	乙醛	1.7	48.0
苯	1.2	8.0	丙酮	2.5	13.0
甲苯	1.2	7.0	汽油	1.4	7.6
邻二甲苯	1.0	7.6	煤油	0.7	5.0
氯苯	1.3	11.0	乙酸	4.0	17.0
甲醇	5.5	36.0	乙酸乙酯	2.1	11.5
乙醇	3.5	19.0	乙酸丁酯	1.2	7.6
丙醇	1.7	48.0	硫化氢	4.3	45.0

（2）影响爆炸极限的因素

① 初始温度。初始温度越高，反应物内能越高，反应物活性越大，爆炸极限范围也越大。因此温度升高会使爆炸的危险性增大。

② 初始压力。一般情况下压力越高，爆炸极限范围越大，尤其是爆炸上限显著提高。因此，减压操作有利于减小爆炸的危险性。

③ 惰性介质的影响。一般情况下惰性介质的加入可以缩小爆炸极限范围，当其浓度高到一定数值时可使混合物不发生爆炸。

④ 容器直径。容器直径越小，混合物的爆炸极限范围则越小。

⑤ 氧含量。混合物中含氧量增加，爆炸极限范围扩大，尤其是爆炸上限提高较大。

⑥ 点火源。点火源的能量、热表面的面积、点火源与混合物的作用时间等均对爆炸极限有影响。

4. 粉尘爆炸

粉尘爆炸是粉尘粒子与空气混合形成爆炸混合体系的结果。实质上，粉尘爆炸是化学爆炸，如煤矿里的煤尘爆炸、磨粉厂的面粉爆炸等就是粉尘爆炸，如图4-4所示。

图4-4 粉尘爆炸图

粉尘燃烧热越大，粉尘的颗粒越小，粉尘在空气中停留的时间越长越容易引起爆炸。空气中粉尘只有达到一定的浓度，才可能会发生爆炸，因此粉尘爆炸也有一定的浓度范围，即有爆炸下限和爆炸上限。

M4-2 粉尘爆炸是怎样发生的

（四）生产和储存物品的火灾爆炸危险性分类

生产、储存中发生的火灾危险性分类主要根据物质的理化特性及火灾爆炸的危害程度进行划分。

国家标准把危险性分为如表4-4所示的几类。在该分类中强调，同一座厂房或厂房的任一防火分区内有不同火灾危险时，危险分类应该按火灾危险性较大的部分确定。

生产或储存物品的火灾危险性分类是确定建（构）筑物的耐火等级、选择电气设备类型以及采取防火防爆措施的重要依据。

表 4-4　火灾爆炸危险性分类

类别	火灾危险性特征
甲	① 闪点小于 28℃ 的可燃液体 ② 爆炸下限小于 10% 的可燃气体 ③ 常温下能自行分解或在空气中氧化能导致迅速自燃或爆炸的物质 ④ 常温下受到水或空气中水蒸气的作用,能产生可燃气体并能引起燃烧或爆炸的物质 ⑤ 遇酸、受热、撞击、摩擦以及遇有机物或硫黄等易燃无机物,极易引起燃烧或爆炸的强氧化剂 ⑥ 受撞击、摩擦或与氧化剂、有机物接触时能引起燃烧或爆炸的物质 ⑦ 在密封容器内物质本身温度超过自燃点的生产
乙	① 闪点大于等于 28℃ ,但小于 60℃ 的易燃、可燃液体 ② 爆炸下限大于等于 10% 的可燃气体 ③ 助燃气体,不属于甲类的氧化剂 ④ 不属于甲类的化学易燃危险固体 ⑤ 能与空气形成爆炸性混合物的浮游状态的纤维、粉尘、闪点大于等于 60℃ 的液体雾滴
丙	① 闪点大于等于 60℃ 的易燃液体 ② 可燃固体
丁	① 对非燃烧物质进行加工,并在高热或熔化状态下经常产生辐射热、火花、火焰的生产 ② 用气体、液体、固体作为燃料或将气体、液体进行燃烧作为他用的生产 ③ 常温下使用或加工难燃烧物质的生产
戊	常温下使用或加工非燃烧物质的生产

（五）火灾和爆炸危险场所的区域划分

火灾危险环境指有可燃物存在，但不能构成爆炸而可能构成火灾的环境。爆炸危险场所的分类按爆炸性物质的物态，分为气体爆炸危险场所和粉尘爆炸危险场所两类。

1. 气体、蒸气爆炸危险环境

根据爆炸性气体混合物出现的频率和时间将此类危险环境分为 0 区、1 区、2 区。

0 级危险区域（0 区）是正常运行下能形成爆炸性气体、蒸气或薄雾的区域。

1 级危险区域（1 区）是正常运行下预计周期性出现或偶尔出现爆炸性气体、蒸气或薄雾的区域。

2 级危险区域（2 区）是正常情况下不出现，不正常情况下整个空间形成爆炸混合物可能性较小的区域。

2. 粉尘、纤维爆炸危险环境

根据爆炸性混合物出现的频率和持续时间分为 10 区和 11 区。

10 级危险区域（10 区）是正常运行时连续出现、长时间出现或短时间频繁出现爆炸性粉尘、纤维的区域。

11 级危险区域（11 区）是正常运行时不出现，或仅在不正常运行时短时间偶尔出现爆炸性粉尘、纤维的区域。

3. 火灾危险环境

火灾危险环境分为 21 区、22 区和 23 区。

21级危险区域（21区）是在生产过程中产生、使用、加工、储存或转运闪点高于场所环境温度的可燃物质，它们的数量和配置能引起火灾危险的火灾危险场所。

22级危险区域（22区）是在生产中形成的悬浮状、堆积可燃粉尘或可燃纤维，在数量和配置上能引起火灾危险的场所。

23级危险区域（23区）是固体可燃物，在数量和配置上能引起火灾危险的场所。

上述的"正常运行"指的是正常的开车、运转、停车，密闭容器盖的正常开启和关闭，产品的取出，安全阀的工作状态。正常运行时所有的参数在设计范围内。

二、点火源的控制

典型案例

2020年1月14日中午，杭州市环境集团有限公司循环经济产业园的餐厨（厨余）资源化利用工程4号厌氧罐突然发生爆炸，罐顶被掀开，3名作业人员被爆炸气流掀到约150米以外的山坡上，当场死亡，直接经济损失约748万元。

调查分析：一是通过现场调查，根据气象资料和询问相关人员，排除雷电点火源可能。二是根据涉事厌氧罐电气线路设备设施均按防爆要求布设，排除电气漏放电点火源可能。三是涉事厌氧罐与基础地基均有大量固定螺栓连接，接地导电符合要求，排除静电累积造成点火源可能。四是3号厌氧罐顶部留存有ZX7-400D型直流逆变弧焊机一台、电焊护目镜和部分电焊条，但未发现使用痕迹；对山体上发现疑似4号罐顶部的ZX7-400D型直流逆变弧焊机勘察证实，该电焊机断路器开关处于关闭状态，现场未发现有电源连接线；事发时未进行电焊作业，可排除电焊点火源可能。五是在3号厌氧罐顶部发现香烟和红色打火机，并从4号厌氧罐底部附近地面发现残留烟头，市公安局DNA检测报告证实烟头生物遗留属于作业人员之一。经询问证实，3名作业人员均有抽烟习惯。综上分析认为：在排除了其余四种点火源的可能性后，导致事故发生的点火源可能性仅剩一种，即吸烟产生的明火。

事故直接原因：施工安装4号厌氧罐体设备过程中，在未完成罐顶正负压保护器安装情况下，加入具有厌氧菌成分污泥活性物进行试运行，导致在罐内发酵产生甲烷集聚，与空气混合形成爆炸性气体并达到爆炸极限，遇现场作业人员吸烟产生明火引发爆炸事故。

（一）明火

引发化工生产安全事故的明火主要有生产过程中的加热用火、维修用火及其他种类的明火。

1. 加热用火的控制

① 加热易燃液体时，应尽量避免采用明火，而采用蒸汽、过热水、中间载热体或电热等，如果必须采用明火，则设备应严格密闭。

② 工艺装置中明火设备的布置，尽可能集中布置在厂区边缘，位于易燃物料设备的下风侧。

③ 与甲类生产厂房的防火间距不能小于15m。

④ 烟囱应防止飞灰，要有足够的高度并加装熄火器。

2. 维修用火的控制

① 应避免在有火灾爆炸危险的厂房内使用气焊、电焊、喷灯等明火设备。必须动火时，应办理动火证，严格执行动火安全规定，在采取了防护措施，确保安全后方能动火。

② 检修系统与其他设备连通时，应将相连的管道拆下断开，或加金属盲板隔离。

③ 对输送和储存易燃易爆物料的设备、管线进行检修时，应将有关系统彻底处理，用惰性气体吹扫置换并要进行爆炸气体分析，合格方可动火。

3. 其他明火的控制

① 汽车等机动车辆禁止在易燃易爆装置区内行驶，必要时加装火星熄灭器。

② 香烟的燃烧温度，在吸入时是650～800℃，点燃放下时是450～500℃。为防止吸烟引发火灾爆炸事故，生产厂区应严禁吸烟。建立严格的禁烟制度。

③ 在使用易燃液体的场所，在大量易燃液体和挥发物质存在的场所，严禁携带火柴，打火机和香烟等。

④ 在生产、储存危险物品的区域应有醒目的禁止吸烟、禁止带火种等安全标志。安全标志如图4-5所示。

(a) 禁止吸烟　　　　　(b) 禁止烟火　　　　　(c) 禁止带火种

图 4-5　禁烟、禁止烟火等安全标志

（二）高温表面

危险化学品生产的加热、干燥、高温物料输送等设备的金属表面温度较高，能成为点火源，因此必须采取措施进行预防。

① 对高温表面覆盖保温隔热材料，防止易燃物料与高温表面接触。

② 高温表面的物料和污垢要经常清除。

③ 不许在高温管道或设备上搭晒衣物。

④ 易燃易爆场所严禁使用外壳和表面有很高温度的照明灯具。

⑤ 电气设备安装时要考虑散热和通风，防止因过热而引发火灾和爆炸事故。

（三）电气火花及电弧

电火花是一种电能转变成热能的常见点火源。常见的电火花有电气开关开启或关闭时发出的火花、短路火花、漏电火花、接触不良火花、继电器接点开闭时发出的火花、电动机整流子或滑环等器件上接点开闭时发出的火花、过负荷或短路时保险丝熔断产生的火花、电焊时的电弧、雷击电弧等。通常的电火花，都有可能点燃爆炸性混合物，而雷击电弧、电焊电弧因能量很高，能点燃任何一种可燃物。

1. 电气火花的预防

电气火花的预防主要是保证定期维护电气设备和正确选用防爆电气设备。同时，严禁私自引入临时电源，如确有需要必须获得批准。

2. 雷电电弧的预防

① 对直击雷采用避雷针、避雷线、避雷带、避雷网等，引导雷电进入大地，使建筑物、设备、物资及人员免遭雷击，预防火灾爆炸事故的发生。

② 对雷电感应，应采取将建筑物内的金属设备与管道以及结构钢筋等接地处理，以防止电火花引起火灾爆炸事故。

（四）静电

生产中，设备、物料、建筑物以及人体都能产生静电积累，静电能够产生火灾的根本原因在于静电放电产生点火的能量。化工生产防静电火花的主要对策有以下几点。

① 采用导电体接地消除静电。防静电接地可与防雷、防漏电接地相连并用。

② 在爆炸危险场所，可向地面洒水或喷水蒸气等，通过增湿法防止电介质物料带静电。该类场所相对湿度一般应大于65%。

③ 利用静电中和器产生与带电体静电荷极性相反的离子，中和消除带电体上的静电。

④ 爆炸危险场所中的设备和工具，应尽量选用导电材料制成。如将传动机械上的橡胶带用金属齿轮和链条代替等。

⑤ 控制气体、液体、粉尘物料在管道中的流速，防止高速摩擦产生静电。管道应尽量减少摩擦阻力。

⑥ 爆炸危险场所中，作业人员应穿导电纤维制成的防静电工作服及导电橡胶制成的导电工作鞋。

（五）摩擦与撞击

摩擦和撞击属于物体间的机械作用。一般来说，在撞击和摩擦过程中机械能转变成热能。当两个表面坚硬的物体互相猛烈撞击或摩擦时，往往会产生火花或火星，这种火花带有的能量超过了大多数可燃气体、蒸气、粉尘的最小点火能量，因此摩擦与撞击往往成为火灾爆炸的起因。

易燃易爆场所内，禁止使用铁器工具，禁止穿带钉子的鞋，地面应使用不发生火花的材料铺设。装运盛装危险化学品的容器时，不要拖拉、抛掷、翻滚、震动，要轻拿轻放，防止撞击产生火花。

第二节　预防火灾爆炸

一、火灾爆炸危险物质的安全技术措施

典型案例

2020年8月3日17时39分，湖北省某有限公司甲基三丁酮肟基硅烷车间发生爆炸事故，造成6人死亡、4人受伤，直接经济损失1344.18万元。

发生原因是：该公司违法组织生产，安全生产主体责任不落实，安全生产管理制度不健全；事故车间未制定分层器工序操作规程，岗位安全操作规程职责不明，异常处置

流程缺乏可操作性；操作工在清理分层器内物料时，没有彻底将分层器底部物料排放至萃取工序，导致超量的丁酮肟盐酸盐进入产品中和工序、放入 1# 静置槽，致使"反应下移"，超量的丁酮肟盐酸盐在相对密闭空间急剧分解放热，能量得不到有效释放，导致爆炸。

（一）用难燃或不燃物质代替可燃物质

在化工生产中，对火灾爆炸危险性比较大的物质，应该选取安全措施。首选是改进工艺，用难燃、不燃的物质代替可燃的物质或用危险性小的物质代替危险性大的物质。如二氯甲烷、四氯化碳等不燃液体在许多情况下可以代替溶解脂肪、油脂、树脂、沥青及油漆等可燃液体。

在工艺可行的前提下也可以在生产中不用或少用易燃易爆物质，这是一种值得考虑的办法，也是从安全角度改进工艺的思路之一。

（二）根据物质的危险特性采取措施

在生产中应了解物料的各种危险特性，根据不同的特性采取措施预防火灾和爆炸事故的发生。

① 对本身具有自燃能力的物质，如黄磷、钾、钠等，应采取隔绝空气、防水、防潮或通风、散热、降温等措施，以防止物质自燃或发生爆炸。

相互接触能引起燃烧爆炸的物质不能混存。遇酸、碱有分解爆炸的物质应防止与酸、碱接触。对机械作用比较敏感的物质要轻拿轻放。

② 易燃、可燃气体和液体蒸气要根据它们的相对密度采取相应的排污方法。根据物质的沸点、饱和蒸气压，来考虑设备的耐压强度、储存温度、保温降温措施等。根据它们的闪点、爆炸范围、扩散性等采取相应的防火防爆措施。

③ 对某些不稳定物质，在储存中应增加稳定剂。如丙烯腈储存中为防止发生聚合，可以添加稳定剂对苯二酚。

④ 在阳光下易分解、易氧化的物质，应保存在遮光的环境中。如乙醚等，受到阳光作用可生成危险的过氧化物。因此，这些物质应存放于金属桶或暗色的玻璃瓶中。

⑤ 对于具有流动性和密度低于水的不溶液体，要防止容器破裂，火灾随水蔓延的问题。这些物质储存要设置必要的防护措施，如设置防护堤。

（三）密闭与通风措施

1.系统密闭和负压操作

为防止易燃气体、蒸气和可燃性粉尘与空气构成爆炸性混合物，应设法使设备密闭，如设备本身不能密闭，可采用液封。

对于有压设备更需要保证设计要求的密闭性，以防气体或粉尘逸出。负压操作可防止系统中有毒或爆炸危险性气体逸出，应注意负压操作时打开阀门不要使大量空气进入系统。

为了保证设备的密闭性，在考虑检修便捷的情况下，不用或少用法兰连接。输送危险气体、液体的管道应采用无缝管。

减压系统生产操作要严格控制压力，在装置检修中应检查密闭性，如密封有损坏，应立即调换。

2.通风置换

通风置换是防止生产区域易燃易爆气体积聚达到爆炸浓度的有效办法。不管采用何种通风方式，都要保证进入工作区域的是纯净空气，因此气体排出后不能循环使用，通风设备应有独立分开的通风机室。通风机室设在厂房内，应有隔绝措施。排出的气体温度超过 80℃的气体或有燃烧爆炸危险的气体、粉尘的通风设备，应使用非燃烧材料制造。

含有粉尘的空气进入风机前应进行净化。排风管要直接通往室外安全处。通风管不宜穿过防火墙或其他防火分离物，避免发生火灾时，火势通过管道蔓延过防火分隔物。

（四）惰性化处理

化工生产中，惰性化处理也是一种行之有效的预防火灾、爆炸事故发生的方法。氧气在火灾爆炸事故中是参与化学反应的成分之一，属于活性组分。事先把容器或设备内气体中的氧气浓度降低，用惰性气体部分取代，再通入可燃气体时就不能形成爆炸性混合气体，从而消除燃烧、爆炸的条件和阻止火焰的传播，这就是惰性化的含义。常见的惰性介质有氮、二氧化碳、水蒸气、烟道气等。

1. 惰性气体保护法

在设备内有可燃液体时，可在液相上方的气相空间保持惰性氛围，这需要系统设置具有自动添加惰性气体的装置，以确保氧气浓度始终低于最小氧气浓度。为了达到自动控制的目的，需要实现监测与通气装置联动，当氧气浓度接近最小氧气浓度控制点时，添加惰性气体的控制系统启动或调解通气量。

2. 真空抽净法

将容器抽真空，直至达到预定的真空状态，接着充入惰性气体至大气压，再次抽真空、充惰性气体，直至容器内达到预定的氧气浓度。抽真空时，氧气与惰性气体同时被抽出，容器内氧气总量减少，充入惰性气体后，剩余的氧气被稀释，进行下一次抽气、充气循环操作时，氧气被再次稀释。

3. 压力净化法

压力净化法即向容器中加入加压的惰性气体，压入惰性气体至容器内达到一定的高压，惰性气体与内部空气混合之后再把混合气体排入大气，直到容器内压力降至大气压，一般要进行几次循环才能使氧含量降至预定浓度。每次排放的气体中都含有一定量的氧气，只要容器能够密封，且能承受足够的压力，依次稀释排出后，就能达到惰性化的目的。

4. 置换法

置换法又叫吹扫净化法，是将惰性气体向容器加入，而混合气从容器排入大气，把氧气吹出设备。当检测排出的气体中氧气浓度达到要求后，停止通气，并封闭气体出入口。

工厂习惯把置换法叫"扫线"，因为方法简单，只要设备没有死角即可采用。例如，对设备和管道内没有排净的易燃有毒液体，就可以采用蒸汽或惰性气体进行吹扫的方法来清除。

（五）工艺参数的安全控制

工艺参数主要指温度、压力、流量及物料配比等。按工艺要求控制工艺参数在安全范围内是防止火灾爆炸发生、实现化工安全生产的基本保证。

1. 温度控制

不同的化学反应都有其最适宜的反应温度，如果超温、升温过快会造成剧烈反应，温度过低会使反应速率减慢或停滞，造成未反应的物料过多，或物料冻结，使管路堵塞或破裂泄漏等。因此必须防止工艺温度过高或过低。

（1）控制反应温度　化学反应一般都伴随有热效应，放出或吸收一定热量。例如基本有机合成中的各种氧化反应、聚合反应等均是放热反应，而各种裂解反应、脱氢反应、脱水反应等则为吸热反应。

对于放热反应要移出反应热。移出反应热的方法主要是通过传热把反应器内的热量由流动介质带走，常用的方式有夹套冷却、蛇管冷却等。工厂为了降低成本，有时会利用反应热加热（预热）低温的物料。目前，强放热反应的大型反应器普遍配装有废热锅炉，靠废热加热产生的蒸汽带走反应热，同时使废热蒸汽作为加热源使用。

（2）防止搅拌意外中断　化学反应过程中，搅拌可以加速热量的传递，使反应物料温度均匀，防止局部过热。生产过程中如果因为电气或机械故障使搅拌中断，可能造成散热不良或发生局部剧烈反应。

对有可能搅拌中断而引起事故的反应装置，必须采取措施防止，如采取双路供电、增设人工搅拌装置、自动停止加料装置及有效的降温手段等。

（3）正确选择传热介质　化工生产中常用的热载体有水蒸气、热水、烟道气、碳氢化合物、熔盐、熔融金属和联苯醚等。在选择传热介质时避免选用和反应物性质相作用的介质。例如，不能用水来加热或冷却环氧乙烷，因为水会引起环氧乙烷发热而爆炸。

2.投料控制

投料控制主要是指对投料速度、配比、顺序、原料纯度以及投料量的控制。

（1）投料速度　投料速度过快，物料温度急剧升高，反应器可能出现局部或整体温度大幅度上升的现象，甚至发生冲料的危险。投料过快也容易引起静电火花，造成火灾、爆炸事故。

投料速度过慢，初始反应缓慢，温度偏低，往往造成物料积累，一旦进入反应温度区，便会加剧反应，温度急剧升高，压力随之增大，酿成事故。

因此，投料时必须严格控制速度，且投料速度要均匀，不得突然增大、变小。

（2）投料配比　对于放热反应，投入物料的配比十分重要，这不仅决定反应进程和产品质量，而且对安全也非常重要，尤其对连续化程度较高、危险性大的反应更应注意投料配比。

在某一配比能形成爆炸性混合物时，其配比浓度应尽量控制在爆炸极限范围以外，或进行惰性气体稀释，以减少生产中火灾爆炸的危险程度。

（3）投料顺序　投料顺序是工艺设计的重要问题，违反投料顺序不仅会降低产量和质量而且会导致重大事故。例如，合成氯化氢，应先通氢后通氯。三氯化磷的生产应先投磷后通氯。

（4）投料量　若投料过多，超过安全容积系数，往往会引起溢料或超压。投料量过少，可能使温度计接触不到液面，导致温度出现假象，由于判断错误而发生事故。投料量过少也可能使加热设备的加热面与物料的气相接触，从而提高爆炸的风险。

（5）原料纯度　许多化学反应，由于反应物料中含有过量杂质，发生副反应，以致引起燃烧、爆炸。所以，发、领料要有专人负责，要有制度。对生产原料应有严格的质量检验制度，以保证原料的纯度。

反应原料气中的有害成分应清除干净或控制一定的排放量，避免生产系统中有害成分的过度积聚。

3.防止跑冒滴漏

化工生产中跑冒滴漏情况并不鲜见，然而若跑出的是易燃易爆物质，则是相当危险的，必须予以控制。

加强操作人员和维修人员的责任心，提高技术水平，稳定工艺操作，提高设备完好性，是杜绝跑冒滴漏发生的有效措施。

对比较重要的管线，涂以不同颜色加以区别，对重要阀门采取挂牌、加锁等措施。不同管道上的阀门，应相隔一定的距离。同时对管道的振动和管道间的摩擦应尽力防止和消除，都是防止跑冒滴漏的必要条件。

（六）自动控制与安全保护装置

1.自动控制

化工生产自动控制就是在化工设备、装置及管道上，配置一些自动化装置，替代操作工人的部分直接劳动，使生产在不同程度上自动地进行。

多数化工生产过程是在高温、高压或低温、低压下进行，还有的是易燃、易爆或有毒、有腐蚀性、有刺激性气味。实现化工自动控制，工人只要对自动化装置的运转进行监控，而不需要再直接从事大量而又危险的现场操作，实现了对操作人员的保护。自动控制还能够保证生产安全，防止事故发生或扩大，达到延长设备使用寿命、提高设备利用率的目的。

2.安全保护装置

安全保护装置是化工生产中可以预防或自动消除生产异常情况的机械或电气装置。主要有信号报警装置、保险装置和安全联锁装置。

二、火灾及爆炸蔓延的控制

典型案例

2022年6月8日12时45分，广东茂名某公司化工分部裂解乙烯中间罐区进料泵区域发生泄漏着火事故。企业在发现泄漏着火后，未有效运用安全仪表系统及时关阀断料，导致火势持续扩大。起火区主要燃烧物为乙烯，现场燃烧猛烈、火焰辐射热强。造成2人失联，1人重伤。

广东消防调7个消防救援支队，187辆消防车、640余名消防救援人员参与事故处置，6月12日凌晨5时许，火灾被扑灭。事故直接原因是裂解乙烯中间罐区乙烯泵端封部位损坏或出口阀门异常，导致管道内乙烯气体泄漏，遇点火源发生着火。

（一）正确选址与安全间距

化工企业及工艺装置和设施的选址是关系到环境影响和控制火灾蔓延的重大问题，如果选址不当，需要花费大量的人力、财力去纠正。

考虑选址，要从环境医学、生物学、流行病学、气象学、地质学、地理学等各个方面进行多学科的考察。特别要注意石化企业及生产设施与相邻企业及设施的间距不能小于表 4-5 规定的数值。

表 4-5　石化企业及生产设施与相邻企业及设施的最小间距　　　　　　　　　　m

相邻企业及设施	液化烃罐组	可能携带可燃液体的高架火炬	甲、乙类工艺装置或设施
居住区、公共福利设施及村庄	120	120	100
相邻企业的围墙	120	120	50
国家铁路线的中心线	55	80	45

续表

相邻企业及设施	液化烃罐组	可能携带可燃液体的高架火炬	甲、乙类工艺装置或设施
厂外企业铁路线的中心线	45	80	35
国家或工业区铁路编组站的铁路中心线或建筑物	55	80	45
厂外公路的路边	25	60	20
变配电站的围墙	80	120	50

企业及设施选址还应注意以下几点。

① 不要选址在有滑坡、断层、泥石流、淤泥、溶洞、地下水位过高的地区。

② 选址在沿江河、海岸的位置时，要使其位于江河、城镇和重要桥梁、港区、水源等的下游。

③ 避开煤矿危险区以及可能会受到洪水威胁的地区。选在水坝下游方向时，要考虑如果水坝被洪水冲垮时厂区是否会遭受损失。

④ 产生有毒气体及烟尘的企业要特别注意避开窝风的地带。要考虑季节风向、台风强度、雷击、积雪及地震的影响和危害。

⑤ 不要选址在自然疫源区、高放射地区和传染病疫区。

⑥ 凡是产生有毒气体、烟尘等有害因素的企业，应将厂址选在工业区的下风侧并与居民区保持一定的防护距离。

（二）分区隔离、露天布置、远距离操纵

化工生产中，安全防范设计是事故预防的第一步。由于化学危险物料多，火灾爆炸危险性大，且设备和管线又连接在一起，所以应采取分区隔离、露天布置和远距离操纵等措施，保证既要有利于安全，又要有利于生产。

1.分区隔离

在总体设计时，应充分估计相邻车间建（构）筑物可能引起的相互影响。危险车间与其他车间或装置应保持一定的间距，充分估计相邻车间建（构）筑物之间的影响。

在同一车间的各个工段，应视其生产性质和危险程度而予以隔离，各种原料成品、半成品的储存，亦应按其性质、存量不同而进行分区隔离。

2.露天布置

化工厂的设备布置一般应优先考虑露天布置，图 4-6 是化工厂设备布置外观图。露天布置最主要的优点是有利于化工生产的防火、防爆和防毒，减少因设备泄漏而造成易燃气体在厂房内积聚的危险性。另外，露天布置可以节约建筑面积，节省基建投资，减少土建施工工程量，加快基建进度。对于有火灾爆炸危险性的设备，露天布置可以降低厂房耐火等级，降低厂房造价。

图 4-6 化工厂设备布置外观图

3.远距离操纵

远距离操纵不但能使操作人员与危险工作环境隔离，同时也提高生产效率，消除人为的误差。远距离操纵与自动调节的不同之处在于，远距离操纵需要人去操作，而自动控制

则是计算机根据预先规定的条件自动控制。

常见的远距离操纵有机械传动、液压传动、气动传动和电动操纵四种。

（三）防火与防爆安全装置

安全装置是保护设备或生产装置安全运行、防止异常情况下发生火灾爆炸的装置。凡是有燃烧爆炸危险性的生产装置，都应装设有相应的安全装置。

1.火焰隔断装置

火焰隔断装置的作用是防止外部火焰窜入有燃烧爆炸危险的设备、管道、容器内部或阻止火焰在设备和管道间扩散。

（1）阻火器　阻火器又叫防火器，它的灭火原理是使火焰在通过狭小孔隙时，由于损失的突然增大，使燃烧不能继续。阻火器常用在容易引起火灾爆炸的高热设备和输送可燃气体、易燃液体蒸气的管道之间，以及可燃气体、易燃液体蒸气排气管上。

① 金属网阻火器。金属网阻火器的结构如图4-7所示。它是用若干具有一定孔径的金属网把空间分隔成许多小孔隙。金属网由单层和多层网重叠起来，随着层数增加有效性也增大，但增加到一定层数之后效果并不加大。金属网通常是6～12层。

② 砾石阻火器。砾石阻火器的结构如图4-8所示。它是用砂砾、卵石、玻璃球等作为填料，这些阻火介质使阻火器内的空间被分隔成许多小孔隙，当可燃气体发生燃烧时，这些微孔能有效地阻止火焰的蔓延，其阻火效果较好，特别是阻止二硫化碳火焰的效果更佳。

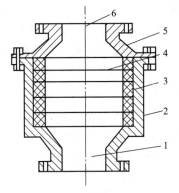

图 4-7　金属网阻火器结构
1—进口；2—壳体；3—垫圈；
4—金属网；5—上盖；6—出口

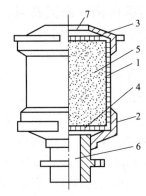

图 4-8　砾石阻火器结构
1—壳体；2—下盖；3—上盖；4—网格；
5—砂砾；6—进口；7—出口

③ 波纹型阻火器。波纹型阻火器一般有两种组成形式：一种是由两个方向折成的波纹形的薄板材料组成，波纹之间分隔成许多小的孔隙和通道，给火焰提供了一条曲曲折折的通道；另一种由波纹薄板和平板交替缠绕在轴芯上，组成一叠带有三角形孔隙的阻火层，这种结构的阻火层可以根据设计需要制作不同直径、不同厚度和不同孔隙的波纹阻火层，结构如图4-9所示。

（2）安全液封　安全液封一般装在气体管线和生产设备之间，结构形式常用的有敞开式和封闭式两种，其结构如图4-10所示。

安全液封的阻火原理是液体封在进出口之间，无论两侧的任何一侧着火，火焰都将在液封处被熄灭，从而阻止火焰蔓延。

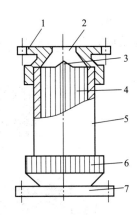

图 4-9 波纹型阻火器结构

1—上盖；2—出口；3—轴芯；4—波纹金属片；

5—外壳；6—下盖；7—进口

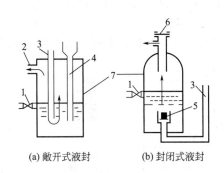

(a) 敞开式液封　　(b) 封闭式液封

图 4-10 安全液封结构

1—验水栓；2—气体出口；3—进气管；4—安全管；

5—单向阀；6—爆破片；7—外壳

安全液封内的液位应根据设备内的压力保持一定高度，否则起不到液封作用。寒冷地区要注意经常检查液封，防止液封冻结。

（3）单向阀　单向阀的作用是仅允许流体向一定方向流动，遇有回流即自动关闭。可防止高压窜入低压系统而引起管道、容器、设备炸裂，也可用作可燃气管线上防止回火的安全装置。

单向阀又称止逆阀、止回阀，单向阀有升降式、摇板式、球式等。

（4）阻火闸门　阻火闸门是为防止火焰沿通风管道或生产管道蔓延而设置的阻火装置。

如图 4-11 所示为跌落式自动阻火闸门。其原理为正常情况下，阻火闸门受易熔合金元件控制处于开启状态，一旦着火温度超过易熔金属熔点，易熔金属熔化，闸门失去控制，受重力作用自动关闭。低熔元件一般用铅、锡、镉等金属制造。

也有的阻火闸门是手动的，遇到火警时由人工迅速关闭。

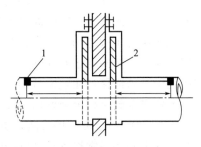

图 4-11 跌落式自动阻火闸门

1—易熔合金元件；2—阻火闸门

2.火星熄灭器

火星熄灭器也叫防火帽，一般安装在产生火星的设备或车辆的排空系统中，以防止火星飞出。

火星熄灭器的种类很多，其工作原理也有所不同，但一般可分为干式和湿式两类。干式火星熄灭器通过设置障碍，改变烟气流动方向，使气流缓慢流动，增加火星运动的路程，使火星熄灭或沉降。湿式火星熄灭器通过使烟气旋转，降低流速，再与水幕充分接触，达到熄灭火星的目的。

3.防爆泄压装置

防爆泄压装置是通过排放的方式，降低设备压力来保护设备的装置。它主要包括安全阀、爆破片、爆破帽、放空管、易熔塞等。

（1）安全阀　安全阀主要用于防止物理性爆炸，通过泄压的方式降低受压设备内部压力，使其达到正常值。当设备超压，安全阀自动开启，把容器内介质迅速排放出去。设备压力降低，避免了超压爆炸。当压力降到正常值，安全阀自行关闭。

安全阀还有报警的功能，即设备超压，安全阀向外排放介质时，会产生气体动力声响，起到报警的作用。

常用安全阀有弹簧式和杠杆式两种，如图 4-12、图 4-13 所示。

M4-4 安全阀
扫一扫

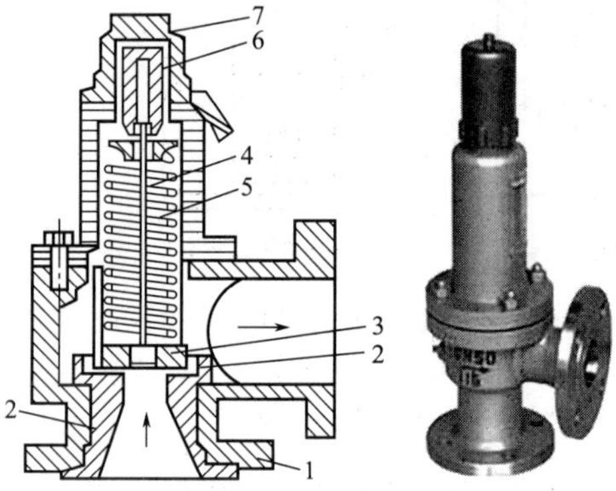

图 4-12　弹簧式安全阀
1—阀体；2—阀座；3—阀芯；4—阀杆；
5—弹簧；6—螺母；7—阀盖

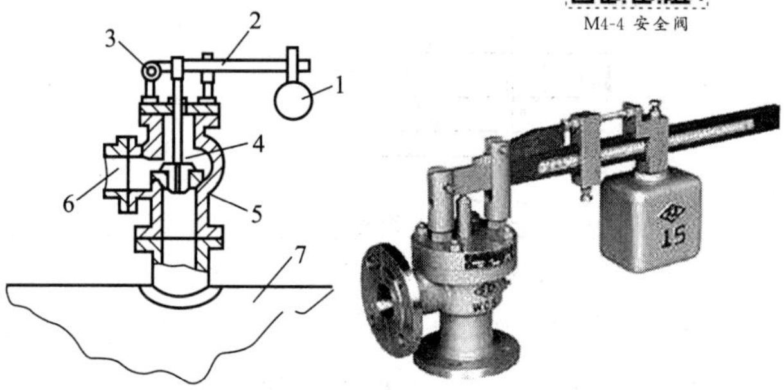

图 4-13　杠杆式安全阀
1—重锤；2—杠杆；3—杠杆支点；4—阀芯；
5—阀座；6—排出管；7—设备

安全阀主要包括阀座、阀芯和加压装置。阀座内有通道与压力容器相通，阀芯由加压装置的压力紧压在阀座上，当阀芯所受到压紧力大于气体对阀芯的作用力（即气体压力与阀座通道面积的乘积）时，阀芯紧贴阀座，安全阀处于封闭状态；假如压力容器内压力升高，气体作用于阀芯的力增大，当这个力大于加压装置对阀芯的压紧力时，阀芯上升离开阀座，这时安全阀处于开放状态，气体从阀内排出，压力下降，安全阀又自动封闭，使容器内的压力始终保持在规定范围。

要使安全阀保持灵敏好用，除了正确选用和安装外，还要留意日常的维护和检查。

① 安全阀要经常保持清洁，防止阀体、弹簧等被油垢、脏污所沾满或生锈腐蚀，有排气管的安全阀要经常检查排气管的畅通。

② 安全阀的加压装置经调整铅封后，不能随意松动或移动，要经常检查铅封是否完好，检查杠杆式安全阀的重锤是否松动或被移动。安全阀有泄漏现象时，应及时检验或更换。禁止用拧紧弹簧或在杠杆上多挂重物等方法消除安全阀的渗漏。

③ 为了防止阀瓣和阀座被油垢等脏物粘住或者堵塞，使安全阀不能按规定压力开放排气，工作介质为空气、蒸汽和其它惰性气体的压力容器上的安全阀，应定期作手提排气试验。安全阀要定期校验，每年至少一次。

（2）爆破片　爆破片是一种断裂型的泄压装置，又称防爆膜、防爆片。用于中低压容器，通常设置在密封的压力容器或管道系统上，当设备内部反应物异常，介质压力超过规定压力时，爆破片自行破裂，物料泄出，从而防止设备爆炸。

爆破片的特点是放出物料多、泄压快、构造简单，具有密封性好、反应动作快、不易受介质粘污物的影响等优点。适用于物料黏度高或腐蚀性强的设备。

爆破片的结构主要由一块很薄的金属板和一副特殊的管法兰夹盘组成。因而爆破片装置实际上是一套组合件。容器压力变化幅度大时，可采用拉伸型爆破片，这种装置的膜片为预拱成型，并预先装在夹盘上，见图 4-14。高压场合可采用锥形夹盘型爆破片，见图 4-15。

图 4-14　拉伸型爆破片

图 4-15　锥形夹盘型爆破片

爆破片是通过膜片的断裂作用排泄压力的。它在完成泄压作用后，不能继续使用，且容器也停止运行，所以一般只用于超压可能性较小，而且又不易装设安全阀的容器上。

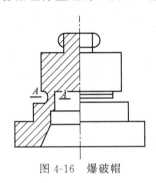

图 4-16　爆破帽

（3）爆破帽　爆破帽也是一种断裂型的泄压装置，因外形像帽子，所以叫爆破帽。爆破帽为一端封闭，中间具有一薄弱断面的厚壁短节，爆破时在 $A—A$ 断面处断裂，其结构如图 4-16 所示。爆破帽的爆破压力误差小，泄放面积较小，多用于超高压容器，一般由性能稳定、强度随温度变化较小的高强度钢材料制造。

（4）易熔塞　易熔塞是利用装置内的低熔点合金在较高的温度下熔化，打开通道使气体从原来填充的易熔合金的孔中排出来泄放压力，其特点是结构简单，更换容易，由熔化温度而确定的动作压力较易控制。一般用于气体压力不大，完全由温度的高低来确定的容器。如低压液化气氯气钢瓶上的易熔塞的熔化温度为 65℃。

（5）放空管　在某些高危设备上，设置紧急放空管。当设备出现超温、超压等异常情况时，利用自动或手动的方式打开放空管，放出部分或全部介质，以避免恶性事故的发生。

由于紧急放空管一般高于建筑顶部，容易遭受雷击，因此，放空管应在防雷保护范围内。同时为防静电，放空管要进行良好的接地。

4.火灾报警装置

火灾报警装置能自动探测火情、迅速报警。它与自动灭火系统联动，实现自动灭火。火灾报警系统由探测器、控制系统、操作系统和执行系统组成。

探测器通过感温、感光、感烟、感知可燃气体等元件把火灾信号转化为电信号，输入报警控制系统，进行报警。控制系统指令操作系统工作，主要是开启灭火器阀门自动灭火，同时开启排烟系统排烟。

第三节　灭火技术

一、灭火器材使用

典型案例

2019 年 9 月，浙江某公司员工在车间将加热后的异构烷烃混合物倒入塑料桶时，因静电引起烷烃蒸气起火燃烧。当时的火很小，该员工身边就有灭火器但其并未取用，而是采用嘴巴吹、纸板扑打、盖塑料桶等方法灭火，前后持续 4 分钟。随后火势渐大并烧熔塑料桶，引燃周边可燃物，整个一层车间迅速进入全面燃烧状态并发生了数次爆炸。燃烧产生的大量有毒物质和高温烟气，迅速通过楼梯向上蔓延，引燃二层、三层成品包装车间可燃物，最终导致整个厂房呈现立体燃烧状。最终酿成死亡 20 人，经济损失 2380 万元的重大事故。

（一）灭火方法及其原理

1. 基本原理

物质燃烧必须同时具备三个必要条件，即可燃物、助燃物和点火源。根据这些基本条件，一切灭火措施，都是阻止三个燃烧条件的同时存在和相互作用，这就是灭火的基本原理。

2. 灭火方法

（1）窒息灭火法　根据燃烧必须有助燃物这个条件，阻止空气流入燃烧区或用不燃物质冲淡空气，使燃烧物得不到足够的助燃物（氧气）而熄灭的灭火方法，这是一种物理的灭火方法。

窒息灭火法可以考虑以下几种措施。

① 用沙土、水泥、湿麻袋、湿棉被等不燃或难燃物质覆盖燃烧物；

② 喷洒雾状水、干粉、泡沫等灭火剂覆盖燃烧物；

③ 用水蒸气或氮气、二氧化碳等惰性气体灌注发生火灾的容器、设备；

④ 密闭起火建筑、设备和孔洞；

⑤ 把不燃的气体或不燃液体（如二氧化碳、氮气、四氯化碳等）喷洒到燃烧物区域内或燃烧物上；

⑥ 在条件允许的情况下，可以采用水灌注的方法灭火。

采用窒息灭火法时应当注意，只有当燃烧区内无氧化剂存在，且燃烧部位较小，容易堵塞封闭时才能使用此法。在用惰性气体灭火时，一定要保证通入燃烧区内的惰性气体量充足，以迅速降低空气中的氧含量。

在采用窒息法灭火时，必须在确认火已经熄灭后，方可打开覆盖物或封闭的门、窗、孔、洞等，严防因过早打开封闭系统，使新鲜空气进入，造成复燃或爆炸。

（2）冷却灭火法　根据燃烧时可燃物必须达到一定温度这个条件，将灭火剂直接喷射到燃烧物上，以增加散热量，降低燃烧物的温度到燃点以下，使燃烧停止。冷却灭火法是灭火的一种主要方法，这种方法属于物理灭火方法。

在火场，除了用冷却的方法直接扑灭火灾外，还经常用水冷却尚未燃烧的可燃物和建筑物，以防止可燃物燃烧或建筑物变形损坏，防止火势扩大。

（3）隔离灭火法　根据燃烧必须具备可燃物这个条件，将已着火物体与附近的可燃物隔离或疏散开，从而使燃烧停止。如关闭阀门，阻止可燃气体、液体流入燃烧区。拆除与火源相毗连的易燃建筑。将燃烧区的易燃物品搬至安全地点等。

（4）抑制灭火法　也称化学中断法，就是使灭火剂参与到燃烧反应历程中，使燃烧过程中产生的自由基消失，而形成稳定分子或低活性自由基，使燃烧反应停止。使用干粉灭火剂扑灭火灾就是抑制灭火法。

上述四种灭火方法所对应的具体灭火措施是多种多样的。在灭火过程中，应根据可燃物的性质、燃烧特点、火灾大小、火场的具体条件以及消防技术装备的性能等实际情况，同时采用几种灭火方法，才能迅速有效地扑灭火灾。

（二）灭火剂

灭火剂是能够有效地破坏燃烧条件而终止燃烧的物质。常用的灭火剂有水、泡沫、干粉、卤代烷烃、二氧化碳等。对化工企业火灾扑救，必须根据化工生产工艺条件，原材料、中间体、产品的性质，建筑物特点，灭火物质的价值合理地选择灭火剂。

扫一扫

M4-5 灭火的
四种方法

1. 水

水是消防上使用最普遍的灭火剂，因为水在自然界广泛存在，供应量大，取用方便，成本低廉，对人体和物体基本无害。水可以单独使用，也可以与其他化学试剂组成混合液使用。

（1）灭火作用

① 水是一种吸热能力很强的物质，具有很大的热容量，水可以从燃烧物上吸收很多的热量，使燃烧物的温度迅速降低以致熄灭。这是利用冷却作用灭火。

② 当水喷入燃烧区以后，立即受热汽化成为水蒸气，当大量的水蒸气笼罩于燃烧物周围时，可以阻止空气进入燃烧区，从而大大减少了空气中氧的百分含量，使燃烧因缺氧而熄灭。这是利用窒息作用灭火。水还能稀释某些液体并冲淡可燃气体和助燃气体的浓度，形成不能着火的混合物，并能浸湿未燃烧的物质，使之难以燃烧。

③ 加压的密集水流具有机械冲击作用，冲进燃烧表面进入内部，破坏燃烧分解的产物，使未着火的部分与燃烧区隔离开来，防止燃烧物质继续分解，使燃烧熄灭。这是利用隔离作用灭火。

④ 雾状水能吸收和溶解某些气体、蒸气和烟雾，并能润湿粉尘，对扑救气体火灾和消除火场上的烟雾有一定的作用。

（2）用水灭火的形式　用水灭火有几种形式。用直流水或开花水灭火，直流水水流密集、射程远、冲击力大，开花水覆盖面广但效率低；用专用设备喷射雾化水灭火，雾化水汽化速度快、窒息作用强、吸热量大、冷却速度快、灭火效果更好；对油气库房等还有用水蒸气灭火的形式。

（3）不能用水扑救的情况　遇水能燃烧，相对密度小于水或溶于水的物质用水扑救火灾会造成飞溅、溢流，扩大火势。硫酸、盐酸等用强大水流冲击，会使酸飞溅，有引起烧伤人和爆炸的危险。电气火灾未切断电源就用水扑救，容易发生触电事故。高温的生产设备不能用水扑救火灾，因为设备遇冷水后可能发生变形或爆裂。

2. 泡沫灭火剂

泡沫灭火剂是扑救可燃易燃液体的有效灭火剂，由于泡沫中充填大量气体，可漂浮于液体的表面或附着于一般可燃固体表面，形成一个泡沫覆盖层，使燃烧物表面与空气隔绝，起到隔离和窒息作用。同时，泡沫析出的水和其他液体有冷却作用。泡沫受热蒸发产生的水蒸气也能降低燃烧物附近的氧浓度。

泡沫灭火剂分为化学泡沫、空气泡沫、氟蛋白泡沫、水成膜泡沫和抗溶性泡沫等灭火剂。它主要用于扑救不溶于水的可燃、易燃液体，如石油产品等的火灾，也可用于扑救木材、纤维、橡胶等固体的火灾。由于泡沫灭火剂中含有一定量的水，所以不能用来扑救带电设备及忌水性物质引起的火灾。

3. 二氧化碳及惰性气体

二氧化碳在通常状态下是无色无味的气体，比空气重，不燃烧不助燃。经过压缩液化的二氧化碳灌入钢瓶内，从钢瓶里喷射出来的固体二氧化碳（干冰）温度为 $-78.5℃$，干冰气化后吸收热量起到冷却作用，二氧化碳气体覆盖在燃烧区内起到了窒息作用，火焰就会熄灭。

二氧化碳灭火剂有很多优点。二氧化碳灭火剂价格低廉，灭火后不留任何痕迹，不损坏被救物品，不导电，无毒害，无腐蚀，用它可以扑救忌水性物质的火灾。但忌用于某些金属，如钾、钠、镁、铝、铁及其氢化物的火灾。

除了二氧化碳，氮、水蒸气等惰性气体也可以用作灭火剂。

4. 干粉灭火剂

干粉灭火剂主要成分为碳酸氢钠和少量的防潮剂硬脂酸镁及滑石粉等。用干燥的二氧化碳或氮气作动力，将干粉从容器中喷出形成粉雾，喷射到燃烧区灭火。

在燃烧区，干粉碳酸氢钠受高温作用放出大量的水蒸气和二氧化碳，并吸收大量的热，因此起到一定冷却和稀释可燃气体的作用。同时，干粉灭火剂与燃烧区碳氢化合物作用，夺取燃烧连锁反应的自由基，从而抑制燃烧过程，致使火焰熄灭。

干粉灭火剂除具有灭火速度快，制作工艺过程不复杂，使用温度范围广，对环境无特殊要求，使用方便，不需要外界动力、水源等优点外，它与水、泡沫、二氧化碳等灭火剂相比，在灭火效率、灭火面积、灭火成本三个方面也远远优于后者。因此，干粉灭火剂已经成为我国使用灭火剂领域的主要部分。

干粉灭火剂主要用于扑救各种非水溶性及水溶性可燃、易燃液体的火灾，以及天然气和石油气等可燃气体火灾和一般带电设备的火灾。在扑救非水溶性可燃、易燃液体火灾时，可与氟蛋白泡沫联用以取得更好的灭火效果，并有效地防止复燃。

5. 卤代烷灭火剂

卤代烷（哈龙）灭火剂是利用低级烷烃的卤代物具有灭火作用而制成的灭火剂。它具有灭火快、用量省、易气化、洁净、不导电、可靠期储存不变质等优点。常用的有 1211、1301、四氯化碳等。

由于卤代烷灭火剂对大气臭氧层有破坏作用，其应用受到了限制。我国于 2005 年完成哈龙 1211 灭火剂的淘汰任务，2010 年完全停止哈龙 1301 的生产和进口。现在主要以 FM200（七氟丙烷）、IG541（烟络尽）代替。

6. 烟雾灭火剂

烟雾灭火剂是一种深灰色粉末状混合物。其在燃烧时，能产生大量的二氧化碳和氮气，当它们由发烟器喷射出来后，可在原油表面形成均匀的气体层，封闭油面。所以，烟雾灭火剂适宜扑救 $2000m^3$ 以下的原油、柴油罐，以及 $1000m^3$ 航空煤油储罐的火灾。

除上述几种灭火剂外，砂土也是一种行之有效的灭火剂。使用砂土覆盖在燃烧物上，可以隔绝空气，同时砂土也可以吸收热量起到冷却作用。

（三）灭火器与消防设施

1. 灭火器

灭火器是指能在内部压力作用下，将所充装的灭火剂喷出以扑救火灾，并且由人来移动的灭火器具。因为初起火灾范围较小，火势较弱，是扑救的最佳时期，所以，灭火器适宜扑救初起火灾。同时，灭火器结构简单，操作容易，使用十分普遍，是大众化的消防工具。灭火器安全标志如图4-17所示。

(a) 灭火器　　　　　　　　(b) 推车式灭火器

图4-17　安全标志（九）

（1）灭火器的分类

① 按装填的灭火剂划分。水型灭火器、泡沫灭火器、干粉灭火器、二氧化碳灭火器和卤代烷型灭火器。

② 按加压方式分。化学反应灭火器、储气罐式灭火器和储压式灭火器。

③ 按移动方式分。手提式和推车式灭火器。

④ 按适宜扑灭的可燃物质划分。用于扑灭纸张、木材、布匹、橡胶等A类物质火灾的A类灭火器。

用于扑灭石油产品、油脂等B类物质火灾和可燃气体等C类物质火灾的B、C类灭火器。

用于扑灭钾、钠、钙等D类物质火灾的D类灭火器。

（2）几种常用的灭火器　灭火器种类繁多，各有特点，在火灾扑救过程中，要根据火灾情况及易燃易爆物质的特性，有针对性地选择适合灭火的灭火器，做到有的放矢。

2.消防站

大中型生产、储存易燃易爆危险品的企业均应设置消防站。消防站是专门用于消除火灾的专业性机构，拥有相当数量的灭火设备和经过严格训练的消防队员。消防站的设置应便于消防车迅速通往工艺装置区和罐区且应避开工厂主要人流道路。消防站宜远离噪声场所并设在生产区的下风侧。

3.消防给水设施

消防给水设施是专门为消防灭火而设置的给水设施，如图4-18所示。

(a) 消防管道　　　　(b) 室外消火栓　　　　(c) 室内消火栓　　　　(d) 消防水炮

图4-18　常见消防给水设备

（1）消防管道　消防管道是指用于消防方面，连接消防设备、器材，输送消防灭火用水、气体或者其他介质的管道材料。由于消防管道常处于静止状态，也因此对管道要求较为严格，管道需要耐压力、耐腐蚀、耐高温性能好。

消防管道喷涂成红色。

（2）消火栓　消火栓是一种固定式消防设施，消火栓按其装置地点可分为室外和室内两类。室外消火栓又可分为地上式与地下式两种。

主要作用是控制可燃物、隔绝助燃物、消除着火源。消火栓主要供消防车从市政给水管网或室外消防给水管网取水实施灭火，也可以直接连接水带、水枪出水灭火。所以，室内外消火栓系统也是扑救火灾的重要消防设施之一。

（3）消防水炮　以水为介质，可以远距离扑灭火灾的设备。消防水炮流量大、射程远，可以非常快速地扑灭早期火灾。在火灾危险性较大且高度较高的设备四周，设置固定的消防水炮可以保护重点设备。特别重点设备邻近处发生火灾，使用消防水炮可以使金属设备免受火灾辐射热的威胁。

二、常见初起火灾的扑救

典型案例

某（集团）石化厂减压车间的值班人员刚刚巡检完毕，突然，车间渣油泵上的焊口开缝，随着油泵的高速旋转，甩出油花落在高温泵体上立刻起火。车间员工立即行动，1人报警，1人开启干粉灭火器，另外2人关掉进出口阀门，切断油料供应，火被窒息、扑灭。整个过程不到2min。

这是一起正确处理突发火灾的成功案例。

（一）基本原则

1.立即报警，及时扑救

发现起火要立即报警，要沉着、冷静、准确地说清楚起火的单位和具体部位、燃烧的物质、火势大小，以便消防人员根据火场情况制定相应救火措施。在报警的同时要及时扑灭初起之火。在火灾的初起阶段，燃烧面积小，燃烧强度弱，放出的辐射热量少。这种初起火一经发现，只要不错过时机，可以用很少的灭火器材，很快扑灭火灾。

2.先控制，后灭火

在扑救可燃气体、液体火灾时，应先切断着火物质的来源。在气体、液体着火后可燃物来源未切断之前，扑救应以冷却保护为主，切断可燃物来源后，集中力量把火灾扑灭。

3.救人重于救火

在发生火灾时，如果人员受到火灾的威胁，应贯彻执行救人重于灭火的原则。先救人后抢救物质。首先要组织人力和工具，尽早地将被困人员抢救出来。

4.避免二次伤害

许多化学物品燃烧时会产生有毒烟雾，大量烟雾或使用二氧化碳等窒息法灭火时使火场附近空气中氧含量降低，能引起窒息，所以在扑救火灾时人应尽可能站在上风向，必要时要戴防毒面具，以防发生中毒或窒息。灭火时要科学合理地安排救火工作，避免野蛮作业，要时刻注意火场建筑坍塌，避免容器、设备爆炸等危及救火人员人身安全的事故发生。

（二）基本措施

1. 生产装置初起火灾

① 在保证自身安全的前提下，通过观察、分析等方法迅速查清着火部位、着火物质的来源。根据工艺流程准确切断物料的来源及各种加热源。带有压力的设备物料泄漏引起着火时，还应在切断进料的同时，及时开启泄压阀门，进行紧急放空，同时将物料排入火炬系统或其他安全部位。

② 现场值班人员应迅速果断地开启冷却水、消防蒸汽等，进行有效冷却或有效隔离。关闭通风装置，防止风助火势或沿通风管道蔓延，并充分利用现有的消防设施及灭火器材进行灭火。若火势一时难以扑灭，则要采取防止火势蔓延的措施，保护要害部位，转移危险物质。

③ 装置发生火灾后，当班人员应根据预案准确地采取工艺措施，做出是否停车的决定，并及时向相关部门报告情况，在报警时要讲清着火单位、地点、部位和物质，最后报告自己的姓名和联系方式。在专业消防人员到达火场时，生产装置的负责人应主动向消防指挥人员介绍情况，以及已采取的措施等。

2. 易燃、可燃液体储罐的初起火灾

① 易燃、可燃液体储罐发生着火、爆炸，应迅速向消防部门报警，并向上级部门报告。报警和报告中需说明罐区的位置、着火罐的位号及储存物料的情况，以便消防部门迅速赶赴火场进行扑救。

② 切断进料，或通知送料单位停止进料，并应迅速打开水喷淋设施，对着火储罐和邻近储罐进行冷却保护，以防止升温、升压。打开紧急放空阀门进行安全泄压。

③ 认真做好火灾侦察，尽快查清储存可燃液体的种类、数量以及液面的高度。

④ 火场指挥员应根据具体情况，组织人员采取有效措施防止物料流散，避免火势扩大，并注意对邻近储罐的保护以及减少人员伤亡和火势的扩大。

⑤ 在火灾扑救过程中，要密切注意火场的风向和变化，注意观察储罐内的液体无沸溢和喷溅的征兆，以便及时采取相应的措施。

⑥ 火灾扑救，消防车尽量停在上风侧，水枪阵地避开卧式储罐的堵头。

3. 电气火灾

① 扑救电气火灾时，应首先切断电源。切断电源时应严格按照规程要求操作。

② 充油电气设备着火时应立即切断电源再灭火。备有事故储油池的，必要时设法将油放入池内。地面上的油火不能用水喷射，因为油火漂浮水面会蔓延火情，只能用干砂来灭地面上的油火。

③ 为了争取灭火时间，来不及切断电源或因生产需要不允许断电时，应注意带电体与人体保持必要的安全距离。用水枪喷射灭火时，水枪喷嘴处应有接地措施。灭火人员应使用绝缘护具。如遇带电导体断落地面时要划警戒区，防止跨步电压伤人。

 复习思考题

一、选择题

1. 燃烧三要素是指（　　）。

A. 可燃物、助燃物与着火点　　　　　　　B. 可燃物、助燃物与点火源

C.可燃物、助燃物与极限浓度　　　　　　D.可燃物、氧气与温度

2.不能用水灭火的是（　　）的火灾。

　A.棉花　　　　　　　B.汽油　　　　　　C.纸　　　　　　D.木材

3.属于物理爆炸的是（　　）。

　A.面粉　　　　　　　B.氯酸钾　　　　　C.硝基化合物　　　D.爆胎

4.去除助燃物的方法是（　　）。

　A.隔离法　　　　　　B.窒息法　　　　　C.冷却法　　　　　D.稀释法

5.下列气体中（　　）是惰性气体，可用来控制和消除燃烧、爆炸条件的形成。

　A.空气　　　　　　　B.一氧化碳　　　　C.氧气　　　　　　D.水蒸气

6.爆炸现象的特征是（　　）。

　A.温度升高　　　　　B.压力急剧升高　　C.产生高温　　　　D.发出闪光

7.泡沫灭火剂是常用的灭火剂，它不适用于（　　）。

　A.扑灭木材、棉麻的火灾　　　　　　　　B.扑灭石油、煤油、柴油的火灾

　C.扑灭纤维、橡胶的火灾　　　　　　　　D.扑灭电气火灾

8.灭火器按移动方式分为手提式和（　　）两种。

　A.机械式　　　　　　B.移动式　　　　　C.推车式　　　　　D.背包式

9.爆炸按性质分类，可分为（　　）。

　A.轻爆、爆炸和爆轰　　　　　　　　　　B.物理爆炸、化学爆炸

　C.可燃物质爆炸、粉尘爆炸　　　　　　　D.不能确定

10.安全阀是一种（　　）。

　A.自动开启型安全泄压装置　　　　　　　B.半自动开启型安全泄压装置

　C.手动开启型安全泄压装置　　　　　　　D.当超压时，自行破裂的安全泄压装置

二、简答题

1.什么是闪点、着火点和自燃点？

2.生产装置的初起火灾如何扑救？

3.化工生产的工艺参数安全控制主要指哪些方面？

4.水有哪些灭火作用？

5.在化工生产中，防火防爆的惰性化处理主要有哪些内容？

6.生产中为什么要控制投料速度？

7.哪些情况不能用水灭火？

8.火焰隔断装置有哪些？安全液封的作用是什么？

9.如何采取有效措施预防高温物体表面引起火灾？

参考文献

[1] 张晓宇.化工安全与环保.北京：北京理工大学出版社，2020.

[2] 孙玉叶.化工安全技术与职业健康.3版.北京：化学工业出版社，2021.

[3] 张麦秋，唐淑贞，刘三婷.化工生产安全技术.3版.北京：化学工业出版社，2020.

[4] 纪红兵，李文军，程丽华.典型危险化学品事故现场处置.北京：中国石化出版社，2021.

[5] 孙万付，袁纪武.危险化学品企业事故应急管理.北京：化学工业出版社，2021.

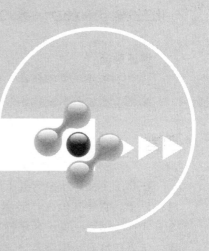

第五章
压力容器与电气安全技术

 教学目的及要求

通过学习本章，了解压力容器的分类，熟悉气瓶、工业锅炉分类及管理，以及压力容器的检验管理；掌握安全阀、爆破片的分类和使用，电气的防火与防爆、触电的预防和急救，静电的危害与防护、雷电的危害与防护。树立安全第一的理念，严格遵守安全操作规程，确保设备、电气、人员的安全，提高安全意识、社会责任意识和职业素养，为将来走向工作岗位实现安全生产打下坚实的基础。

知识目标：

1.了解压力容器的分类，认识压力容器的危险性；

2.熟悉压力容器的检验管理基本知识；

3.掌握防触电技术的相关知识；

4.掌握静电、雷电的危害与防护知识。

技能目标：

1.会根据颜色标志区分气瓶，掌握气瓶使用规则；

2.熟悉安全阀、爆破片的分类和使用方法；

3.掌握现场触电急救的技巧和步骤，并能对触电病人熟练地实施救护；

4.熟悉预防静电、雷电技术措施。

素质目标：

1.具备压力容器的定期检验"严实细准"的质量意识、环保意识、安全意识，具有敏锐的观察和综合分析、判断能力；

2.具备健康的体魄，较强的心理素质，能够稳定情绪，并在紧急情况下冷静应对；

3.学习压力容器、电气及静电等方面的典型事故案例，理解以人为本的科学发展观，增强化工安全生产意识，掌握化工安全生产知识和技能。

课证融通：

1. 化工危险与可操作性（HAZOP）分析职业技能等级证书（初、中级）；
2. 化工总控工职业技能等级证书（中、高级工）。

引言

在化工企业，压力容器不仅是生产中常用的设备，同时也是一种比较容易发生事故的特殊设备。它与其他生产装置不同，压力容器一旦发生事故，不仅使容器本身遭到破坏，而且还往往诱发一连串的恶性事故，如破坏其他的设备和建筑设施，危及人员的生命和健康，污染环境，给国民经济造成重大的损失，其结果可能是灾难性的。因此，压力容器的安全使用非常重要。

随着电能的开发和利用，化工企业的电气设备越来越多。每年会发生很多由电气设备选用、安装、调试不恰当，使用不合理，维修不及时等原因造成的与带电环境工作有关的事故，甚至危及人身安全。尤为重要的是化工物料多为易燃易爆、易导电及腐蚀性强的物质，电气事故很可能会引起爆炸、火灾等导致大量人员死伤的恶性事件。因此，正确操作电气设备，做好电气安全预防措施是保障安全生产的前提。

第一节 压力容器的安全使用

一、压力容器的使用管理

典型案例

2020 年 6 月 13 日，浙江省某高速公路上一辆运输液化石油气的槽罐（压力容器）车发生爆炸事故，由匝道直接被炸飞至附近厂房小区，泄漏的高浓度油气发生二次爆炸与大火，事故共造成 20 人死亡，175 人受伤。

事故的直接原因是：驾驶员从限速 60km/h 路段行驶至限速 30km/h 的弯道路段时，未及时采取减速措施导致车辆发生侧翻，罐体前封头与跨线桥混凝土护栏端头猛烈撞击，形成破口，在冲击力和罐内压力的作用下快速撕裂、解体，罐体内液化石油气迅速泄出、汽化、扩散，遇过往机动车产生的火花爆燃，最后发生蒸汽云爆炸。

（一）压力容器概述

1. 压力容器的定义

根据《特种设备安全监察条例》：压力容器是指盛装气体或者液体，承载一定压力的密闭设备（图 5-1），其范围规定为最高工作压力大于或者等于 0.1MPa（表压），且压力与容积的乘积大于或者等于 2.5MPa·L 的气体、液化气体和最高工作温度高于或者等于标准沸点的液体的固定式容器和移动式容器；盛装公称工作压力大于或者等于 0.2MPa（表压），且压力与容积的乘积大于或者等于 1.0MPa·L 的气体、液化气体和标准沸点等于或者低于 60℃液体的气瓶；氧舱等。

2.压力容器的分类

压力容器的分类方法很多，按照不同的方法可以有不同的分类，见表5-1。

M5-1 压力容器

图 5-1 压力容器

表 5-1 压力容器分类参考表

序号	分类依据	类别	说明
1	使用方式	固定式	如球罐
		移动式	如气瓶、槽车
2	设计压力	低压容器(代号 L)	$0.1\text{MPa} \leqslant p < 1.6\text{MPa}$
		中压容器(代号 M)	$1.6\text{MPa} \leqslant p < 10\text{MPa}$
		高压容器(代号 H)	$10\text{MPa} \leqslant p < 100\text{MPa}$
		超高压容器(代号 U)	$p \geqslant 100\text{MPa}$
3	综合因素 (如压力容器的高低、容积的大小、介质的危害程度以及在生产过程中的重要作用)	Ⅰ类容器	指装有非易燃或无毒介质的低压容器，或是装有易燃或有毒介质的低压分离容器和换热容器
		Ⅱ类容器	中压容器
			装有剧毒介质的低压容器
			装有易燃或有毒介质的低压反应容器及储罐
			内径小于1m 的低压废热锅炉
		Ⅲ类容器	高压、超高压容器
			装有易燃或有毒介质的中压反应容器，中压储罐或槽车
			装有剧毒介质的大型低压容器和中压容器
			中压废热锅炉或内径大于1m 的低压废热锅炉
4	作用、用途	反应压力容器	主要用于完成介质物理、化学反应的容器，如反应器、发生器、分解锅、蒸煮炉等
		换热压力容器	主要用于完成介质热量交换的容器，如废热锅炉、热交换器、冷却器、蒸发器等
		分离压力容器	主要用于完成介质的流体压力平衡和气体净化分离等的容器，如分离器、过滤器、集油器等
		储存压力容器	主要用于盛装生产和生活用的原料气体、液体、液化气体的容器，如各种形式的储罐、槽车等

3.压力容器特点

(1) 工作条件恶劣。主要表现在载荷、环境温度和介质三个方面：

① 载荷：除承受静载荷外，还承受低周疲劳载荷。

　　② 环境温度：在高温下工作，有时还要在低温下工作。

　　③ 介质：有空气、水蒸气、硫化氢、液化石油气、液氨、液氯、各种酸和碱等。

　　（2）容易发生事故：

　　① 与其他的设备相比，容易超负载运行。容器内压力会因操作失误或反应异常而迅速升高。往往在尚未发现的情况下，容器已经遭到破坏。

　　② 局部区域受力情况比较复杂。如在容器开孔周围及其他结构不连续处，常因过高的局部应力和反复的加压、卸压而造成破坏事故。

　　③ 隐藏难以发现的缺陷。例如制造过程中留下的微小的裂纹没有被发现，在使用过程中裂纹就要扩展，或在合适的条件下（使用温度、工作介质等）突然发生破坏。

　　④ 使用条件比较苛刻。

　　（3）使用广泛并要求连续使用。

（二）压力容器的定期检验

　　压力容器一般要求连续运行，它不能像其他设备那样可随时停下检修。如果突然停止运行，就会给一条生产线、一个工厂，甚至一个地区的生产和生活造成极大的影响，间接和直接的经济损失也是非常大的。压力容器定期检验包括外部检验、内外部检验和耐压试验，其检验内容见表 5-2。

表 5-2　压力容器定期检验项目和内容

检验项目	检验时间	检验内容
外部检验	运行时	压力容器的本体、接口部位、焊接接头等的裂纹、过热、变形、泄漏等
		外表面的腐蚀；保温层破损、脱落、潮湿、跑冷
		检漏孔、信号孔的漏液、漏气；疏通检漏管；排放（疏水、排污）装置
		压力容器与相邻管道或构件的异常振动、响声，相互摩擦
		进行安全附件检查
		支承或支座的损坏，基础下沉、倾斜、开裂，紧固件的完好情况
		运行的稳定情况；安全状况等级为 4 级的压力容器监控情况
内外部检验	停运时	外部检验的全部项目
		结构检验。重点检查的部位有：简体与封头连接处、开孔处、焊缝、封头、支座或支承、法兰、排污口
		几何尺寸。凡是有资料可确认容器几何尺寸的，一般核对其主要尺寸即可。对在运行中可能发生变化的几何尺寸，如简体的不圆度、封头与简体鼓胀变形等，应重点复核
		表面缺陷。主要有：腐蚀与机械损伤、表面裂纹、焊缝咬边、变形等。应对表面缺陷进行认真的检查和测定
		壁厚测定；测定位置应有代表性，并有足够的测定点数
		确定主要受压元件材质是否恶化
		保温层、堆焊层、金属衬里的完好情况
		焊缝埋藏缺陷检查
		安全附件检查
		紧固件检查
耐压试验	停运时	超过最高工作压力的液压试验或气压试验

（三）压力容器的安全附件

压力容器的安全附件是为使容器安全运行而装设的一种附属装置。通常不仅把能自动泄压的装置称为附属装置，如安全阀、防爆片等当作安全附件，而且也把一些显示设备中与安全有关的参数计量仪器，如压力表、液面计等也作为安全附件。这些装置可使操作者及时了解设备运行情况，发现不安全因素，以便采取措施，从而预防事故发生。

（四）压力容器的安全操作

1.压力容器安全操作的一般要求

① 凡需登记的压力容器，使用单位应在设备投运前或投运后 30 日内，向特种设备安全监督管理部门办理登记手续。

② 压力容器必须按规定进行定期检验，保证压力容器在有效的检验期内使用，否则不得继续使用。根据 TSG R7001—2013《压力容器定期检验规则》要求，压力容器一般于投用后 3 年内进行首次定期检验。以后的检验周期由检验机构根据压力容器的安全状况等级，按照以下要求确定：

a.安全状况等级为 1、2 级的，一般每 6 年检验一次；

b.安全状况等级为 3 级的，一般每 3~6 年检验一次；

c.安全状况等级为 4 级的，监控使用，其检验周期由检验机构确定，累计监控使用时间不得超过 3 年，在监控使用期间，使用单位应当采取有效的监控措施；

d.安全状况等级为 5 级的，应当对缺陷进行处理，否则不得继续使用。

有下列情况之一的压力容器，定期检验周期可以适当缩短：

a.介质对压力容器材料的腐蚀情况不明或者腐蚀情况异常的；

b.具有环境开裂倾向或者产生机械损伤现象，并且已经发现开裂的；

c.改变使用介质并且可能造成腐蚀现象恶化的；

d.材质劣化现象比较明显的；

e.使用单位没有按照规定进行年度检查的；

f.检验中对其他影响安全的因素有怀疑的。

③ 压力容器操作人员应当按照国家有关规定，经特种设备安全监督管理部门考核合格后，取得国家统一格式的特种作业人员证书，方可从事相应的压力容器的操作。

④ 容器操作人员应严格遵守安全操作规定和有关的安全规章制度，做到平稳操作。严禁超温、超压运行。

⑤ 要求容器操作人员加强容器运行期间的巡回检查（包括工艺条件、容器状况及安全装置等），发现不正常情况出现立即采取相应措施进行调整或排除，以免恶化；当容器出现故障或问题时，应立即处理，并及时报告本单位有关负责人。

2.压力容器的操作要点

（1）换热器的操作要点

① 熟悉、掌握热（冷）载体的性质，这对安全操作换热容器十分重要，目前常见的热载体主要有热水、蒸汽、碳氢化合物、烟道气等。

② 热交换器内流体介质应尽量采用较高的流速。流速高可以提高传热系数，还可以减少结垢和防止造成局部过热或影响传热。

③ 防止结疤、结炭。由于一些热载体或者介质易结疤、结炭，不仅影响传热效果，物

料炭化会引起钢板过热软化破裂造成爆炸事故。所以，除正确选用热载体外，还要严格控制温度，尽量减少结疤、结炭；对易结疤、结炭的换热容器要定期清理。

④ 定期排放不凝性气体、油污等，以免影响换热效果或造成堵塞。

⑤ 遵守安全操作规程，严格控制工艺操作指标。

（2）反应容器的操作要点

① 熟悉并掌握容器内介质的特性、反应过程的基本原理及工艺特点。

② 运行中要严格控制工艺参数，工艺参数主要指温度、压力、流量、液位、流速、物料配比等。

③ 严格控制温度：物料反应一般需要适当的温度，超温可能造成系统压力容器超压而导致爆炸事故的发生，温度下降可能造成反应的速度减慢或停滞，当温度恢复正常时，因未反应的物料过多，会发生剧烈反应引起爆炸；也可因温度下降使物料冻结，造成管路堵塞或管路破裂，如容器内为易燃介质时，则会因泄漏导致火灾、爆炸事故的发生。

④ 严格控制压力：容器运行时容器内压力必须控制在允许的范围内，方能保证容器安全稳定运行。

（3）储存容器的操作要点

① 严格控制温度、压力。储存容器的压力高低与温度有直接联系，特别是液化气介质的储存容器压力随温度变化更加显著，因此，要控制压力就必须控制好温度，特别是高温季节要注意降温。

② 严格控制液位。对于盛装液体、液化气的容器，特别要严格控制液位，尤其是要防止储存液化气体的容器超装。

③ 控制明火。危及安全生产常见的明火有生产用火、非生产用火、烟囱、烟道等，对这些明火应严格控制，防止发生事故。

④ 控制电火花。由于储存容器内的介质许多属于易燃介质，其点火能量很小，因动力、照明或者其他电气设备产生的电火花就可能导致燃烧爆炸。所以除电气设备以及配电线路应符合安全要求外，还需要加强电气设施的检查。

⑤ 防止静电的产生。除从工艺流程、材料选择、设备结构、管理等方面控制外，还需要注意检查接地，做好清扫工作，防止因结灰、结垢、堆放杂物等产生静电。

⑥ 杜绝容器及管道的泄漏。

二、气瓶安全技术

典型案例

某日，某石油化工厂电解车间3名当班工人负责在包装台灌液氯钢瓶，2人负责推运钢瓶。当需要灌装时，推运钢瓶的两人查看后认为无问题，就把钢瓶推上了磅秤。操作者抽空后就开始充氯，充氯1min后，钢瓶发生猛烈爆炸。瓶体纵向开裂，并向相反方向弯曲，许多碎块向四处飞溅，3人当场死亡，2人轻伤。调查发现，钢瓶内存有环氧丙烷，这类有机物与液氯混合会发生剧烈的化学反应，引起了这次爆炸。

事故直接原因是操作工在灌装前未认真检查瓶内气体是否抽干净便盲目充装。间接原因是工厂气瓶管理混乱。

（一）气瓶的分类

气瓶（图 5-2）在化工行业中应用广泛。气瓶属于移动式的、可重复充装的压力容器。它的分类方法有多种，见表 5-3。

图 5-2　气瓶图

表 5-3　气瓶分类方法

序号	分类依据	类别	说明
1	充装介质性质	压缩气体气瓶	常见的充装压力为 15MPa，也有充装 20～30MPa 的
		液化气体气瓶	高压液化气体气瓶常见的有乙烯、乙烷、二氧化碳、氧化亚氮、六氟化硫、氯化氢、三氟氯甲烷（F-23）、氟乙烯等，常见的充装压力有 15MPa 和 2.5MPa 等
			低压液化气体气瓶常见的有溴化氢、硫化氢、氨、丙烷、丙烯、异丁烯、1,3-丁二烯、1-丁烯、环氧乙烷、液化石油气等
		溶解气体气瓶	是专门用于盛装乙炔的气瓶
2	制造方法	钢制无缝气瓶	
		钢制焊接气瓶	
		缠绕玻璃纤维气瓶	
3	公称工作压力/MPa	高压气瓶	高压气瓶公称工作压力分别是 30、20、15、12.5、8
		低压气瓶	低压气瓶公称工作压力分别是 5、3、2、1.6、1

（二）气瓶的颜色

各种气瓶的设计压力因拟装的气体而异，故不能装错气体，以免因工作压力大于设计压力而使气瓶爆炸。同时，每一种气瓶使用后都留有余压，一旦再装入其他气体，极易发生重大事故。所以，各种气瓶必须用国家统一规定的漆色（见表 5-4）作标志，做到专瓶专用。

表 5-4　常见气瓶的颜色

气瓶名称	表面颜色	字样	字体颜色	气瓶名称	表面颜色	字样	字体颜色
氧气	天蓝	氧	黑	氨	黄	液氨	黑
氢气	深绿	氢	红	氮	黑	氮	黄
氯气	草绿	液氯	白	二氧化碳	铝白	液体二氧化碳	黑
空气	黑	空气	白				

（三）气瓶的管理

由于气瓶经常装载易燃、易爆、有毒及腐蚀性等危险介质，压力范围遍及高压、中压、低压，而且气瓶除具有一般固定式压力容器的性质外，在充装、搬运和使用方面还有一些特殊问题，如气瓶在移动、搬运过程中，易发生碰撞而增加瓶体爆炸的危险；气瓶经常处于储存物的罐装和使用的交替进行状态，亦即处于承受交变载荷状态；气瓶在使用时，一般与使用者之间无隔离或其他防护措施。所以要保证气瓶安全使用，除了要求它符合压力容器的一般要求外，还需要有一些专门的规定和要求。

1. 充装安全

为了保证气瓶在使用或充装过程中不因环境温度升高而处于超压状态，必须对气瓶的充装量严格控制。确定压缩气体及高压液体气体气瓶的充装量时，要求瓶内气体在最高使用温度（60℃）下的压力，不超过气瓶的最高许用压力。对低压液化气体气瓶，则要求瓶内液体在最高使用温度下，不会膨胀至瓶内满液，即要求瓶内始终保留有一定气相空间。

① 气瓶充装过量是气瓶破裂爆炸的常见原因之一。因此必须加强管理，严格执行《气瓶安全监察规程》的安全要求，防止充装过量。充装压缩气体的气瓶，要按不同温度下的最高允许充装压力进行充装，防止气瓶在最高使用温度下的压力超过气瓶的最高使用压力。充装液化气体的气瓶，必须严格按规定的充装系数充装，不得超量，如发现超装时，应设法将超装量卸出。

② 防止不同性质的气体混装。气体混装是指在同一气瓶内灌装两种气体（或液体）。如果这两种介质在瓶内发生反应，将会造成气瓶爆炸事故，如装过可燃气体（如氢气等）的气瓶，未经置换、清洗等处理，甚至瓶内还有一定量余气，又灌装氧气，结果瓶内气体与氧气发生化学反应，产生大量反应热，瓶内压力急剧升高，气瓶爆炸，酿成严重事故。

2. 储存安全

① 气瓶的储存应有专人负责管理，建立并执行气瓶进出库制度。账目清楚，数量准确，按时盘点，账物相符。管理人员、操作人员、消防人员应经过安全技术培训，了解气瓶、气体的安全知识。

② 气瓶储存时，空瓶、实瓶应分开（分室储存）。如氧气瓶与液化石油气瓶，乙炔瓶与氧气瓶、氯气瓶不能同储一室。容易起聚合反应的气体的气瓶，必须规定储存限期。

③ 气瓶库（储存间）应符合《建筑设计防火规范》，应采用二级以上防火建筑。与明火或其他建筑物应有符合规定的安全距离。易燃、易爆、有毒、腐蚀性气体气瓶库的安全距离不得小于 15m。

④ 气瓶库应通风、干燥、防止雨（雪）淋、水浸，地下室或半地下室不能储存气瓶，避免阳光直射，要有便于装卸、运输的设施。库内不得有暖气、水、煤气等管道通过，也不准有地下管道或暗沟。照明灯具及电气设备应是防爆的。

⑤ 气瓶库有明显的"禁止烟火""当心爆炸"等各类必要的安全标志；瓶库应有运输和消防通道，设置消火栓和消防水池。在固定地点备有专用灭火器、灭火工具和防毒用具。

⑥ 储气的气瓶应戴好瓶帽，最好戴固定瓶帽。

⑦ 实瓶一般应立放储存，并妥善固定。卧放时，应防止滚动，瓶头（有阀端）应朝向一方。垛放不得超过五层，储存数量应有限制，在满足当天使用量和周转量的情况下，应尽量减少储存量。气瓶数量、号位的标志要明显，气瓶之间要留有通道。

3. 使用安全

① 使用气瓶者应学习气体与气瓶的安全技术知识，在技术熟练人员的指导监督下进行操作练习，合格后才能独立使用。

② 进行检查，确认气瓶和瓶内气体质量完好，方可使用。如发现气瓶颜色、钢印等辨别不清，检验超期，气瓶损坏（变形、划伤、腐蚀），气体质量与标准规定不符合等现象，应拒绝使用并妥善处理。

扫一扫

M5-2 气瓶使用
安全要求

③ 按照规定，正确、可靠地连接调压器、回火防止器、输气橡胶软管、缓冲器、汽化器、焊割炬等，检查、确认没有漏气现象。连接上述器具前，应微开瓶阀吹除瓶出口的灰尘、杂物。

④ 气瓶使用时，一般应立放（乙炔瓶严禁卧放使用），不得靠近热源。与明火、可燃助燃气体气瓶之间的距离不得小于 10m。防止日光暴晒、雨淋、水浸。使用易起聚合反应的气体的气瓶，应远离射线、电磁波、振动源。

⑤ 移动气瓶应手搬瓶肩转动瓶底，移动距离较远时可用轻便的小车运送，严禁抛、滚、滑、翻、肩扛、脚踹。禁止敲击、碰撞气瓶。绝对禁止在气瓶上焊接、引弧。不准用气瓶作支架和铁砧。

⑥ 注意操作顺序。开启瓶阀应轻缓，操作者应站在阀出口的侧后；关闭瓶阀应轻而严，不能用力过大，避免关得太紧、太死。

⑦ 瓶阀冻结时，不准用火烤。可把瓶移入室内或温度较高的地方或用 40℃ 以下的温水浇淋解冻。注意保持气瓶及附件清洁、干燥，禁止沾染油脂、腐蚀性介质、灰尘等。

⑧ 保护瓶外油漆防护层，既可防止瓶体腐蚀，也是识别标志，可以防止误用和混装。瓶帽、防震圈、瓶阀等附件都要妥善维护、合理使用。

⑨ 瓶内气体不得用尽，应留有剩余压力（余压）。余压不应低于 0.05MPa。

⑩ 气瓶使用完毕，要送回瓶库或妥善保管。

4. 气瓶的定期检验

应由取得检验资格的专门单位负责进行。未取得资格的单位和个人，不得从事气瓶的定期检验。各类气瓶检验周期按 TSG 23—2021《气瓶安全技术规程》执行，见表 5-5。

表 5-5 气瓶的定期检验周期一览表

气瓶品种	介质、环境		检验周期/年
钢质无缝气瓶、钢质焊接气瓶（不含液化石油气钢瓶、液化二甲醚钢瓶）、铝合金无缝气瓶	腐蚀性气体、海水等腐蚀性环境		2
	氮、六氟化硫、四氟甲烷及惰性气体		5
	纯度大于或者等于 99.999% 的高纯气体（气瓶内表面经防腐蚀处理且内表面粗糙度达到 Ra0.4 以上）	剧毒	5
		其他	8
	混合气体		按混合气体中检验周期最短的气体特性确定（数量组分除外）
	其他气体		3
液化石油气钢瓶、液化二甲醚钢瓶	民用	液化石油气、液化二甲醚	4
	车用		5

续表

气瓶品种	介质、环境	检验周期/年
车用压缩天然气气瓶	压缩天然气、氢气、空气、氧气	3
车用氢气气瓶		
气体储运用纤维缠绕气瓶		
呼吸器用复合气瓶		
低温绝热气瓶（含车用气瓶）	液氧、液氮、液氩、液化二氧化碳、液化氧化亚氮、液化天然气	3
溶解乙炔气瓶	溶解乙炔	3

三、工业锅炉

锅炉（图 5-3）是一种利用燃料能源的热能或回收工业生产中的余热，将工质加热到一定温度和压力的热力设备，也是压力容器中的特殊设备。锅炉由"锅"和"炉"以及为保证"锅"和"炉"正常运行所必需的附件、仪表及附属设备三大部分组成。锅炉承受高温高压，有爆炸的危险，一旦在使用和检修时爆炸，便是一场灾难性的事故。

图 5-3　工业锅炉

扫一扫

M5-3 锅炉

典型案例

2022 年 2 月 13 日，中山市某铝业有限公司安排 1 名保安到氧化车间对锅炉进行复工复产前的预热，加热约半小时后，发现锅炉的温度参数异常，于是找来 1 名电工进行检修，检修过程中发生爆炸事故致上述 2 人死亡。爆炸冲击力致车间铁皮顶约 $30m^2$ 破损坍塌和部分窗户玻璃碎裂。

事故原因：企业本质安全水平差，安全设施不足。企业生产设备陈旧，对锅炉的保养检修不足，特种设备管理混乱，企业未聘请专业人员对锅炉等设备进行日常的维护保养，发现问题时仅仅安排电工进行简单的维修，并且该电工未取得特种作业操作证。

（一）锅炉水质处理

锅炉给水，不管是地面或地下水，都含有各种组分，如氧气、二氧化碳等气体，还有泥沙之类悬浮物，动植物腐烂的有机质，溶解于水中的各种矿物质以及微生物。为了防止这些组分对锅炉的腐蚀和破坏，应对锅炉给水进行处理。

目前水质处理方法主要从两方面进行：一种是炉外水处理，另一种是炉内水处理。

1. 炉外水处理

炉外水处理主要是水的软化，即在水进入锅炉之前，通过物理的、化学的及电化学的方法除去水中的钙、镁硬度盐和氧气，防止锅炉结垢和腐蚀。

（1）预处理　在原水使用前应进行沉淀、过滤、凝聚等净化处理。对于高硬度或高碱度的原水，在离子交换软化前，还应采用化学方法进行预处理。

（2）软化处理　采用离子交换软化，基本原理是原水流经阳离子交换剂时，水中的

Ca^{2+}、Mg^{2+}等阳离子被交换剂吸附，而交换剂中的可交换离子（Na^+或H^+）则溶入水中，从而除去了水中钙镁离子，使水得到了软化。

（3）除氧处理　水中往往溶解有氧（O_2）、二氧化碳（CO_2）等气体，使锅炉易发生腐蚀。除氧的方法有喷雾式热力除氧、真空除氧和化学除氧。常见的是热力除氧。

2.炉内水处理

锅炉给水在炉外进行软化处理，可有效防止锅炉受热面上的结垢。但需要较多的设备和投资，增加了人员和维护费用，这对某些小型锅炉房是比较难实现的，此时采用炉内水处理。炉内水处理是通过向锅炉给水投加一定数量的药剂，与形成水垢的盐类起化学作用，生成松散的泥垢沉淀，然后通过排污将泥垢从锅炉内排出，以达到减缓或防止水垢形成的目的。

（二）锅炉运行的安全管理

工业锅炉中最常见的事故有锅内缺水、锅炉超压、锅内满水、汽水共腾、炉管爆破、炉膛爆炸、二次燃烧、锅炉灭火等。其中以蒸汽锅炉缺水事故所占的比率为最高。由于锅炉缺水，造成锅炉烧坏、爆炸，给国民经济造成的损失是十分重大的。考察目前所有锅炉事故，值得深思的是这些常见事故几乎都发生在工业锅炉方面。因此，对从事工业锅炉安全管理工作者和有关操作人员来说，搞好锅炉安全运行，做到防患于未然，是一项艰巨而重要的任务。

1.点火升压的安全要求

一般锅炉上水后即可点火升压，从锅炉点火到锅炉蒸汽压力上升到工作压力，这个阶段要注意以下问题。

① 点火前分析炉膛内可燃物的含量，防止炉膛内爆炸。

② 锅炉的升压过程要缓慢进行，防止热应力和热膨胀造成破坏。

③ 防止异常情况及事故出现，严密监视各种仪表指示的变化。

④ 暖管（用蒸汽加热管道、阀门、法兰等元件）过程宜缓慢，并汽（投入运行的锅炉向共用的蒸汽总管供汽）时应燃烧稳定、运行正常。

2.锅炉运行中的安全要点

① 水位波动范围不得超过正常水位±50mm。

② 用汽锅炉的汽压允许波动范围为±49kPa。

③ 燃烧室内火焰要充满整个炉膛，力求分布均匀，以利于水的自然循环，保证传热效果。

④ 定期排污一班一次，排污以降低水位25～50mm为宜，排污一般在锅炉负荷较低时进行。

3.停炉

（1）临时停炉（压火）

① 减少通风量，降低负荷。

② 炉排由高速变为低速运行20min。关闭煤闸板，待煤离开闸板400～500mm时，停止炉排。

③ 先停鼓风机，后停引风机。

④ 停炉期间，要监视压力和水位。

⑤ 压火时间过长，要注意缓火，以防煤斗烧坏。

（2）紧急停炉（事故停炉）

① 关闭煤闸板，机械炉排以最快速度将炉排上的燃料排尽。

② 停止鼓、引风机，如系炉管炸破事故，引风机不可停止。

③ 难排的红火迅速扒出或用湿煤压熄火床。

④ 保持锅炉水位，严重缺水时不得上水，需关掉蒸汽阀门。

第二节　电气安全技术

一、安全用电

典型案例

2018 年 9 月 19 日，某生物电厂电气工蔺某某与检修人员曹某在电锅炉房排查电加热管无法正常投入运行的原因。检查中蔺某某用手扯动漏电保护开关电源进线时，蔺某某左胳膊被电弧光灼伤，蔺某某、曹某眼睛都受电弧光照射。

事故的直接原因是：在扯动电线过程中，线路另一端松动脱落，造成接地短路，电流未达到短路保护动作值电线即熔断，熔断过程中造成另外两相短路，产生强烈的电弧光。蔺某某在明知线路未停电时扯动电线存在一定的危险性，仍然存有侥幸心理，急于解决问题，无视安全风险，是此次事故的主要原因。

（一）电气安全基本知识

1.电流对人体的伤害

随着社会的发展，电在人们的日常工作与生活中应用极其广泛，但如果使用不当，小则损坏机器设备，大则危及人身安全。因为当人们一不小心接触到电源，电流就能立即通过人体，对人体造成不同程度的伤害。当电流从 3～5mA 开始时，人体就能感受到有电；当电流超过 10mA 时，人体开始有痛苦的感觉；从 20mA 开始将对人产生危险，触电者已不能自己脱离电源；电流超过 50mA，人体就会产生轻、重休克。如此时还不切断电源，电流继续作用于人体，将会抑制呼吸中枢，严重损害心脏器官正常范围内的传导系统；电流达 100mA 时，会引起心室颤动，使人体血液循环发生故障，很快导致死亡；电流超过 200mA 时，如未能及时抢救，或抢救方法欠妥，一般是很少能存活下来的。

电对人体的伤害分为电击和电伤两种。

（1）电击　所谓电击就是指电流通过人体内部器官，使其受到伤害。如电流作用于人体中枢神经，使心脑和呼吸机能的正常工作受到破坏，人体发生抽搐和痉挛，失去知觉。电流也可使人体呼吸功能紊乱，血液循环系统活动大大减弱，造成假死。如救护不及时，则会造成死亡。电击是人体触电较危险的情况。

M5-4 电的危险性

电流通过人体的持续时间是影响电击伤害程度的重要因素。人体通过电流时间越长，人体电阻就会下降，流过的电流就会越大，后果就越严重。

电流的路径通过心脏会导致精神失常、心跳停止、血液循环中断，危险性最大。其中电流从左手到右脚的路径是最危险的。

电流频率在 40～60Hz 对人体的伤害最大。

电流对人体的作用，女性较男性敏感；小孩遭受电击较成人危险；人体的皮肤干湿等情况对电击伤害程度也有一定的影响。皮肤干燥时电阻大通过电流小；皮肤潮湿时电阻小，通过的电流就大，危害也大。凡患有心脏病，神经系统疾病或结核病的病人电击伤害程度比健康人严重。

（2）电伤　所谓电伤就是指人体外器官受到电流的伤害。如电弧造成的灼伤；电的烙印；由电流的化学效应而造成的皮肤金属化；电磁场的辐射作用。电伤是人体触电事故较为轻微的一种情况。

2. 触电的方式

人体触电的方式有很多，常见的有单相触电、两相触电、跨步电压触电、接触电压触电、人体接近高压触电、人体在停电设备上工作时突然来电的触电等。

（1）单相触电　如图5-4（a）所示，如果人站在大地上，当人体接触到一根带电导线时，电流通过人体经大地而构成回路，这种触电方式通常被称为单相触电，也称为单线触电。

（2）两相触电　如图5-4（b）所示，如果人体的不同部位同时分别接触一个电源的两根不同电位的裸露导线，电线上的电流就会通过人体从一根电流

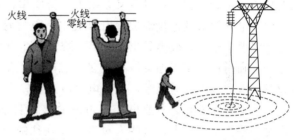

(a) 单相触电　(b) 两相触电　(c) 跨步电压触电

图5-4　人体触电方式

导线到另一根电线形成回路，使人触电。这种触电方式通常被称为两相触电，也称为两线触电。此时，人体处于线电压的作用下，所以，两相触电比单相触电危险性更大。

（3）跨步电压触电　如图5-4（c）所示，当人体在具有电位分布的区域内行走时，人的两脚（一般相距以0.8m计算）分别处于不同电位点，使两脚间承受电位差的作用，这一电压称为跨步电压。跨步电压的大小与电位分布区域内的位置有关，在越靠近接地体处，跨步电压越大，触电危险性也越大。

（4）接触电压触电　指电气设备因绝缘老化而使外壳带上电，人在接触电气设备外壳时，电流经人体流入大地的触电方式。

3. 电压对人体的影响

根据欧姆定律（$I=U/R$）可以得知流经人体电流的大小与外加电压和人体电阻有关。人体电阻因人而异，与人的体质、皮肤的潮湿程度、触电电压的高低、年龄、性别以至工种职业有关系，通常为$1000\sim2000\Omega$，当角质外层破坏时，则降到$800\sim1000\Omega$。所以通常流经人体电流的大小是无法事先计算出来的。因此，为确定安全条件，往往不采用安全电流，而是采用安全电压来进行估算：一般情况下，也就是干燥而触电危险性较小的环境下，安全电压规定为36V，对于潮湿而触电危险性较大的环境（如金属容器、管道内施焊检修），安全电压规定为12V，这样，触电时通过人体的电流，可被限制在较小范围内，可在一定的程度上保障人身安全。

国家标准GB/T 3805—2008《特低电压（ELV）限值》规定我国安全电压额定值的等级为42V、36V、24V、12V和6V，应根据作业场所、操作员条件、使用方式、供电方式、线路状况等因素选用。根据生产和作业场所的特点，采用相应等级的安全电压，是防止发生触电伤亡事故的根本性措施。

4.触电事故一般规律

人体触电总是发生在突然的一瞬间，而且往往造成严重的后果。因此掌握人体触电的规律，对防止或减少触电事故的发生是有好处的。根据对已发生触电事故的分析，触电事故主要有以下规律。

（1）季节性　一般来说，每年的6~9月份为事故的多发季节。就全国范围内，该季节是炎热季节，人体多汗、皮肤湿润，使人体电阻大大降低，因此触电危险性及可能性较大。

（2）低压电气设备触电事故多　在工农业生产及家用电器中，低压设备占绝大多数，而且低压设备使用者广泛，其中不少人缺乏电气安全知识。因此，发生触电的概率较大。

（3）移动式电气设备触电事故多　由于移动式设备经常移动，工作环境参差不齐，电源线磨损的可能性较大。同时，移动式设备一般体积较小，绝缘程度相对较弱，容易发生漏电故障。再者，移动式设备又多由人手持操作，故增加了触电的可能性。

（4）电气触头及连接部位触电事故多　电气触头及连接部位由于机械强度、电气强度及绝缘强度均较差，较容易出现故障，容易发生直接或间接触电。

（5）临时性施工工地触电事故多　临时性工地的管理水平高低不齐，有的施工现场电气设备、电源线路较为混乱，故触电事故隐患较多。

（6）中青年人和非专业电工触电事故多　目前在电业行业工作的人员以年轻人居多，特别是一些主要操作者，这些人员有不少往往缺乏工作经验、技术欠成熟，增加了触电事故的发生率。非电工人员由于缺乏必要的电气安全常识，盲目地接触电气设备，当然会发生触电事故。

（7）错误操作的触电事故　一些单位安全生产管理制度不健全或管理不严，电气设备安全措施不完备及思想教育不到位、责任人不清楚所致。

（二）电气安全技术措施

在用电中，一般采取：保护接地、防高压窜入低压保护、保护接零、重复接地保护；装设熔断器、脱扣器、热继电器、漏电保护装置等。同时还必须加强电气作业安全管理，认真执行安全管理制度和安全规程，以及坚持经常性的安全思想和安全知识教育。

1.保护接地和保护接零

保护接地（图5-5），就是将电气设备在故障情况下可能出现危险的金属部分用导线通过接地装置与大地连接。人一旦触电，这时接地短路电流将同时沿着接地体和人体两条通路流过。由于通过接地体的分流作用，流经人体的电流几乎等于零，这样就避免了在短路故障电流下人体触电的危险。

保护接零（图5-6），就是将电气设备在故障情况下可能出现危险的金属部分（如外壳等），用导线与低压配电网的保护零线连接。人一旦触电，短路电流就由火线流经外壳到零线，由于故障回路的电阻、电抗都很小，所以故障电流很大，它足以使线路上的

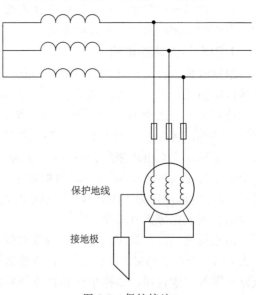

保护地线

接地极

图5-5　保护接地

保护装置（熔断器或自动开关）迅速动作，从而将漏电的设备断开电源，消除危险，起到保护作用。

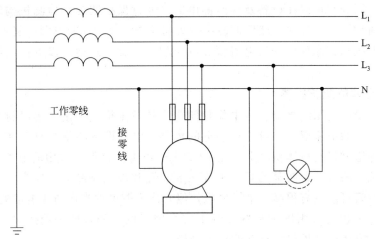

图 5-6　保护接零

　　虽然保护接零和保护接地都可以保证人身安全，但保护接零较保护接地更具有优越性，因为零线的阻抗小、短路电流大，从而克服了保护接地要求其电阻值很小的局限性。保护接地与保护接零的比较见表 5-6。

表 5-6　保护接地与保护接零的比较

种类	保护接地	保护接零
含义	用电设备的外壳接地装置	用电设备的外壳接电网的零干线
用途	维护人身安全	维护人身安全
保护原理	低压系统保护接地的基本原理是限制漏电设备对地电压,使其不超过某一安全范围	保护接零的主要作用是借接零线路使设备漏电形成单相短路,促使线路上保护装置迅速动作
适用范围	保护接地适用于一般的低压不接地电网及采取其他安全措施的低压接地电网	保护接零适用于低压接地电网
线路结构	保护接地系统除相线外,只有保护地线	保护接零系统除相线外,必须有零线和接零保护线,必要时保护零线要与工作零线分开;其重要装置也应有地线
是否断电	发生漏电时,保护接地允许不断电运行,因此存在触电危险,但由于接地电阻的作用,人体接触电压大大降低	保护接零要求必须断电,因此触电危险消除,但必须可靠动作

　　对于以下电气设备的金属部分均应采取保护接零或保护接地措施。

① 电机、变压器、电器、照明器具、携带式及移动式用电器具等的底座和外壳；

② 电气设备的传动装置；

③ 电压和电流互感器的二次绕阻；

④ 配电屏与控制屏的框架；

⑤ 室内外配电装置的金属架、钢筋混凝土的主筋和金属围栏；

⑥ 穿线的钢管、金属接线盒和电缆头、盒的外壳；

⑦ 装有避雷线的电力线路的杆塔和装在配电线路电杆上的开关设备及电容器的外壳。

2.漏电保护器

漏电保护器，又称为触电保护器。装设漏电保护器是为了保证在电气故障情况下人身和设备的安全，因为它可以在设备及线路漏电时，通过保护装置的检测机构转换取得异常信号，经中间机构转换和传递，然后促使执行机构动作，自动切断电源，起到保护作用。

漏电保护器按动作原理可分为电流型和电压型两大类。目前，以电流型漏电保护器的应用为主。

3.隔离带电体的防护技术

（1）绝缘　绝缘是用绝缘物将带电体封闭起来的技术措施。由于绝缘材料绝缘，与大地隔离，通过人体的电流很小。可避免触电的危害。电气设备的绝缘只有在遭到破坏时才能除去。电工绝缘材料是指体积电阻率在 $10^7\Omega\cdot m$ 以上的材料。常用的电工绝缘材料有变压器油、开关油、漆布、聚四氟乙烯、绝缘漆胶、瓷和玻璃制品等。应当注意的是，电气设备的防护漆尽管可能具有很高的绝缘电阻，但一律不能单独当作防止电击的技术措施。

（2）屏护　屏护是采用屏护装置控制不安全因素的措施，即采用遮拦、护罩、护盖、箱（匣）等将带电体同外界隔绝开来的技术措施。

（3）间距　间距是将可能触及的带电体置于可能触及的范围之外的距离。为了防止人体及其他物品接触或过分接近带电体、防止火灾、防止过电压放电和各种短路事故及操作方便，在带电体与地面之间、带电体与其他设备设施之间、带电体与带电体之间均需保持一定的安全距离。

4.正确使用防护用具

为了防止操作人员发生触电事故，必须正确使用相应的电气安全用具。常用的电气安全用具见表5-7。

表 5-7　常用的电气安全用具

防护用具	用途	注意事项
绝缘杆	又称绝缘棒或操作杆，在配电所里主要用于闭合或断开高压隔离开关、安装或拆除携带型接地线以及进行电气测量和试验等工作	在带电作业中，要使用各种专用的绝缘杆；使用绝缘杆时握手部分不能超出护环，且要戴上绝缘手套、穿绝缘鞋；每年定期试验一次
绝缘夹钳	用来安装和拆卸高压熔断器或执行其他类似工作	35kV 以下设备使用；夹断作业时，人员头部不可超过握手部分，且要戴上护目镜、绝缘手套、穿绝缘鞋；每年定期试验一次
绝缘手套	在电气设备上进行实际操作时的辅助安全用具	低压设备上使用，分为 12kV 和 5kV 两种
绝缘靴（鞋）	用来与地面保持绝缘的辅助工具；防跨步电压的基本安全用具	根据作业条件选择适合的类型
绝缘垫	用来与地面保持绝缘的辅助工具	应保持干燥、平整，避免锐利金属划刺
绝缘台	用来与地面保持绝缘的辅助工具；台面用干燥的、漆过绝缘漆的木板做成	台面不宜过大，以便于移动；必须放在干燥的地方；每隔三年一次定期试验
携带型接地线	用来防止设备因突然来电如错误合闸送电而带电、消除临近感应电压或放尽已断开电源的电气设备上的剩余电荷	短路软导线与接地软线应采用多股裸软铜线，其截面积不应小于 $25mm^2$
验电笔	用来检验设备是否带电的用具	分为高压验电笔和低压验电笔两种

除了以上防护措施，还应在电气作业时注意以下几项：

① 在断电情况下进行电气、电器设备的检修；

② 避免潮湿环境带电作业或设备中进入水分；

③ 保证线路、设备之间的安全间距；

④ 防止电流量过载；

⑤ 定期检查电动工具和设备。

（三）触电急救

发现了人身触电事故，在保证自己安全的前提下，首先要迅速将触电者脱离电源，其次立即就地进行现场救护。

1. 脱离低压电源的常用方法

脱离低压电源的方法可用"拉"、"切"、"挑"、"拽"和"垫"五个字来概括。

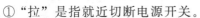

M5-5 触电
事故急救

① "拉"是指就近切断电源开关。

② "切"是指用带有绝缘柄或干燥木柄切断电源。切断时应注意防止带电导线断落碰触周围人体。对多芯绞合导线也应分相切断，以防短路伤人。

③ "挑"是指如果导线搭落在触电人身上或压在身下，这时可用干燥木棍或竹竿等挑开导线，使之脱离开电源。

④ "拽"是救护人戴上手套或在手上包缠干燥衣服、围巾、帽子等绝缘物拖拽触电人，使其脱离开电源导线。

⑤ "垫"是指如果触电人由于痉挛手指紧握导线或导线绕在身上，这时救护人可先用干燥的木板或橡胶绝缘垫塞进触电人身下使其与大地绝缘，隔断电源的通路，然后再采取其他办法把电源线路切断。

2. 在使触电人脱离电源时应注意的事项

① 救护人不得采用金属和其他潮湿的物品作为救护工具。

② 在未采取绝缘措施前，救护人不得直接接触触电者的皮肤和潮湿的衣服及鞋。

③ 在拉拽触电人脱离电源线路的过程中，救护人宜用单手操作，这样做对救护人比较安全。

④ 当触电人在高处时，应采取预防措施预防触电人在解脱电源时从高处坠落摔伤或摔死。

⑤ 夜间发生触电事故时，在切断电源时会同时使照明失电，应考虑切断后使用临时照明，如应急灯等，以利于救护。

3. 对症抢救的原则

① 将触电者脱离电源后，立即移到通风处，并将其仰卧，迅速鉴定触电者是否有心跳、呼吸。

② 若触电者神志清醒，但感到全身无力、四肢发麻、心悸、出冷汗、恶心，或一度昏迷，但未失去知觉，应将触电者抬到空气新鲜、通风良好的地方舒适地躺下休息，让其慢慢地恢复正常。要时刻注意保温和观察。若发现呼吸与心跳不规则，应立刻设法抢救。

③ 触电而导致出现呼吸、心跳停止，应先尽快评估现场环境是否安全。作为施救者一定要评估周围环境，保证环境安全的情况下才去救人，不然会造成施救者也有生命危险，

防止抢救过程中发生二次伤害。接下来评估患者心跳、呼吸情况。假如已经发生了心跳、呼吸停止，立即启动心肺复苏流程，重建循环，畅通气道，重建呼吸及进行体外除颤。

二、静电防护技术

生活中我们会发现许多静电现象，比如用塑料梳子梳头，头发会飞起来；比如我们步行一段路，用钥匙去开门或摸金属门把手的时候会有被电的感觉；比如干燥的天气，穿脱毛衣时常听到"噼啪"的声音，在黑暗中可看见微弱的火光。这些静电现象给我们的生活带来了不便，我们有时会因为静电而烦恼。对于企业来说，许多生产操作也会产生静电，那就是危险的事情了。据不完全统计，近十几年来，我国化工企业已发生静电灾害事故达20多起，其中有的灾害一次损失达数亿元之巨。因此，对于化工企业，静电安全防护是非常必要的。

> **典型案例**
> 某化学试剂厂生产过程中使用甲苯为原料，该厂向反应釜加甲苯的方法是：先将甲苯灌装在金属筒内，再将金属筒运到反应釜旁边，用压缩空气将甲苯从金属筒经塑料软管压向反应釜内。一次作业过程中发生强烈爆炸，继而猛烈燃烧近2h，造成3人死亡，2人严重烧伤。经分析，确认是静电火花引起的爆炸。经计算，塑料软管内甲苯的流速超过静电安全流速的3倍。甲苯带着高密度静电注入反应釜，很容易产生足以引燃甲苯蒸气的静电火花。

（一）静电危害及特性

1.静电的产生

静电的产生过程及方式是相当复杂的，主要有感应起电、介质的极化起电、温差起电、压力起电、吸附起电、电解起电和接触起电等。有时几种起电方式同时存在。其中接触起电是产生静电电荷的主要方式，生产中常见的物体经接触和分离过程而产生静电的现象有摩擦起电、冲流起电、剥离起电等。

在工业生产中，固体之间的相互接触（如传动带与导轮的接触、塑料被碾压、车轮与地面的接触等）可产生大量的静电现象。此外，固体经磨碎、研磨而分散成细小的颗粒（粉尘），在粉碎、运输、搅拌等过程中，粉体静电可高达数千伏甚至数万伏。

M5-6 静电产生的原理

2.静电的危害

静电的危害有三种。

① 爆炸和火灾。爆炸和火灾是静电的最大危害。静电的能量虽然不大，但因其电压很高且易放电，出现静电火花。在易燃易爆的场所，可能因为静电火花引起火灾或爆炸。

② 电击。由于静电造成的电击，可能发生在人体接近带电物体的时候，也可能发生在带静电电荷的人体接近接地体的时候。一般情况下，静电的能量较小，因此在生产过程中的静电电击不会直接致命，但是电击易引起坠落、摔倒等二次事故。电击还可引起职工紧张，影响工作。

③ 影响生产。在某些生产过程中，不消除静电将会影响生产或降低产品质量。此外，静电还可引起电子元件误动作，引发二次事故。

3.静电的特性

① 电量小，但是静电电压高，其放电火花的能量大大超过某些物质的最小点火能，如橡胶带与辊轴的摩擦。

② 绝缘的静电导体所带的电荷平时无法导走，一有放电机会，全部自由电荷将一次经放电点放掉，因此带有相同数量静电荷和表观电压的绝缘的导体要比非导体危险性大。

③ 绝缘体电阻率很大，所以静电泄放很慢，这样使带电体保留危险性状态的时间也长，危险性相应增加。

④ 远端放电（静电于远处放电）：若厂房中一条管道或部件产生了静电，其周围与地绝缘的金属设备就会在感应下将静电扩散到远处，并可在预想不到的地方放电，或使人受到电击，它的放电是发生在与地绝缘导体上，自由电荷可一次全部放掉，因此危害性很大。

⑤ 尖端放电：静电电荷密度随导体表面曲率增大而升高，因此在导体尖端部分电荷密度最大，电场最强，能够产生尖端放电。尖端放电会导致火灾、爆炸事故的发生，还可使产品质量受损。

⑥ 静电屏蔽：静电场可以用导体的金属元件加以屏蔽。如可以用接地的金属网、容器等将带静电的物体屏蔽起来，不使外界遭受静电危害。相反，使被屏蔽的物体不受外力场感应起电，也是一种"静电屏蔽"。静电屏蔽在安全生产上被广为利用。

（二）静电防护技术

1.使用防静电材料

金属是导体，因导体的漏放电流大，会损坏器件。另外由于绝缘材料容易产生摩擦起电，因此不能采用金属和绝缘材料作防静电材料。而是采用表面电阻率在 $1 \times 10^5 \Omega \cdot cm$ 以下的所谓静电导体，以及表面电阻率 $1 \times 10^5 \sim 1 \times 10^8 \Omega \cdot cm$ 的静电亚导体作为防静电材料。例如常用的静电防护材料是在橡胶中混入导电炭黑来实现的，将表面电阻率控制在 $1 \times 10^6 \Omega \cdot cm$ 以下。

2.泄漏与接地

对可能产生或已经产生静电的部位进行接地，提供静电释放通道。采用埋大地线的方法建立"独立"地线。使地线与大地之间的电阻＜10Ω（参见 SJ/T 10694—2022）。

静电防护材料接地方法：将静电防护材料（如工作台面垫、地垫、防静电腕带等）通过 1MΩ 的电阻接到通向独立大地线的导体上。串接 1MΩ 电阻是为了确保对地泄放＜5mA 的电流，称为软接地。设备外壳和静电屏蔽罩通常是直接接地，称为硬接地。

3.导体静电的消除

导体上的静电可以用接地的方法使静电泄漏到大地。

4.非导体静电的消除

对于绝缘体上的静电，由于电荷不能在绝缘体上流动，因此不能用接地的方法消除静电。可采用以下措施：

① 使用离子风机。离子风机产生正、负离子，可以中和静电源的静电。可设置在空间和贴装机贴片头附近。

② 使用静电消除剂。静电消除剂属于表面活性剂。可用静电消除剂擦洗仪器和物体表面，能迅速消除物体表面的静电。

③ 控制环境湿度。增加湿度可提高非导体材料的表面电导率，使物体表面不易积聚静

电。例如北方干燥环境可采取加湿通风的措施。

④ 采用静电屏蔽。对易产生静电的设备可采用屏蔽罩（笼），并将屏蔽罩（笼）有效接地。

5. 工艺控制法

为了在电子产品制造中尽量少地产生静电，控制静电荷积聚，对已经存在的静电积聚迅速消除掉，即时释放，应从厂房设计、设备安装、操作、管理制度等方面采取有效措施。

6. 化工企业防静电措施

静电对于化工企业而言，最危险的后果就是由于静电放电而引起严重的火灾爆炸灾害。因此，对于化工企业，静电安全防护的目标就是预防火灾爆炸。

（1）控制静电的产生

① 管道、设备应尽可能光滑干净，无棱角。尽量采用具有良好防静电性能的新材料、新工艺、新设备。

② 控制物料的传输速度。避免液体由层流变为湍流，减少静电产生。

③ 改进过滤器。实践证明，在石化企业生产中，过滤器同油泵、管线相比是更大的静电源。因此当前国内外一些部门对过滤器的静电产生问题极为重视，从材质及设计上努力加以改进。

④ 在有爆炸性混合物存在的场所，应尽可能使用齿轮传动。必须使用皮带传动的，则应使用防静电皮带。

（2）加快静电的消散

① 使用抗静电添加剂。根据国内外的大量实践证明，使用抗静电添加剂是消除石油静电危害的一种十分有效的技术措施。抗静电添加剂具有强的吸附性、离子性和表面活性，除防止产生静电荷外，还提高了油品的电导率，使之起到了加快静电荷泄漏的作用，从而从根本上消除了静电积聚的危险。

② 加强接地。接地是将带电体上的静电荷通过接地导线引入大地，以避免静电积聚，从而消除物体对地电位差的一项技术措施。带电体是金属导体时，这是一种消除静电积聚的简单而有效的办法。所以对于金属设备，都必须牢靠接地。此外，还要注意跨接，以使各金属物体处于等电位状态。

在化工企业中，由于移动设备、台车、旋转部件以及人体等都有相当大的静电危险，因此必须可靠接地。这是防止静电积聚的有效手段。人体接地可通过穿着防静电服、手套、鞋等，经导电地面与大地连接。

③ 采用导电地面。实质上也是一种接地措施，它不但能导除设备上的静电，而且也能导除人体静电。

导电地面一般由几种材料制成：砼、导电橡胶、大理石等。

④ 规定静电静置时间。在石化企业生产中，物料在输送过程中往往带电量很大，这就需要选择适宜的静置时间，使已带的静电得以充分泄漏。

⑤ 装设缓和器。在石化企业中使用缓和器也是消除石油静电的一种有效方法。所谓缓和器，就是为了使管道中的带电液体减缓流速，以便充分泄漏油品中静电电荷，使其衰减到安全范围值以内而在管路系统中装设的粗径管段或缓和储罐的一类装置。

除上述几点外，为了预防静电火灾爆炸事故，还应尽可能降低生产作业场所的爆炸性混合物浓度。使其降到爆炸下限以下，在可替代易燃易爆物质的场所，以非燃或难燃介质替代；在必要的场所或空间充以惰性气体以减少氧化剂含量，从而减少场所的危险程度。

三、防雷技术

雷电这一自然现象，威胁着人类的生命财产安全，常使建筑、电力、电子、化工、通信和航空、航天等诸多部门遭受严重破坏。随着高新技术的迅猛发展，由雷击引起的灾害事故正呈现出上升趋势。

> **典型案例**
>
> 2022年8月5日19时左右，古巴马坦萨斯省一处石油储备基地的原油储罐被闪电击中，造成1个原油储罐起火，进而引燃了3个储罐，并在几天内发生多次爆炸。
>
> 这起事故，为各国石油、石化等危化企业预防雷电灾害敲响了警钟。我国应急管理部要求各级应急管理部门和有关油气企业认真吸取事故教训，深入开展专项检查，确保避雷针、呼吸阀、阻火器、接地线等处于安全可靠状态，并充分发挥雷电预警系统作用，建立健全雷电分级响应机制，确保安全生产形势稳定。

（一）雷电的形成、分类及危害

1. 雷电的形成

雷电是自然界中的一种放电现象。

雷电放电和一般电容器放电本质相同，所不同的是这个电容器的两块极板并不是人为制造的，而是自然形成的。两块极板有时是两块云朵，有时一块是云朵、另一块则是大地或地面上凸出的建筑物。并且这两块极板间的距离比电容器大得多，有时可达数公里。因此，可以说雷电是一种特殊的电容器放电现象。

大气中的饱和水蒸气，由于气候的变化，发生上升或下降的对流，在对流过程中由于强烈的摩擦和碰撞，水蒸气凝结成的水滴就被分解成带有正负电荷的小水滴，大量的水滴聚积成带有不同电荷的雷云。随着电荷的积聚，雷云的电位逐渐升高。当带有不同电荷的两块雷云接近到一定程度

扫一扫

M5-7 雷电的形成

时，两块雷云间的电场强度达到 $25\sim30kV/cm$ 时，其间的空气绝缘被击穿，引起两块雷云间的击穿放电；当带电荷的雷云接近地面时，由于静电感应，使大地感应出与雷云极性相反的电荷，当带电云块对地电场强度达到 $25\sim30kV/cm$ 时，周围空气绝缘被击穿，雷云对大地发生击穿放电。放电时出现强烈耀眼的弧光，就是我们平时看到的闪电，闪电通道中大量的正负电荷瞬间中和，造成的雷电流高达数百上千安，这一过程称为主放电，主放电时间仅 $30\sim50\mu s$，放电波陡度高达 $50kA/\mu s$，主放电温度高达 $20000℃$，使周围空气急剧加热，骤然膨胀而发生巨响，这就是我们平时听到的雷声。闪电和雷声的组合我们称为雷电。

由于声音传播的速度比光的传播速度要慢得多，所以我们总是先看到闪电，而后听到雷声。

雷电的特点是：电压高、电流大、频率高、时间短。

2. 雷电的分类

（1）直击雷 雷云对地面或地面上凸出物的直接放电，称为直击雷，也叫雷击。

当直击雷直接击于电气设备及线路时，雷电流通过设备或线路泄入大地，在设备或线路上产生过电压，称为直击雷过电压。

（2）感应雷击　感应雷击是地面物体附近发生雷击时，由于静电感应和电磁感应而引起的雷击现象。

例如，雷击于线路附近地面时，架空线路上就会因静电感应而产生很高的过电压，称为静电感应过电压。

在雷云放电过程中，迅速变化的雷电流在其周围空间产生强大的电磁场，由于电磁感应，在附近导体上产生很高的过电压，称为电磁感应过电压。

静电感应和电磁感应引起的过电压，我们称为感应雷击。

（3）球雷　球雷是一种发红色或白色亮光的球体，直径多在 20cm 左右，最大直径可达数米，以每秒数米的速度，在空气中飘行或沿地面滚动。这种雷存在时间为 3～5s。时间虽短，但能通过门、窗、烟囱进入室内。这种雷有时会无声消失，有时碰到人、牲畜或其他物体会剧烈爆炸，造成雷击伤害。

（4）雷电侵入波　当雷击架空线路或金属管道上产生的冲击电压沿线路或管道向两个方向迅速传播的雷电侵入波，称为雷电侵入波。

雷电侵入波的电压幅值愈高，对人身或设备造成的危害就愈大。

3. 雷电的危害

雷电放电过程中，可能呈现出静电效应、电磁效应、热效应及机械效应，对建筑物或电气设备造成危害；雷电流泄入大地时，在地面产生很高的冲击电流，对人体形成危险的冲击接触电压和跨步电压；人直接遭受雷击，非常危险。

雷电的危害是多方面的。

（1）雷电的静电效应危害　当雷云对地面放电时，在雷击点主放电过程中，雷击点附近的架空线路、电气设备或架空管道上，由于静电感应产生静电感应过电压，过电压幅值可达几十万伏，使电气设备绝缘击穿，引起火灾或爆炸，造成设备损坏、人身伤亡。

（2）雷电的电磁效应危害　当雷云对地放电时，在雷击点主放电过程中，在雷击点附近的架空线路、电气设备或架空管道上，由于电磁感应产生电磁感应过电压，过电压幅值可达到几十万伏，使电气设备绝缘击穿，引起火灾或爆炸，造成设备损坏、人身伤亡。

（3）雷电的热效应危害　雷电流通过导体时，由于雷电流很大，雷电流数值可达几十至几百千安，在极短的时间内使导体温度达几万摄氏度，可使金属熔化，周围易燃物品起火燃烧。烧毁电气设备、烧断导线、烧伤人员、引起火灾。

（4）雷电的机械效应危害　强大的雷电流通过被击物时，被击物缝隙中的水分急剧受热汽化，体积膨胀，使被击物品遭受机械破坏、击毁杆塔、建筑物，劈裂电力线路的电杆和横担等。

（5）雷电的反击危害　当接闪杆、接闪带、构架、建筑物等在遭受雷击时，雷电流通过以上物体及接地装置泄入大地，由于以上物体及接地装置具有电阻，在其上产生很高的冲击电位。当附近有人或其他物体时，可能对人或物体放电，这种放电称为反击。雷击架空线路或空中金属管道时，雷电波可能沿以上物体侵入室内，对人身及设备放电，造成反击。反击对设备和人身都构成危险。

（6）雷电的电位危害　当将雷电流引入大地时，在引入处地面上产生很高的冲击电位，人在其周围时，可能遭受冲击接触电压和冲击跨步电压而造成电击伤害。

（二）常用防雷装置的种类与作用

接闪杆、接闪线、接闪网、接闪带、避雷器都是经常采用的防雷装置。一套完整的防雷装置包括接闪器、引下线和接地装置。上述的针、线、网、带都只是接闪器，而避雷器是一种专门的防雷装置。

① 接闪杆，旧称避雷针，或称引雷针，可以称为避雷导线，也可以称富兰克林针（以其发明者本杰明·富兰克林的名称之）。避雷针通过导线接入地下，与地面形成等电位差，利用自身的高度，使电场强度增加到极限值的雷电云电场发生畸变，开始电离并下行先导放电；避雷针在强电场作用下产生尖端放电；形成向上先导放电；两者汇合形成雷电通路，随之泄入大地，达到避雷效果。

② 接闪线，旧称避雷线，是通过防护对象的制高点向另外制高点或地面接引金属线的防雷电装置。根据防护对象的不同避雷线分为单根避雷线、双根避雷线或多根避雷线。可具体根据防护对象的形状和体积确定采用不同截面积的避雷线。避雷线一般采用截面积不小于 $35mm^2$ 的镀锌钢绞线。它的防护作用等同于在弧垂上每一点都是一根等高的避雷针。

③ 接闪带，旧称避雷带，是指在屋顶四周的女儿墙或屋脊、屋檐上安装金属带作接闪器的防雷电装置。避雷带的防护原理与避雷线一样，由于它的接闪面积大，接闪设备附近空间电场强度相对比较强，更容易吸引雷电先导，使附近尤其比它低的物体受雷击的概率大大减少。避雷带的材料一般选用直径不小于 8mm 的圆钢，或截面积不小于 $48mm^2$、厚度不少于 4mm 的扁钢。

④ 接闪网，旧称避雷网。接闪网分明网和暗网。明网防雷电是将金属线制成的网，架在建（构）筑物顶部空间，用截面积足够大的金属物与大地连接的防雷电措施。暗网是利用建（构）筑物钢筋混凝土结构中的钢筋网进行雷电防护。只要每层楼的楼板内的钢筋与梁、柱、墙内的钢筋有可靠的电气连接，并与层台和地桩有良好的电气连接，形成可靠的暗网，则这种方法要比其他防护设施更为有效。无论是明网还是暗网，网格越密，防雷的可靠性越好。

⑤ 避雷器 又称作防雷器、浪涌保护器。避雷器防雷电是把因雷电感应而窜入电力线、信号传输线的高电压限制在一定范围内，保证用电设备不被击穿。常用的避雷器种类繁多，可分为三大类，有放电间歇型、阀型和传输线分流型。

⑥ 保护间隙 是一种最简单的避雷器。将它与被保护的设备并联，当雷电波袭来时，间隙先行被击穿，把雷电流引入大地，从而避免被保护设备因高幅值的过电压而被击穿。

（三）建（构）筑物、化工设备及人体的防雷

1.建筑物防雷

根据建筑物的重要性、使用性质、发生雷电事故的可能性和后果，按防雷要求分为三类。

① 凡制造、使用或储存火炸药及其制品的危险建筑物，因电火花而引起爆炸、爆轰，会造成巨大破坏和人身伤亡者，应划为第一类防雷建筑物。

第一类防雷建筑物应装设独立接闪杆或架空接闪线（网）。当难以装设独立的外部防雷装置时，可将接闪杆或网格不大于 5m×5m 或 6m×4m 的接闪网或由其混合组成的接闪器直接装在建筑物上，接闪网应按规定沿屋角、屋脊、屋檐和檐角等易受雷击的部位敷设；当建筑物高度超过 30m 时，首先应沿屋顶周边敷设接闪带，接闪带应设在外墙外表面或屋檐边垂直面上，也可设在外墙外表面或屋檐垂直面外，防架空接闪网的网格尺寸不应大于

5m×5m 或 6m×4m。另外，第一类防雷建筑物还应有防闪电感应设施、防闪电电涌侵入的措施。当树木邻近建筑物且不在接闪器保护范围之内时，树木与建筑物之间的净距离不应小于 5m。

② 国家级重点文物保护的建筑物；国家级的会堂、大型火车站和飞机场，国家级档案馆、大型城市的重要给水泵房等特别重要的建筑物；国家级计算中心；制造、使用或储存火炸药及其制品的危险建筑物，且电火花不易引起爆炸或不致造成巨大破坏和人身伤亡者，应划为第二类防雷建筑物。

第二类防雷建筑物外部防雷的措施，宜采用装设在建筑物上的接闪网、接闪带或接闪杆，也可采用由接闪网、接闪带或接闪杆混合组成的接闪器。突出屋面的放散管、风管、烟囱等物体，应按规定进行保护。专设引下线不应少于 2 根，并应沿建筑物四周和内庭院四周均匀对称布置，其间距沿周长计算不宜大于 18m。外部防雷装置的接地应和防雷电感应、内部防雷装置、电气和电子系统等接地共用接地装置，并应与引入的金属管线做等电位连接。共用接地装置的接地电阻应按 50Hz 电气装置的接地电阻确定，不应大于按人身安全所确定的接地电阻值。

③ 省级重点文物保护的建筑物及省级档案馆；一般性民用建筑物或一般性工业建筑等，应划为第三类防雷建筑物。

第三类防雷建筑物外部防雷的措施宜采用装设在建筑物上的接闪网、接闪带或接闪杆，也可采用由接闪网、接闪带或接闪杆混合组成的接闪器。当建筑物高度超过 60m 时，首先应沿屋顶周边敷设接闪带，接闪带应设在外墙外表面或屋檐边垂直面上，也可设在外墙外表面或屋檐边垂直面外。接闪器之间应互相连接。专设引下线不应少于 2 根，并应沿建筑物四周和内庭院四周均匀对称布置，其间距沿周长计算不宜大于 25m。防雷装置的接地应与电气和电子系统等接地共用接地装置，并应与引入的金属管线做等电位连接。建筑物宜利用钢筋混凝土屋面、梁、柱、基础内的钢筋作为引下线和接地装置。共用接地装置的接地电阻应按 50Hz 电气装置的接地电阻确定，不应大于按人身安全所确定的接地电阻值。砖烟囱、钢筋混凝土烟囱，宜在烟囱上装设接闪杆或接闪环保护。多支接闪杆应连接在闭合环上。

2.化工设备防雷

（1）炉区

① 对于金属框架支撑的炉体，炉体的框架应用连接件与接地装置相连。

② 对于混凝土框架支撑的炉体，应在炉体的加强板（筋）类附件上焊接接地连接件，引下线应采用沿柱明敷的金属导体或直径不小于 10mm 的柱内主钢筋。

③ 对于直接置于地面上的小型炉子，应在炉体的加强板（筋）上焊接接地连接件，接地线与接地连接件连接后，沿框架引下与接地装置相连。

④ 每台炉子应至少设两个接地点，且接地点间距不应大于 18m。

⑤ 炉子上接地连接件应安装在框架柱子上高于地面不低于 450mm 的位置。

⑥ 炉子上的金属构件均应与炉子的框架作等电位连接。

（2）塔区

① 独立安装或安装在混凝土框架内，顶部高出框架的钢制塔体，其壁厚大于或等于 4mm 时，塔体本身应用作接闪器。

② 安装在塔顶和外侧上部的放空管等突出物体，应符合规定。

③ 塔体作为接闪器时，引下线不应少于 2 根，并应沿塔体周边均匀布置，引下的间距不应大于 18m。引下线应用螺栓与塔体金属底座上预设的接地耳相连。与塔体相连的非金属物体或管道，当处于塔体本身保护范围之外时，应在合适的地点安装接闪器加以保护。

④ 每根引下线的冲击接地电阻不应大于 10Ω。接地装置宜围绕塔体敷设成环形接地体。

⑤ 用于安装塔体的混凝土框架，每层平台金属栏杆应连接成良好的电气通路，并应通过引下线与塔体的接地装置相连。引下线应采用沿柱明敷的金属导体或直径不小于 10mm 的柱内主钢筋。利用柱内主钢筋作为引下线时，柱内主钢筋应采用通长焊接或用箍筋连接，并在每层柱面预埋 100mm×100mm 钢板，作为引下线引出点，与金属栏杆或接地装置相连。

（3）机器设备区

① 机器设备和电气设备应位于防雷保护区内，避免遭受直击雷雷击。

② 机器设备和电动机如安装在同一个金属底板上，应将金属底板接地；安装在单独混凝土底座上或位于其他低导电材料制作的单独底板上的，则应将此二者用接地线连接在一起并进行接地。

（4）罐区

① 金属罐体应作防雷接地，接地点不应少于两处，间距不应大于 18m，并应沿罐体周边均匀布置。每根引下线的冲击接地电阻不应大于 10Ω。

② 储存可燃物质的储罐，其防雷设计应符合下列规定：钢制储罐的罐壁厚度大于或等于 4mm，在罐顶装有带阻火器的呼吸阀时，应利用罐体本身作为接闪器。钢制储罐的罐壁厚度大于或等于 4mm，在罐顶装有无阻火器的呼吸阀时，应在罐顶装设接闪器，且接闪器与呼吸阀的距离应满足《石油化工装置防雷设计规范（2022 年版）》（GB 50650—2011）的要求。钢制储罐的罐壁厚度小于 4mm 时，应在罐顶装设接闪器，使整个储罐在保护范围之内。罐顶装有呼吸阀（无阻火器）时，接闪器与呼吸阀的距离还应满足 GB 50650 的要求。非金属储罐应装设接闪器，使被保护储罐和突出罐顶的呼吸阀等均处于接闪器的保护范围之内，接闪器与呼吸阀的距离应满足 GB 50650 的要求。覆土储罐当埋层不小于 0.5m 时，罐体应不考虑防雷设施。呼吸阀露出地面的储罐，应采取局部防雷保护，接闪器与呼吸阀的距离还应满足 GB 50650 的要求。

③ 浮顶储罐（包括内浮顶储罐）应利用罐体本身作为接闪器，浮顶与罐体应有可靠的电气连接。浮顶储罐的防雷设计应按《石油库设计规范》（GB 50074—2014）的有关规定执行。

（5）框架、管架和管线

① 钢框架、管架应通过立柱与接地装置相连，其连接应采用接地连接件，连接件应焊接在立柱上高于地面不低于 450mm 的地方，接地点间距不应大于 18m。每组框架、管架的接地点不应少于两处。

② 混凝土框架、管架上的爬梯、电缆支架、栏杆等钢制构件，应与接地装置直接连接或通过其他接地连接件进行连接，接地间距不应大于 18m。

③ 高度低于 9m 的非金属结构不要求防雷保护或接地。如果高度大于 18m，应设置防雷保护。高度位于 9～18m 之间非金属结构的防雷保护设置，应考虑其他邻近结构的高度、与可燃性材料的距离、损害的后果等，是否装设防雷保护按《建筑物防雷设计规范》（GB 50057—2010）的有关规定执行。

3. 人体防雷

① 遇暴雷闪电天气，尽量不要出门，若必须外出，最好穿胶鞋，披雨衣，可起到对电的绝缘作用。如衣服淋湿，勿靠近潮湿的墙壁；不要在大树下避雨避雷。如找不到合适的避雷场所时，可采用尽量降低重心和减少人体与地面的接触面积，可蹲下，双脚并拢，手放膝上，身向前屈。

② 若在野外遇到雷雨，请勿在孤立的建筑物或金属板附近停留。不要接近一切电力设施，如高压电线变压电器等。为了防止雷击事故和跨步电压伤人，要远离建筑物的接闪杆及其接地引下线。不要在河里游泳或划船，雷雨天不要骑自行车、摩托车或开拖拉机，不要把带金属的东西扛在肩上，更不能在头上佩戴金属发夹等易导电饰物。

③ 雷雨闪电时，关闭手机。因电话线和手机的电磁波会引入雷电伤人。

④ 雷雨来临前关好门窗，避免因室内湿度大引起导电效应而发生雷击灾害。在室内时，切断暂时可以不用的电气设备，如电视、电脑等。不要靠近炉子等带金属的部位，也不要赤脚站在泥地或水泥地上。不宜使用水龙头，不要在浴室冲凉。不要把晾晒衣服被褥的铁丝，拉接到窗户及房门上。

⑤ 如遇电击晕倒事件，不要盲目救助，避免连环电击，应确保不会导电的情况下，开展现场急救，做心肺复苏等，并及时拨打急救电话。

复习思考题

一、选择题

1. 瓶阀阀体上如装有爆破片，其爆破压力应略（　　）瓶内气体的最高温升压力。

　　A. 高于　　　　　　　　　　B. 等于　　　　　　　　C. 低于　　　　　　　　D. 不确定

2. 氧气瓶瓶阀应采用（　　）为材料。

　　A. 碳钢　　　　　　　　　　B. 低合金钢　　　　　　C. 铜合金　　　　　　　D. 铝合金

3. 溶解乙炔气瓶的瓶色为白色，字色为（　　）。

　　A. 白　　　　　　　　　　　B. 淡绿色　　　　　　　C. 大红　　　　　　　　D. 黑

4. 在工作环境中见到以下标志，表示（　　）。

　　A. 注意安全　　　　　　　　B. 当心触电　　　　　　C. 当心感染

5. 触电事故中，绝大部分是（　　）导致人身伤亡的。

　　A. 人体接受电流遭到电击　　B. 烧伤　　　　　　　　C. 电休克

6. 如果触电者伤势严重，呼吸停止且心脏停止跳动，应竭力施行（　　）。

　　A. 按摩　　　　　　　　　　B. 点穴　　　　　　　　C. 人工呼吸　　　　　　D. 心肺复苏

7. 电气着火时下列不能用的灭火方法是哪种？（　　）

　　A. 用四氯化碳或1211灭火器进行灭火　　　　　　　　B. 用砂土灭火

　　C. 用水灭火

8. 漏电保护器的使用是防止（　　）。

　　A. 触电事故　　　　　　　　B. 电压波动　　　　　　C. 电荷超负荷

9. 金属梯子不适于以下什么工作场所？（　　）

    A. 有触电机会的工作场所　　　B. 坑穴或密闭场所　　　C. 高空作业

10. 在遇到高压电线断落地面时，导线断落点（　　）m 内，禁止人员进入。

    A. 10　　　　　　　　　　B. 20　　　　　　　　　　C. 30　　　　　　　　　　D. 40

11. 使用手持电动工具时，下列注意事项哪个正确？（　　）

    A. 使用万能插座　　　　　　B. 使用漏电保护器　　　C. 身体或衣服潮湿

12. 人体在电磁场作用下，由于（　　）将使人体受到不同程度的伤害。

    A. 电流　　　　　　　　　　B. 电压　　　　　　　　　　C. 电磁波辐射

13. 如果工作场所潮湿，为避免触电，使用手持电动工具的人应（　　）。

    A. 站在铁板上操作　　　　　　　　　　　　　B. 站在绝缘胶板上操作

    C. 穿防静电鞋操作

14. 任何电气设备在未验明无电之前，一律认为（　　）。

    A. 无电　　　　　　　　　　B. 也许有电　　　　　　　C. 有电

15. 气瓶在使用过程中，不正确的操作是（　　）。

    A. 禁止敲击碰撞　　　　　　　　　　　　　　B. 当瓶阀冻结时，用火烤

    C. 要慢慢开启瓶阀　　　　　　　　　　　　　D. 要安全开启瓶阀

二、简答题

1. 压力容器安全操作的一般要求有哪些？

2. 如何安全使用气瓶？

3. 工业锅炉安全运行有哪些要求？

4. 简述电流对人体的作用。

5. 防触电的安全措施有哪些？

6. 防止静电危害可采取哪些措施？

参考文献

[1] 赵薇. HSEQ 与安全生产. 3 版. 北京：化学工业出版社，2021.

[2] 齐向阳. 化工安全技术. 3 版. 北京：化学工业出版社，2020.

[3] 张麦秋. 化工生产安全技术. 3 版. 北京：化学工业出版社，2020.

[4] 喻健良. 压力容器安全技术. 北京：化学工业出版社，2018.

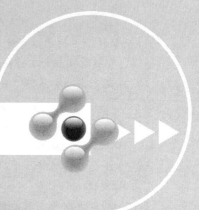

第六章

化工装置安全检修

 教学目的及要求

通过学习本章，了解化工装置检修的分类与检修过程，熟悉化工装置检修的准备工作、检修过程中存在的风险隐患以及装置停工的安全处理，熟悉化工装置动火作业、临时用电作业、有限空间作业、高处作业的安全工作流程。深入了解化工安全生产过程，感受行业发展和汲取专业知识，增强专业认同，提升专业素养，为将来走向工作岗位实现安全生产打下坚实的基础。

知识目标：

1.熟悉化工装置检修的分类与过程；

2.熟悉化工装置停车前的准备内容；

3.熟悉化工装置检修过程中存在的风险隐患；

4.掌握动火作业、临时用电、有限空间、高处作业的安全规范。

技能目标：

1.能分析化工装置检修过程中存在的风险隐患；

2.掌握停车后的安全处理过程（隔绝、置换、吹扫与清洗等）及安全要求，能根据检修作业类型选择安全防护用品；

3.熟悉动火作业工作过程；

4.熟悉临时用电作业工作过程；

5.熟悉有限空间作业工作过程；

6.熟悉高处作业工作过程。

素质目标：

1.学习化工装置检修技术，做好设备的守护者，爱岗敬业，确保装置安、稳、长、满、优运行；

2.化工装置检修项目多、检修内容复杂、施工作业量大、任务集中而检修时间短，我们应增强合作意识，提高参与能力，培养团队精神。

课证融通：

1.化工危险与可操作性（HAZOP）分析职业技能等级证书（初、中级）；

2.化工总控工职业技能等级证书（中、高级工）。

引言

化工企业的生产都是连续性不间断的，生产设备长期不停地运转，使得某些零部件由于外部负荷、内部应力、磨损、腐蚀和自然侵蚀等因素作用而发生变形、力学性能下降等现象。如果不进行有计划的检修，就有可能出现设备故障，甚至危险事故。因此，为了保证产品质量，实现安全生产，企业会定期对装置进行检修和日常维护保养。

第一节　化工装置检修前准备

一、化工装置检修概述

典型案例

2023年1月15日，辽宁省盘锦市某化工有限公司烷基化装置在维修过程中发生泄漏爆炸着火事故，造成13人死亡、35人受伤。国务院安全生产委员会已对该起事故查处实行挂牌督办。

GB 30871—2022中明文要求"生产装置运行不稳定时，不应进行带压不置换动火作业"。带压堵漏是风险极大的一项作业，发生爆炸前的几天时间内，该公司一共进行了4次堵漏作业，且爆炸时堵漏现场聚集了大量的作业人员。

初步调查，暴露出该企业处理效益与安全的关系严重失衡，安全生产主体责任悬空，隐患长期得不到彻底消除，高风险检维修作业安全管理存在重大漏洞，安全专项整治走过场等突出问题。

（一）化工装置检修的分类与特点

1.化工装置检修的分类

化工装置和设备检修目前主要有计划检修和非计划检修两种。

计划检修是指企业根据设备管理、使用的经验以及设备状况，制定设备检修计划，对设备进行有组织、有准备、有安排的检修。计划检修又可分为大修、中修、小修。由于装置为设备、机器、公用工程的综合体，因此装置检修比单台设备（或机器）检修要复杂得多。

扫一扫

M6-1 盘锦港业
化工爆炸事故

非计划检修是指因突发性的故障或事故而造成设备或装置临时性停车进行的抢修。计划外检修事先无法预料，无法安排计划，而且要求检修时间短、检修质量高，检修的环境及工况复杂，故难度较大。

2.化工装置检修的特点

化工装置检修具有复杂、危险性大的特点。其复杂性表现为由于检修项目多、检修内容复杂、施工作业量大、任务集中而检修时间又短，人员多，作业形式和作业人数经常变动，为了赶工期经常加班加点，且化工设备种类繁多，结构和性能各异，塔上塔下、容器内外各工种上下立体交叉作业，检修中又受环境和气候条件的限制，所有这些都给装置检修增加了复杂性，容易发生人身伤害事故。另外，化工生产的危险性决定了化工检修的危险性。由于石油化工装置设备和管道中存在着易燃、易爆和有毒物质，装置检修又离不开动火、动土、进罐入塔作业，在客观上具备了火灾、爆炸和中毒等事故发生的因素，处理不当，就容易发生重大事故。实践证明，装置停工、检修及开工过程中是最容易发生事故的。

所以，做好装置停工、检修和开工中的安全工作，学习检修中的有关安全知识，了解检修过程中存在的危险因素，认真采取各项安全措施，防止各种事故发生，保护员工的安全和健康，对搞好安全检修，是很有必要的。

（二）化工装置检修前的准备工作

1.组织准备

为确保检修工作安全、高效进行，应在检修前设置检修指挥部，由厂长（经理）为总指挥，下设施工检验组、质量验收组、停开车组、物资供应组、安全保卫组、政工宣传组、后勤服务组。参加检修的人员，应根据检修项目的多少、任务的大小，按具体情况而定。在检修前必须对参加人员进行检修前的安全教育。安全教育的主要内容为：

① 需检修车间的工艺特点、应注意的安全事项以及检修时的安全措施。

② 检修规程、安全制度以及动火、有限空间、高处等作业的安全措施。

③ 检修中经常遇到的重大事故案例和经验教训。

④ 检修各工种所使用的个体防护用品的使用要求和佩戴方法等。

2.制定安全检修方案

检修前必须由检修单位的机械员或施工技术人员负责编制安全检修方案，其主要内容应包括检修时间、设备名称、检修内容、质量标准、工作程序、施工方法等一般性内容，还应包括设备和管线的置换、吹洗、抽堵盲板方案及其流程示意图，以及重大项目清单和安全施工方案，重大起重吊装方案等。

安全检修方案必须详细具体，对每一步骤都有明确的要求和注意事项，并指定专人负责。方案编制后，经讨论、修订和完善，报管理部门审批。

3.材料备件准备

根据检修的项目、内容和要求，准备好检修所需的材料、附件、工具、设备及保护装备，并严格检查合格与否。特别是起重工具、脚手架、登高用具、通风设备、气体防护器具和消防器材，要有专人进行准备和检查。检查人员要将检查结果认真登记，并签字存档。

检修用的材料、工具和设备运到现场后，应合理布置，不能妨碍通行，不能妨碍正常检修。

4.制定检修安全措施

为确保化工装置检修的安全，除了企业已制定的动火、动土、罐内空间作业、登高、电气、起重等安全措施外，应针对检修作业的内容、范围提出补充安全要求，制定相应的安全措施以及紧急情况下的应急响应措施；安全部门还应制定教育、检查、奖罚的管理办法。

二、化工装置停车的安全处理

（一）化工装置停车前的准备工作

① 制订停车计划，包括时间、人员、进度、内容。

② 申报停车材料计划，保证停车所需物资及时供应。

③ 编制停车方案，确保停车过程安全可靠。

④ 编制物料处理方案，为停车检修提供安全条件。

⑤ 编制技改检修计划及方案，每一次停车都要解决装置问题，确保后续长周期开车。

⑥ 人员培训，完成技术交底。

（二）化工装置计划停车的安全处理

停车方案一经确定，应严格按照停车方案确定的时间、停车步骤、工艺变化幅度以及确认的停车操作顺序图表，有秩序地进行。

1. 化工装置常规停车应注意的事项

① 系统降压、降温必须按要求的幅度（速率）、先高压后低压的顺序进行；设备卸压操作应缓慢进行，压力未泄尽之前不得拆动设备。

② 注意易燃、易爆、易中毒等危险化学品的排放和散发，排出的可燃、有毒气体如无法收集利用应排至火炬烧掉或进行其他无毒无害化处理，防止造成事故。

③ 开启阀门的速度不宜过快，注意管线的预热、排凝和防水击等。

④ 高温真空设备停车必须先消除真空状态，待设备内介质的温度降到自燃点以下时，才可与大气相通，以防空气进入引发燃爆事故。

⑤ 停车时严禁高压串低压。

⑥ 用于紧急处理的自动停车联锁装置，不应用于常规停车。

2. 临时停车的安全处理

针对化工装置临时停车的不可预见性，提前编制好有针对性的停车处置预案是非常必要的。出现临时停车的状况时更应树立"安全第一"的思想。化工装置临时停车时的注意事项除按上面的规定执行外，还应注意以下几点：

① 发现或发生紧急情况，必须立即按规定向生产调度部门和有关方面报告，必要时可先处理后报告。

② 发生停电、停水、停气（汽）时，必须采取措施，防止系统超温、超压、跑料及机电设备的损坏。

③ 出现紧急停车时，生产场所的检修、巡检、施工等作业人员应立即停止作业，迅速撤离现场。

④ 发生火灾、爆炸、大量泄漏等事故时，应首先切断气（物料）源，尽快启动事故应急救援预案。

3. 停车后的安全处理

主要步骤有：隔绝、置换、吹扫、清洗和铲除，以及检修前生产部门与检修部门应严格办理安全检修交接手续等。

（1）隔绝　由于隔绝不可靠致使有毒、易燃易爆、有腐蚀、令人窒息和高温介质进入检修设备而造成的重大事故时有发生，因此，检修设备必须进行可靠隔绝。视具体情况，最安全可靠的隔绝办法是拆除管线或抽堵盲板。拆除管线是将与检修设备相连接的管道、管道上的阀门、伸缩接头等可拆卸部分拆下。然后在管路侧的法兰上装置盲板。如果无可拆卸部分或拆卸十分困难，则应关严阀门，在和检修设备相连的管道法兰连接处插入盲板，这种方法操作方便，安全可靠，广为采用。抽堵盲板属于危险作业，应办理"抽堵盲板作业许可证"，并同时落实各项安全措施。

① 应绘制抽堵盲板作业图，按图进行抽堵作业，并做好记录和检查。加入盲板的部位要有明显的挂牌标志，严防漏插、漏抽。拆除法兰螺栓时要逐步缓慢松开，防止管道内余压或残余物料喷出，以免发生意外事故。加盲板的位置一般在来料阀后部法兰处，盲板两侧均应加垫片并用螺栓紧固，做到无泄漏。

② 盲板必须符合安全要求并进行编号。根据现场实际情况制作合适的盲板：盲板的尺寸应符合阀门或管道的口径；盲板的厚度需通过计算确定，原则上盲板厚度不得低于管壁厚度。盲板及垫片的材质，要根据介质特性、温度、压力选定。盲板应有大的突耳并涂上特别颜色，用于挂牌编号和识别。

③ 抽堵盲板现场安全措施：确认系统物料排尽，压力、温度降至规定要求；要注意防火防爆，凡在禁火区抽插易燃易爆介质设备或管道盲板时，应使用防爆工具和防爆灯具，在规定范围内严禁用火，作业中应有专人巡回检查和监护；在室内抽堵盲板时，必须打开窗户或采用符合安全要求的通风设备强制通风；抽堵有毒介质管路盲板时，作业人员应按规定佩戴合适的个体防护用品，防止中毒；在高处抽堵盲板作业时，应同时满足高处作业安全要求，并佩戴安全帽、安全带；危险性特别大的作业，应有抢救后备措施及气防站，医务人员、救护车应在现场；操作人员在抽堵盲板连续作业中，时间不宜过长，应轮换休息。

（2）置换　为保证检修动火和进入设备内作业安全，在检修范围内的所有设备和管线中的易燃易爆、有毒有害气体应进行置换。对易燃、有毒气体的置换，大多采用蒸汽、氮气等惰性气体作为置换介质，也可采用注水排气法。将易燃、有毒气体排出。置换作业安全注意事项如下：

① 被置换的设备、管道等必须与系统进行可靠隔绝。

② 置换前应制定置换方案，绘制置换流程图，根据置换和被置换介质密度不同，合理选择置换介质入口、被置换介质排出口及取样部位，防止出现死角。

③ 置换要求。用水作为置换介质时，一定要保证设备内注满水，严禁注水未满。用惰性气体作置换介质时，必须保证惰性气体用量（一般为被置换介质容积的 3 倍以上）。

④ 按置换流程图规定的取样点取样、分析，并应达到合格。

（3）吹扫　对设备和管道内没有排净的易燃、有毒液体，一般采用以蒸汽或惰性气体进行吹扫的方法清除。吹扫作业安全注意事项如下：

① 吹扫作业应该根据停车方案中规定的吹扫流程图，按管段号和设备位号逐一进行，并填写登记表。在登记表上注明管段号、设备位号、吹扫压力、进气点、排气点、负责人等。

② 吹扫结束时应先关闭物料阀，再停气，以防管路系统介质倒流。

③ 吹扫结束应取样分析，合格后及时与运行系统隔绝。

（4）清洗和铲除　对置换和吹扫都无法清除的黏结在设备内壁的易燃、有毒物质的沉积物及结垢等，还必须采用清洗和铲除的办法进行处理。

清洗一般有蒸煮和化学清洗两种。

① 蒸煮。一般来说，较大的设备和容器在清除物料后，都应用蒸汽、高压热水喷扫或用碱液（氢氧化钠溶液）通入蒸汽煮沸，采用蒸汽宜用低压饱和蒸汽；被喷扫设备应有静电接地，防止产生静电火花引起燃烧、爆炸事故，防止烫伤及碱液灼伤。

② 化学清洗。常用碱洗法、酸洗法、碱洗与酸洗交替使用等方法。碱洗和酸洗交替使用法适于单纯对设备内氧化铁沉积物的清洗，若设备内有油垢，先用碱洗去油垢，然后清水洗涤，接着进行酸洗，氧化铁沉积即溶解。若沉积物中除氧化铁外还有铜、氧化铜等物质，仅用酸洗法不能清除，应先用氨溶液除去沉积物中的铜成分，然后进行酸洗。采用化学清洗后的废液应予以处理后方可排放。

对某些设备内的沉积物，也可用人工铲刮的方法予以清除。进行此项作业时，应符合进入设备内作业的安全规定，特别应注意的是，对于可燃物的沉积物的铲刮应使用铜质、木质等不产生火花的工具，并对铲刮下来的沉积物妥善处理。

（5）其他

① 清理检修现场和通道。检修现场应根据 GB 30871—2022《危险化学品企业特殊作业安全规范》的规定，设立相应的安全标志，并且检修现场应有专人负责监护；与检修无关人员禁止入内；在易燃易爆和有毒物品输送管道附近不得设临时检修办公室、休息室、仓库、施工棚等建筑物；影响检修安全的坑、井、洼、沟、陡坡等均应填平或铺设与地面平齐的盖板，或设置围栏和危险标志，夜间应设危险信号灯；检修现场必须保持排水通畅，不得有积水，检修现场应保持道路通畅、路面平整、路基牢固及良好的照明措施；检修现场道路应设置交通安全标志。

② 切断待检设备的电源，并经启动复查确认无电后，在电源开关处挂上"禁止合闸，有人工作"的安全标志并加锁。

③ 及时与公用工程系统（水、电、气、汽）联系并妥善处置。

④ 安全交接。检修前生产部门与检修部门应严格办理安全检修交接手续。交接双方按上述要求进行认真检查和确认，符合安全检修交接条件后，双方负责人在"安全交接书"上签字认可，生产车间在不停车情况下进行检修或抢修，也应详细填写"安全交接书"。

第二节　化工装置的安全检修

一、化工装置检修的安全管理

典型案例

2022 年 5 月 11 日 9 时 45 分许，安徽某化工集团有限公司气化车间渣锁斗 B 检修作业中发生一起中毒和窒息事故，造成 3 人死亡，直接经济损失 560.32 万元。

事故的直接原因为该公司相关作业人员未认真落实受限空间作业安全管理有关规定，在办理受限空间作业票证时，取样人员未按照有关要求取样，未能检测出渣锁斗底部二氧化碳气体浓度超标；渣锁斗内通风不彻底；作业人员进入渣锁斗进行作业前，安全措施确认人未对照安全措施进行逐一确认，有关人员进入渣锁斗作业未落实有关安全措施，造成人员窒息死亡。

（一）检修许可证制度

企业在检修装置之前，应办理检修许可证，并报工程管理部门审批，如设备所属单位内部人员检修则不必报工程管理部门审批。设备检修如需高处作业、动火、动土、断路、吊装、抽堵盲板、进入设备内作业等，需按规定办理相应的作业安全许可证（表6-1）。

表 6-1　设备检修作业安全许可证

编号：

设备名称		所属单位	
检修地点		检修单位	
检修负责人		参加检修人	
检修起止时间	年　月　日　时　分至　　年　月　日　时　分		
检修内容： <div align="right">年　月　日</div>			
风险分析和安全措施： 设备交出负责人：　　　　　　　　　检修项目负责人：			
设备所在单位审查意见			年　月　日
检修单位审查意见			年　月　日
工程管理部门意见			年　月　日

（二）检修作业安全要求

1. 检修过程中

① 参加检修作业的人员应按规定正确穿戴劳动保护用品。

② 检修作业人员应遵守本工种安全技术操作规程。

③ 从事特种作业的检修人员应持有特种作业操作证。

④ 多工种、多层次交叉作业时，应统一协调，采取相应的防护措施。

⑤ 从事有放射性物质的检修作业时，应通知现场有关操作、检修人员避让，确认好安全防护间距，按照国家有关规定设置明显的警示标志，并设专人监护。

⑥ 夜间检修作业及特殊天气的检修作业，必须安排专人进行安全监护。

⑦ 在检修过程中，要组织安全检查人员到现场巡回检查，发现问题及时纠正、解决。如有严重违章者安全检查人员有权令其停止作业。

⑧ 当生产装置出现异常情况可能危及检修人员安全时，设备使用单位应立即通知检修人员停止作业，迅速撤离作业场所。经处理，异常情况排除且确认安全后，检修人员方可恢复作业。

2. 检修结束后

① 因检修需要而拆移的盖板、箅子板、扶手、栏杆、防护罩等安全设施应恢复其安全使用功能。

② 检修所用的工器具、脚手架、临时电源、临时照明设备等应及时撤离现场。

③ 检修完工后所留下的废料、杂物、垃圾、油污等应清理干净。

二、化工装置检修作业

典型案例

2021年4月21日13时43分，黑龙江绥化某公司三车间制气工段制气釜停工检修过程中发生一起中毒窒息事故，造成4人死亡、9人受伤，直接经济损失约873万元。

事故原因：初步分析事故的主要原因是在4个月的停产期间，制气釜内气态物料未进行退料、隔离和置换，釜底部聚集了高浓度的氧硫化碳与硫化氢混合气体，维修作业人员在没有采取任何防护措施的情况下，进入制气釜底部作业，吸入有毒气体造成中毒窒息。在抢救过程中救援人员在没有防护措施的情况下多次向釜内探身、呼喊、拖拽施救，致使现场9人不同程度中毒受伤。

（一）动火作业

1.动火作业审批

动火作业（图6-1）是指在禁火区进行焊接与切割作业及在易燃易爆场所使用喷灯、电钻、砂轮等进行可能产生火焰、火花和赤热表面的临时性作业。当检修作业涉及动火作业时，应按《厂区动火作业安全规程》的要求，采取措施，办理审批手续。

图6-1　动火作业

2.动火作业分类

动火作业分为特殊危险动火作业、一级动火作业和二级动火作业三类。

（1）特殊危险动火作业　在生产运行状态下的易燃易爆物品生产装置、输送管道、储罐、容器等及其他特殊危险场所的动火作业。

（2）一级动火作业　在易燃易爆场所进行的动火作业。

（3）二级动火作业　除特殊危险动火作业和一级动火作业以外的动火作业。

凡厂、车间或单独厂房全部停车，装置经清洗置换、取样分析合格，并采取安全隔离措施后，可根据其火灾、爆炸危险性大小，经厂安全防火部门批准，动火作业可按二级动火作业管理。

遇节日、假日或其他特殊情况时，动火作业应升级管理。

3.动火作业安全防火基本要求

① 动火作业应办理动火安全作业证（表6-2），进入有限空间、高处等进行动火作业时，还需执行有限空间作业安全规范和高处作业安全规范的规定。

表 6-2 动火安全作业证

申请单位		申请人		作业证编号			
动火作业级别							
动火地点							
动火方式							
动火时间	自 年 月 日 时 分 至				年 月 日 时 分		
动火作业负责人				动火人			
动火分析时间	年 月 日 时		年 月 日 时			年 月 日 时	
分析点名称							
分析数据							
分析人							
涉及的其他特殊作业							
危害辨识							

序号	安全措施	确认人
1.	动火设备内部构件清理干净,蒸汽吹扫或水洗合格,达到用火条件	
2.	断开与动火设备相连接的所有管线,加盲板（　）块	
3.	动火点周围的下水井、地漏、地沟、电缆沟等已清除易燃物,并已采取覆盖、铺沙、水封等手段进行隔离	
4.	罐区内动火点同一围堰内和防火间距内的油罐不同时进行脱水作业	
5.	高处作业已采取防火花飞溅措施	
6.	动火点周围易燃物已清除	
7.	电焊回路线已接在焊件上,把线未穿过下水井或与其他设备搭接	
8.	乙炔气瓶(直立放置)、氧气瓶与火源间的距离大于10m	
9.	现场配备消防蒸汽带（　）根,灭火器（　）台,铁锹（　）把,石棉布（　）块	
10.	其他安全措施: 编制人:	

生产单位负责人		监护人		动火初审人	
实施安全教育人					

申请单位意见
签字: 年 月 日 时 分

安全管理部门意见
签字: 年 月 日 时 分

动火审批人意见
签字: 年 月 日 时 分

动火前,岗位当班班长验票
签字: 年 月 日 时 分

完工验收: 年 月 日 时 分 签名:

② 动火作业应有专人监护，动火作业前应清除动火现场及周围的易燃物品，或采取其他有效的安全防火措施，配备足够适用的消防器材。

③ 凡在盛有或盛过危险化学品的容器、设备、管道等生产、储存装置上动火作业，应将其与生产系统彻底隔离，并进行清洗、置换，取样分析合格后方可动火作业；因条件限制无法进行清洗、置换而确需动火作业时按规定执行；地面如有可燃物、空洞、窨井、地沟、水封等，应检查分析，距用火点 15m 以内的，应采取清理或封盖等措施；对于用火点周围有可能泄漏易燃、可燃物料的设备，应采取有效的空间隔离措施。

④ 拆除管线的动火作业，应先查明其内部介质及其走向，并制定相应的安全防火措施。

⑤ 在生产、使用、储存氧气的设备上进行动火作业，氧含量不得超过 21%。

⑥ 五级风以上（含五级风）天气，原则上禁止露天动火作业。因生产需要确需动火作业时，动火作业应升级管理。

⑦ 在铁路沿线（25m 以内）进行动火作业时，遇装有危险化学品的火车通过或停留时，应立即停止作业。

⑧ 凡在有可燃物构件的凉水塔、脱气塔、水洗塔等内部进行动火作业时，应采取防火隔绝措施。

⑨ 动火期间距动火点 30m 内不得排放各类可燃气体；距动火点 15m 内不得排放各类可燃液体；不得在动火点 10m 范围内及用火点下方同时进行可燃溶剂清洗或喷漆等作业。

⑩ 动火作业前，应检查电焊、气焊、手持电动工具等动火工器具本质安全程度，保证安全可靠。

扫一扫

M6-2 动火作业
安全要求

⑪ 使用气焊、气割动火作业时，乙炔瓶应直立放置；氧气瓶与乙炔气瓶间距不应小于 5m，二者与动火作业地点不应小于 10m，并不得在烈日下曝晒。

⑫ 动火作业完毕，动火人和监护人以及参与动火作业的人员应清理现场，监护人确认无残留火种后方可离开。

（二）临时用电

1. 检修使用的电气设施

临时用电作业（图 6-2）有两种：一是照明电源，二是检修施工机具电源（卷扬机、空压机、电焊机等）。

2. 临时用电安全要求

① 临时用电电气设施的接线工作，需由电工操作，其他工种不得私自乱接。电气设施和线路应按供电电压等级和容量正确使用，要求线路绝缘良好耐压等级不低于 500V，并符合国家相关产品标准及作业现场环境要求。

图 6-2　临时用电作业

② 临时用电应设置保护开关，使用前应检查电气装置和保护设施的可靠性。所有的临时用电均应设置接地保护。电气设备，如电钻、电焊机等手拿电动机具，在正常情况下，外壳没有电，当内部线圈年久失修，腐蚀或机械损伤，其绝缘遭到破坏时，它的金属外壳就会带电，如果人站在地上或设备上、手接触到带电的电气

扫一扫

M6-3 施工现场
临时用电

工具外壳或人体接触到带电导体上，人体与脚之间产生了电位差，并超过 40V，就会发生触电事故。

③ 在运行的生产装置、罐区和具有火灾爆炸危险场所内不应接临时电源，确需时应对周围环境进行可燃气体检测分析并办理用电审批手续。

④ 在开关上接引、拆除临时用电线路时，其上级开关应断电上锁并加挂安全警示标牌。铺设线路时，动力和照明线路应分路设置，线路铺设整齐不乱，埋地或架高铺设均不能影响施工作业、行人和车辆通过。线路不能与热源、火源接近。

⑤ 临时用电线路经过有高温、振动、腐蚀、积水及产生机械损伤等区域，不应有接头，并应采取相应的保护措施。

⑥ 移动或局部式照明灯宜为防爆型，要有铁网罩保护。行灯应用导线预先接地，电压不应超过 36V，在特别潮湿的场所或塔、釜、槽、罐等金属设备内作业，临时照明行灯电压不应超过 12V。临时照明灯具悬吊时，不能使导线承受张力，必须用附属的吊具来悬吊。

⑦ 现场临时用电配电盘、箱应有电压标识和危险标识，应有防雨措施，盘、箱、门应能牢靠关闭并能上锁。

⑧ 临时用电时间一般不超过 15 天，特殊情况不超过 1 个月。用电结束后，用电单位应及时通知供电单位拆除临时供电线路。

临时用电安全作业证如表 6-3 所示。

表 6-3　临时用电安全作业证

申请单位		申请人			作业证编号			
作业时间	自　年　月　日　时　分至　　年　月　日　时　分							
作业地点					填写人			
电源接入点			工作电压					
用电设备及功率								
作业人				电工证编号				
序号	安全措施						确认人签名	
1.	安装临时线路人员持有电工作业操作证							
2.	在防爆场所使用的临时电源、元器件和线路达到相应的防爆等级技术							
3.	临时用电的单项和混用线路采用五线制							
4.	临时用电线路在装置内不低于 2.5m，道路不低于 5m							
5.	临时用电线路架空进线未采用裸线，未在树或脚手架上架设							
6.	暗管埋设及地下电缆线路设有"走向标志"和"安全标志"，电缆埋深大于 0.7m							
7.	现场临时用电配电盘、箱有防雨措施							
8.	临时用电设施装有漏电保护器，移动工具，手持工具"一机一闸一保护"							
9.	用电设备、线路容量、负荷符合要求							

续表

10.	其他安全措施:			
			编制人:	
实施安全教育人				
作业单位意见				
	签字： 年 月 日 时 分			
配送点单位意见				
	签字： 年 月 日 时 分			
审批部门意见				
	签字： 年 月 日 时 分			
完工验收： 年 月 日 时 分			签名：	

（三）有限空间作业

有些化工装置比如塔、罐、釜等是需要进入内部维修的，进入这样的空间内作业对人员的健康以及工作的安全等有严重威胁。因此，在有限空间作业（图6-3）之前必须有周密的计划并经过严格的审批。

图6-3 有限空间作业

1.有限空间作业审批

有限空间是指进出口受限，通风不良，可能存在易燃易爆、有毒有害物质或缺氧，对进入或探入人员的身体健康和生命安全构成威胁的封闭、半封闭设施及场所，如反应器、塔、釜、槽、罐、炉膛、锅筒、管道以及地下室、窨井、坑（池）、下水道或其他封闭、半封闭场所。当检修作业涉及有限空间作业时，应办理审批手续，如办理有限空间安全作业证（表6-4）。

扫一扫

M6-4 有限空间

2.有限空间作业潜在风险

进入有限空间内进行作业，由于其作业条件复杂、有毒有害物质清理和置换困难等特点，在作业过程中极易发生人身伤害事故，作业风险很大。容易发生的事故类型有以下7类。

表 6-4　有限空间安全作业证

申请单位		申请人		作业证编号	
有限空间所属单位			有限空间名称		
作业内容			有限空间内原有介质名称		
作业时间	自　年　月　日　时　分　至　　年　月　日　时　分				
作业单位负责人					
监护人					
作业人					
涉及的其他特殊作业					
危害辨识					

分析	分析项目	有毒有害介质	可燃气	氧含量	时间	部位	分析人
	分析标准						
	分析数据						

序号	安全措施	确认人
1.	对进入有限空间危险性进行分析	
2.	所有与有限空间有联系的阀门、管线加盲板隔离,列出盲板清单,落实抽堵盲板责任人	
3.	设备经过置换、吹扫、蒸煮	
4.	设备打开通风孔进行自然通风,温度适宜人员作业;必要时采用强制通风或佩戴空气呼吸器,不能用通氧气或富氧空气的方法补充氧	
5.	相关设备进行处理,带搅拌机的设备已切断电源,电源开关处加锁或挂"禁止合闸"标志牌,设专人监护	
6.	检查有限空间内部已具备作业条件,清罐时(无需用/已采用)防爆工具	
7.	检查有限空间进出口通道,无阻碍人员进出的障碍物	
8.	分析盛装过可燃有毒液体、气体的有限空间内的可燃、有毒有害气体含量	
9.	作业人员清楚有限空间内存在的其他危险因素,如内部附件及渣坑等	
10.	作业监护措施:消防器材(　)、救生绳(　)、气防装备(　)	
11.	其他安全措施:　　　　　　　　　　　　　编制人:	
实施安全教育人		
申请单位意见	签字:　年　月　日　时　分	
审批部门意见	签字:　年　月　日　时　分	
完工验收:	年　月　日　时　分　　　　签名:	

（1）物体打击 许多有限空间入口处往往设有作业平台，作业人员在作业过程中，由于其安全意识不强，监护人监护不到位，在传递工具或打开窖井盖、釜盖等过程中发生物体打击伤害。

（2）中毒或窒息 大多有限空间需要定期进入进行维护、清理和定检。与这些设备连接的有许多管道、阀门，倘若安全措施不落实，未插盲板，阀门内漏，置换、通风不彻底，氧浓度不合格，往往给有毒有害物质和窒息性气体以可乘之机，滞留在有限空间内致使作业人员中毒或窒息。也有一些窖井、地窖等在发酵菌的长期作用下，有毒气体产生、聚集，致使作业人员中毒。

（3）高空坠落、机械伤害 有限空间内作业条件比较复杂，如凉水塔、聚合釜内设有喷头、支架、搅拌器以及一些其他电气传动设备，在作业过程中由于作业人员的误操作、安全附件不齐全以及风力、高温等环境因素的影响，极易造成高空坠落、机械伤害等事故。

（4）触电 作业人员进入有限空间作业，往往需要进行焊接补漏等工作，在使用电气工器具作业过程中，由于空间内空气湿度大电源线漏电、未使用漏电保护器或漏电保护器选型不当以及焊把线绝缘损坏等，造成作业人员触电伤害。

（5）爆炸 由于通风不良，有限空间内有害物质挥发的可燃气体在空间内不断聚集，当其达到爆炸极限后，遇明火即会发生爆炸，造成人员、设施的损害。

（6）坍塌 有限空间作业使用脚手架、作业平台或作业空间，因下部支撑沉降、支撑倾覆、受力过载，平台脚手架发生整体垮塌，造成人员被掩埋、砸伤和设备损坏，人员受伤后救护不力造成事故扩大。

（7）高温低温伤害 有限空间作业所涉及区域存在高低温辐射源，作业人员未采取相应的个体保护措施，或防护措施不力造成人员伤害；进入有限空间作业，通常是由两人或两人以上同时进行作业，当事故发生后，由于人的心理原因以及其他因素，一同作业人员或监护人，不佩戴任何防护用具，急于将受害者救出，从而造成事故的进一步扩大。

3. 作业人员的职责

① 负责在保障安全的前提下进入有限空间实施作业任务。作业前应了解作业的内容、地点、时间、要求，熟知作业中的危害因素和应采取的安全措施。

② 确认安全防护措施落实情况。

③ 遵守有限空间作业安全操作规程，正确使用有限空间作业安全设施与个体防护用品。

④ 应与监护人员进行必要的、有效的安全、报警、撤离等双向信息交流。

⑤ 服从作业监护人的指挥，如发现作业监护人员不履行职责时，应停止作业并撤出有限空间。

⑥ 在作业中如出现异常情况或感到不适、呼吸困难时，应立即向作业监护人发出信号，迅速撤离现场。

4. 监护人员的职责

① 对有限空间作业人员的安全负有监督和保护的职责。一般配备 2 人以上监护人员，身体健壮的男性员工担任监督和保护职责，并在作业证上签名确认。

② 了解可能面临的危害，对作业人员出现的异常行为能够及时警觉并做出判断。与作业人员保持联系和交流，观察作业人员的状况。

③ 当发现异常时，立即向作业人员发出撤离警报，并帮助作业人员从有限空间逃生，

同时立即呼叫紧急救援。

④ 掌握应急救援的基本知识。

5. 有限空间作业安全要求

① 进入容器、设备内部作业要按设备深度搭设安全梯，配备救护绳索，以保证应急时使用。

② 进入容器、设备内部作业应视具体作业条件，采取通风措施，对通风不良以及容积极小的容器设备，作业人员应采取间歇作业，不得强行连续作业。

③ 进入容器、设备内部作业必须设专人监护，重点危险作业如进入气柜等除指定专人监护外，安全环保科应派人到现场监察。

④ 进入容器、设备前应拆离与其相连管道，并加上盲板，切断电气，并在管道阀门上和电气开关上挂上"禁止合闸、有人工作"标识，以防他人误开。

⑤ 必须把所有人孔、手孔和一切可通气的孔盖打开，并将拆下的人孔盖等配件放置妥当，以防坠落伤人。

⑥ 在进入确实无法彻底清洗的有毒容器设备中时，检修人员应穿戴相应的劳动保护用品，戴好防毒面具，将呼吸管拖出釜外进行换气，监护人不得离开。

⑦ 进入容器、设备内部检修人员，禁止穿化纤衣服和铁钉鞋进入。

⑧ 在容器、设备内进行气焊、气割，动焊人在进入容器、设备前，要进行试气割，确认安全正常后才能进入容器、设备作业。动焊作业完成后，动焊人离开时，不得将乙炔焊枪放在罐内，以防乙炔泄漏。

⑨ 进入容器、设备内部作业，申请许可证的时间一次不得超过一天。作业因故中断，或安全条件改变时，应重新补办"进入有限空间作业许可证"。

⑩ 作业竣工时，检修人员和监护人员共同检查罐内外，在确认无误后，在作业证上的验收栏处签字后，检修人员方可封闭各人孔。

（四）高处作业

化工装置的维修作业经常会使用各种设备在一定的高度下进行，这样的作业（图 6-4）情形就伴随着一定的风险。比如作业人员从高处坠落受伤或高处掉落的工具、零件将底部人员砸伤等。因此，在高处作业时要注意防范危险的发生。

1. 高处作业审批

凡在坠落高度基准面 2m 以上（含 2m）有可能坠落的高处进行的作业，都称为高处作业。

根据化工企业的特点，对于虽在 2m 以下，但在作业地段坡度大于 45°的斜坡下面或附近有可致伤害因素的，亦视为高处作业。

图 6-4　高处作业

在化工企业里虽在 2m 以下，但属下列情况时，视为化工工况高处作业。

① 凡是框架结构的化工生产装置，虽有护栏，但工作人员进行非经常性作业时，有可能发生意外的，视为高处作业。

② 在无平台、无护栏的塔、釜、炉、罐等化工设备以及架空管道、汽车、铁路槽车、槽船、特种集装箱上进行作业时，视为高处作业。

扫一扫

M6-5 高处作业

③ 在高大塔、釜、炉、罐等化工设备容器内进行登高作业，视为高处作业。

④ 作业地点下部或附近（可致伤范围内）有洞、升降（吊装）口、坑、井、排液沟、排放管、液体储池、熔融物，或有转动的机械，或在易燃、易爆、易中毒区域等部位登高作业，视为化工危险部位高处作业。

以上高处作业，作业前必须办理高处作业许可证，见表 6-5。高处作业许可证应严格履行审批手续。审批人员应赴现场认真检查，落实安全措施后，方可批准。高处作业前，作业人员应查验高处作业许可证，经确认安全措施可靠后，方可施工，否则有权拒绝或停止作业。

表 6-5　高处作业许可证

编号		施工单位	
所属单位		施工地点	
作业内容		填写人	
作业人			
开工时间			

序号	主要安全措施	确认人签名
1.	作业人员身体条件符合要求	
2.	作业人员着装符合要求	
3.	作业人员佩戴安全带	
4.	作业人员携带有工具袋	
5.	作业人员佩戴　A.过滤式呼吸器　B.空气式呼吸器	
6.	现场搭设的脚手架、防护围栏符合安全规程	
7.	垂直分层作业中间有隔离设施	
8.	梯子或绳梯符合安全规程规定	
9.	在石棉瓦等不承重物上作业应搭设并站在固定承重板上	
10.	高处作业有充足照明,安装临时灯、防爆灯	
11.	30m以上的高处作业应配备通信、联络工具	
12.		

补充措施：

危险、有害因素识别：

施工作业负责人意见	车间负责人意见	安全部门负责人意见
年　月　日	年　月　日	年　月　日

完工验收：　　年　月　日　时　分　　　　签名：

2.高处作业类型和分级

高处作业主要包括临边、洞口、攀登、悬空、交叉等五种基本类型，这些类型的高处作业是高处作业伤亡事故可能发生的主要场所。

高处作业按高度不同分 2～5m、5～15m、15～30m、30m 以上 4 个区段。

不存在直接引起坠落的客观因素比如强风、冰雪天气、接近带电体等的高处作业按表 6-6 中的 A 类分级，存在一种或一种以上的，按 B 类分级。

表 6-6 高处作业分级

分类法	2m≤h<5m	5m≤h<15m	15m≤h<30m	h≥30m
A	Ⅰ	Ⅱ	Ⅲ	Ⅳ
B	Ⅱ	Ⅲ	Ⅳ	Ⅳ

3. 高处作业安全要求

① 高处作业前，应对参与人员进行安全技术教育，落实所有安全技术措施和个人防护用品，检查安全标志、工具、仪表、电气设施和各种设备等，未经落实时不得进行作业。

② 从事高处作业的人员必须定期进行身体检查，诊断患有心脏病、贫血、高血压、癫痫病、恐高症、深度近视及其他不适宜高处作业的疾病时，不得从事高处作业；悬空、攀登高处作业以及搭设高处安全设施的人员必须按照国家有关规定经过专门的安全作业培训，并取得特种作业操作资格证书后，方可上岗作业。

③ 高处作业人员应头戴安全帽，身穿紧口工作服，脚穿防滑鞋，腰系安全带。

④ 高处作业场所有坠落可能的物体，应一律先行撤除或予以固定。所用物件均应堆放平稳，不妨碍通行和装卸。工具应随手放入工具袋，拆卸下的物件及余料和废料均应及时清理运走，清理时应采用传递或系绳提溜方式，禁止抛掷。

⑤ 当天气恶劣如六级以上强风、浓雾和大雨时，不得进行露天悬空与攀登高处作业。台风暴雨后，应对高处作业安全设施逐一检查，发现有松动、变形、损坏或脱落、漏雨、漏电等现象，应立即修理完善或重新设置。

⑥ 作业现场的安全防护设施和安全标志等，不得损坏或擅自移动和拆除。因作业必须临时拆除或变动安全防护措施、安全标志时，必须经有关施工负责人同意，并采取相应的可靠措施，作业完毕后立即恢复。

⑦ 高处作业附近有架空电线时，应根据电压等级与电线保持规定的安全距离（≤110kV为 2m；220kV 为 3m；330kV 为 4m），并防止导体材料碰触电线。

⑧ 高处作业时，一般不应垂直交叉作业。凡因工序原因必须上下同时作业时，需采取可靠的隔离措施。

⑨ 在易散发有毒气体的厂房、设备上方作业时，要设专人监护。如发现有毒气体排放时，应立即停止作业。

4. 安全防护装备

高处作业有三种安全防护用品：安全帽、安全带、安全网。许多事故案例都说明，只要正确佩戴了安全帽、安全带或按规定搭设了安全网，就可以有效地防止伤亡事故的发生。由于这三种安全防护用品使用最广泛，作用又明显，人们常称之为"三宝"。

佩戴安全帽前要先检查外壳是否破损、有无合格帽衬、帽带是否齐全，若有一项不合格，立即更换。安全带，是高处作业人员预防坠落伤亡的防护用品，选用经有关部门检验合格的安全带，并保证在使用有效期内；正确使用安全带，高挂低用；2m 以上的高空作业，必须使用安全带。安全网，是用来防止人、物坠落或用来避免、减轻坠落及物击伤害的网具，使用时安全网与架体连接不宜绷得过紧，系结点要沿边分布均匀、绑牢，立网不得作为平网使用。

5.高处作业"十防"

一防梯架晃动，二防平台无遮拦，三防身后有孔洞，四防脚踩活动板，五防撞击到仪表，六防毒气往外散，七防高处有电线，八防墙倒木板栏，九防上方落物件，十防绳断仰天翻。

复习思考题

一、选择题

1. 停电检修时，在一经合闸即可送电到工作地点的开关或刀闸的操作把手上，应悬挂如下哪种标志牌？（　　）

   A."在此工作"　　　　　　B."止步，高压危险"　　　　C."禁止合闸，有人工作"

2. 检修高压电动机时，下列哪种行为错误？（　　）

   A. 先实施停电安全措施，再在高压电动机及其附属装置的回路上进行检修工作

   B. 检修工作终结，需通电实验高压电动机及其启动装置时，先让全部工作人员撤离现场，再送电试运转

   C. 在运行的高压电动机的接地线上进行检修工作

3. 安全带是预防坠落伤亡的个体防护用品，由带子、绳子和金属配件组成。使用安全带时，下列操作中正确的是（　　）。

   A. 高挂低用

   B. 缓冲器、速差式装置和自锁钩可以串联使用

   C. 绳子过长可以打结使用

   D. 使用时挂钩应挂在安全绳上使用

4. 进入容器检查时，在金属容器、狭小容器内或在潮湿的地方所使用的防爆型灯具，其照明电压应小于（　　）V。

   A. 12　　　　　　　　B. 36　　　　　　　　C. 48　　　　　　　　D. 6

5. 以下哪个不是高处作业防备装置三宝？（　　）

   A. 安全帽　　　　　B. 安全带　　　　　C. 绝缘鞋　　　　　D. 安全网

6. 施工现场照明设施的接点应采取的防触电措施为（　　）。

   A. 戴绝缘手套　　　B. 切断电源　　　　C. 站在绝缘板上　　　D. 穿绝缘鞋

7. 被电击的人能否获救，关键在于（　　）。

   A. 触电的方式　　　　　　　　　　　　B. 人体电阻的大小

   C. 触电电压的高低　　　　　　　　　　D. 能否尽快脱离电源和实行紧急救护

8. 穿工作服的作用是（　　）。

   A. 整齐统一　　　　　　　　　　　　　B. 标志自己在上班

   C. 保护内衣不被污染　　　　　　　　　D. 防止皮肤吸收毒物、高温辐射和防静电

9. 对于传动装置，主要的防护方法是（　　）。

   A. 停止使用　　　　B. 偶尔使用　　　　C. 密闭与隔离　　　　D. 定人监控

10. 如果工作场所潮湿，为避免触电，使用手持电动工具的人应（　　）。

    A. 站在铁板上操作　　　　　　　　　　B. 站在绝缘胶板上操作

    C. 穿防静电鞋工作　　　　　　　　　　D. 站在塑料板上操作

11. 高处作业的下列安全措施中，（　　　）是首先需要的。

    A. 安全带　　　　　　B. 安全网　　　　　　　　　　　C. 合格的安全工作台

12. 在高处作业时，工具必须放在（　　　）。

    A. 工作服口袋　　　B. 手提工具箱或工具袋　　　　C. 握住所有工具

13. 为防止有限空间含有易燃气体或蒸发液在开启时形成有爆炸性的混合物，可用惰性气体（　　　）清洗。

    A. 氧气　　　　　　B. 一氧化碳　　　　　C. 氮气　　　　　D. 氢气

14. 有限空间作业进入（　　　）及以上的，必须制定应急救援措施。

    A. 2 人　　　　　　B. 3 人　　　　　　C. 5 人　　　　　D. 10 人

15. 距离特殊动火区域（　　　）m 以外的范围为一级动火区域。

    A. 10　　　　　　　B. 15　　　　　　C. 20　　　　　　D. 30

16. 在有限空间内动火，必须形成空气对流或采用机械强制通风，每（　　　）化验分析一次。

    A. 1h　　　　　　　B. 2h　　　　　　C. 3h　　　　　　D. 4h

17. 在生产、使用、储存氧气的设备上进行动火作业，氧含量不得超过（　　　）。

    A. 18％　　　　　　B. 21％　　　　　C. 28％　　　　　D. 32％

18. 取样与动火间隔不得超过（　　　），如超过此间隔时间，应重新取样分析。特殊动火作业期间还应随时进行监测。

    A. 10min　　　　　B. 20min　　　　C. 30min　　　　D. 60min

19. 下列不属于一级动火区域的是（　　　）。

    A. 停工过程的生产装置区　　　　　　　B. 可燃物料的泵房与机房

    C. 存有物料的罐区　　　　　　　　　　D. 生产运行状态下的易燃易爆生产装置

20. 动火作业完毕，（　　　）应清理现场，监护人在确认有无残留火种后才可离开。

    A. 动火人　　　　　B. 监护人　　　　C. 当班人员　　　D. 参与动火人员

二、简答题

1. 化工装置停车前需要做哪些准备工作？

2. 抽堵盲板时要注意什么？

3. 动火作业的安全操作要点有哪些？

4. 检修临时用电有哪些安全要求？

5. 什么是有限空间？举例说明。

6. 高处作业的安全操作要点有哪些？

参考文献

[1] 赵薇. HSEQ 与安全生产. 3 版. 北京：化学工业出版社，2021.

[2] 齐向阳. 化工安全技术. 3 版. 北京：化学工业出版社，2020.

[3] 张麦秋. 化工生产安全技术. 3 版. 北京：化学工业出版社，2020.

[4] 喻健良. 压力容器安全技术. 北京：化学工业出版社，2018.

第七章
环境保护与噪声污染控制

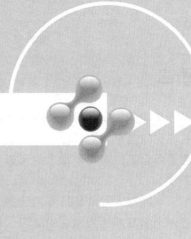

 教学目的及要求

通过本章学习，掌握环境的概念和分类，了解环境问题，熟悉世界八大环境公害事件，掌握"两山理论"，理解建设美丽中国的伟大意义。清楚化工产业造福人类社会，学会减轻或预防化工对环境的负面影响，树立"人与自然和谐共生""绿水青山就是金山银山""生态兴则文明兴"的绿色发展观，坚定作为化工环保事业接班人的信念和决心。

知识目标：

1. 掌握环境的概念和分类，了解环境问题，熟悉世界八大环境公害事件；

2. 掌握环境保护基本原则，理解环境基本管理制度和法律责任；

3. 掌握"两山理论"和建设美丽中国的伟大意义；

4. 掌握噪声的分类和危害，熟悉化工噪声防控对策。

技能目标：

1. 了解化工污染物的种类、特点和来源；

2. 能分析化工污染物的类型及治理方法；

3. 能分析化工生产噪声污染问题；

4. 能初步实施化工噪声控制措施。

素质目标：

1. 对工作充满责任心，遵守职业道德和"1＋N＋4"的生态环保法律体系，践行"绿水青山就是金山银山"的理念；

2. 具备行业认同感和强烈的环保意识，具备良好的身体素质，能够适应长时间的户外体力劳动；

3. 具备安全意识、协作能力及沟通能力；不断提升自己的专业素质和技能。

课证融通：

1. 化工危险与可操作性（HAZOP）分析职业技能等级证书（初、中级）；

2. 化工总控工职业技能等级证书（中、高级工）。

引言

　　环境保护是我国的一项基本国策。化工行业作为我国经济发展的支柱产业，其所引起的环保问题已经引起社会的广泛关注。从事化工生产的管理人员、技术人员及操作人员必须了解化工生产可能带来的污染问题，掌握环境保护相关知识并做好本职岗位的环境保护工作。

　　环境四大污染是指噪声污染、水污染、大气污染、固体废物污染。从本章开始，我们将分别学习其污染发生的原因、危害和目前采取的技术措施。

第一节　　环境及环境保护

一、环境及其组成

典型案例

　　[案例1] 人类既是环境的产物，也是环境的改造者。第二次世界大战以后，许多工业发达国家的环境污染现象极其严重，甚至威胁着人类的生存。美国洛杉矶随着汽车数量的日益增多，20世纪40年代后，经常在夏季出现的光化学烟雾对人体健康造成了危害。1952年12月，英国出现新一类型严重的烟雾事件，短短四天内比往年同期死亡人数增加了4000人。1962年，美国出版了《寂静的春天》，详细描述了滥用化学农药造成的生态破坏，这本书引起了西方国家的强烈反响。日本接连查明水俣病、痛痛病、四日市哮喘等震惊世界的公害事件都起源于工业污染。在荒无人烟的南、北极冰层中监测到有害物质含量不断增加，北欧、北美地区许多地方降下酸雨，大气中二氧化碳含量不断增加。环境问题成为全球性的问题。

　　[案例2] 作为我国近代化学工业的重要奠基人，侯德榜为祖国化工事业建设奋斗的一生中，打破了苏尔维集团70多年对制碱技术的垄断，发明了世界制碱领域最先进的技术，为祖国和世界的制碱技术发展做出了重大贡献。

　　作为一位化学家、化工技术专家和化工行业的主要领导者，侯德榜具有强烈的环境意识，一贯重视环境保护，对防治污染做了大量工作。他非常重视从选择厂址开始就解决污染问题。他认为，厂址选择应尽可能节约土地，须千方百计地不占用高产耕地，可以把厂建在小丘陵地带或不太陡的山坡上，利用好不生产或低产土地。如要在城市选择厂址，应以交通方便、原材料和产品易运输、水电供应充裕的郊外或距城市中心略远的地方为宜。同时，侯德榜也非常注意发展低污染或无污染技术，以代替那些高污染技术，把污染消除在生产过程中。

（一）环境的概念

环境是指周围事物的境况。周围事物是同某项中心事物相对而言的。我们通常所说的是地理环境，是以人类为中心的环境，它包括自然环境和人工环境两类。自然环境是由日光、大气、水、岩石、矿物、土壤、生物等自然要素共同组成的。人工环境是人类在自然环境的基础上，通过长期有意识的社会劳动所创造的社会环境。广义地说，环境就是指围绕人群空间，对人类的生存和发展有影响的各种自然因素和社会因素的总和。

《中华人民共和国环境保护法》明确指出："本法所称环境是指影响人类生存和发展的各种天然的和经过人工改造的自然因素的总体，包括大气、水、海洋、土地、矿藏、森林、草原、湿地、野生生物、自然遗迹、人文遗迹、自然保护区、风景名胜区、城市和乡村等。"

保护环境是我国的基本国策。

（二）人类与环境的关系

人类是自然环境的产物，自然环境是人类赖以生存和发展的物质基础。人类与自然环境是互相依存、互相影响、对立统一的整体。人类通过生产活动，从环境中获取物质与能量；同时，通过消费活动（包括生产消费和生活消费），以废气、废液、固体废弃物、热、噪声、电磁波等形式，把物质和能量输出给环境。环境又把它所受到的影响，反过来作用于人类本身，这种作用也叫作环境的反馈作用。

（三）环境要素与环境质量

1.环境要素

环境要素，又称环境基质，是指构成人类环境整体的各个独立的、性质不同的而又服从整体演化规律的基本物质组分。环境要素分为自然环境要素和人工环境要素。目前研究较多的是自然环境要素，故环境要素通常指自然环境要素。

自然环境要素主要包括水、大气、生物、土壤、岩石和太阳光等要素。环境要素组成环境的结构单元，环境的结构单元又组成环境整体或环境系统。例如：由水组成水体，全部水体称为水圈；由大气组成大气层，全部大气层又称为大气圈；由土壤构成农田、草地和林地等；由岩石构成岩体，全部岩石和土壤构成的固体壳层称为岩石圈或土壤-岩石圈；由生物体组成生物群落，全部生物群落称为生物圈。大量的具有不同功能的建筑群和建筑物是构成城市环境的要素。

2.环境质量

环境质量，一般是指在一个特定的环境中，环境的总体或环境的要素对人群的生存和繁衍以及社会经济发展的适宜程度，是反映人群的具体要求而形成的对环境评定的一种概念。环境质量通常要通过选择一定的指标（环境指标）并对其量化来表达。经常用到的环境质量概念包括环境综合质量和各种环境要素的质量，如大气环境质量、水环境质量、土壤环境质量、生物环境质量、城市环境质量、生产环境质量、文化环境质量等。

3.环境容量

环境容量指某一环境对污染物的最大承受限度，在这一限度内，环境质量不致降低到有害于人类生活、生产和生存的水平，环境具有自我修复外界污染物所致损伤的能力。环境容量由静态容量和动态容量组成。

扫一扫

M7-1 大气环境
容量

静态容量指在一定环境质量目标下，一个区域内各环境要素所能容纳某种污染物的静态最大量（最大负荷量）；动态容量是指区域内各要素在确定时段内对该种污染物的动态自净能力。

一般的环境系统都具有一定的自净能力。如一条流量较大的河流被排入一定数量的污染物，由于河中各种物理、化学和生物因素作用，进入河中的污染物浓度可迅速降低，保持在环境标准以下。这就是环境（河流）的自净作用使污染物稀释或转化为非污染物的过程。环境的自净作用越强，环境容量就越大。

一个特定环境的环境容量的大小，取决于环境本身的状况。如流量大的河流比流量小的河流环境容量大一些。污染物不同，环境对它的净化能力也不同。如同样数量的重金属和有机污染物排入河道，重金属容易在河底积累，有机污染物可很快被分解，河流所能容纳的重金属和有机污染物的数量不同，这表明环境容量因物而异。

（四）环境的分类

环境的分类方法很多。不同的分类方法，划分的环境类型也各不相同。

按照环境范围的大小，环境可分为宇宙环境、地球环境、区域环境、微环境、生境和内环境等。宇宙环境主要是指地球大气层以外的空间环境。地球环境主要是指地球的大气圈、水圈、土壤圈、岩石圈和生物圈。地球环境又称全球环境或地理环境。区域环境是指占有某一特定地域空间的环境，在区域环境中由于部分环境要素的差异所形成的环境叫作微环境。生境是生态学的常用术语，它是指生物个体或群体所处地段各种环境要素的综合体。内环境则指生物体内的器官、组织或细胞间的环境。

按照环境的性质，环境可分为自然环境和人工环境。自然环境是指未受人类活动影响或仅人类活动局部轻微影响的天然环境。自然环境也称生态环境。实际上，随着人类社会的发展，纯粹的自然环境几乎不存在。人工环境则是指人类直接影响或控制的环境。如种植园、农业区、工业区、矿区、城市等。

M7-2 自然环境

按照环境组成要素，环境可分为大气环境、水环境、土壤环境、生物环境、地质环境和地貌环境等。水环境又可分为地表水环境、地下水环境、海洋环境和冰川环境等。地貌环境又可分为山地环境、平原环境等。

按照人类利用的主导方式，环境可分为农业环境、林业环境、旅游环境、工业环境、城市环境、农村环境、居住环境和社会文化环境等。

（五）环境的功能与基本特征

1.环境的功能

环境的功能指以相对稳定的有序结构构成的环境系统为人类和其他生命体的生存、发展所提供的有益用途和相应价值。

① 环境对人类具有支持作用；

② 环境对人类具有供给作用；

③ 环境对人类具有调节作用；

④ 环境对人类具有文化启迪作用。

2.环境的基本特征

（1）整体性　地球环境是一个整体，地球的任何一个部分或任何一个要素，都是环境的组成部分，各组成部分之间紧密联系、相互制约。

（2）有限性　环境中的自然资源可分为非再生资源和再生资源两大类，前者指一些矿产资源，如铁、煤炭等，这类资源是不可再生的，随着人类的开采其储量不断减少，是有限的。

（3）区域性　区域性是自然环境的基本特征。由于纬度的差异，地球接受的太阳辐射能不同，热量从赤道向两极递减，形成了不同的气候带。即使是同一纬度，因地形高度的不同，也会出现垂直地带性差异。

（4）潜在性　自然环境一旦被破坏或被污染，许多影响的后果是潜在、深刻和长期的。

（5）变动性和稳定性　变动性是指环境要素的状态和功能始终处于不断的变化中，今天人类的生存环境与早期人类的生存环境就有很大差别。环境的变动性就是自然的、人为的或两者共同作用的结果。

所谓稳定性，其实质就是环境系统对超出一定强度的干扰的自我调节，使环境在结构或功能上基本无变化或变化后得以恢复。环境的稳定性和变动性是相辅相成的，变动是绝对的，稳定是相对的。

二、环境保护

环境管理是国家环境保护部门的基本职能。运用经济、法律、技术、行政、教育等手段，限制和控制人类损害环境质量、协调社会经济发展与保护环境、维护生态平衡之间关系的一系列活动。

M7-3 环境管理

环境保护，就是采取行政的、法律的、经济的、科学技术的多方面措施，合理利用资源，防止环境污染，保持生态平衡，保障人类社会健康的发展，使环境更好地适应人类的劳动和生活，以及自然界生物的生存。

1."两山理论"

2005年8月时任中共浙江省委书记的习近平，在浙江省安吉县天荒坪镇余村考察调研时指出，"绿水青山就是金山银山"。我们把这一重要思想简称为"两山理论"。

"两山理论"从坚持人与自然的总体性出发，一方面在理论上揭示了全面协调生态环境与生产力之间的辩证统一关系，在实践上丰富和发展了马克思主义关于人与自然关系的总体性理论；另一方面，鲜活地概括了中国绿色化战略内涵，折射出理论光辉映照美丽中国走上绿色发展道路。

2.美丽中国

"美丽中国"是中国共产党第十八次全国代表大会提出的概念，"把生态文明建设放在突出地位，融入经济建设、政治建设、文化建设、社会建设各方面和全过程，努力建设美丽中国，实现中华民族永续发展"。

"美丽中国"具备三个基本要点：一是突出"生态文明建设"；二是强调把生态文明建设"融入经济、政治、文化、社会建设"；三是服从于"人民对美好生活的向往"这一党的奋斗目标。

3.我国环境保护工作方针及原则

我国环境保护工作方针是："全面规划，合理布局，综合利用，化害为利，依靠群众，大家动手，保护环境，造福人民。"

我国环境保护的基本原则是保护优先、预防为主、综合治理、公众参与、损害担责。

4. 我国生态环保法律体系

环境问题是保证经济长期稳定增长和实现可持续发展的基本国家利益问题。为保护和改善环境、防治污染和其他公害、保障公众健康、推进生态文明建设、促进经济社会可持续发展，我国制定了"1＋N＋4"的生态环保法律体系。

"1"是发挥基础性、综合性作用的环境保护法。"N"是环境保护领域专门法律，包括针对传统环境领域如大气、水、固体废物、土壤、噪声等方面的污染防治法律，针对生态环境领域海洋、湿地、草原、森林、沙漠等方面的保护治理法律等。在这方面，我国相继制定了土壤污染防治法、噪声污染防治法、湿地保护法，修改了固体废物污染环境防治法、环境影响评价法等。"4"是针对特殊地理、特定区域或流域的生态环境保护进行的立法。

主要的法律有：《中华人民共和国环境保护法》《中华人民共和国固体废物污染环境防治法》《中华人民共和国大气污染防治法》《中华人民共和国水污染防治法》《中华人民共和国噪声污染防治法》《中华人民共和国放射性污染防治法》《中华人民共和国海洋环境保护法》《中华人民共和国土壤污染防治法》《中华人民共和国清洁生产促进法》《中华人民共和国循环经济促进法》《中华人民共和国环境影响评价法（2018 修正版）》《中华人民共和国可再生能源法（修正案）》等。

5. 环境标准

环境标准是为保护环境，维持生态平衡，保障人群健康和社会财富，促进可持续发展，对环境中的污染物（或有害因素）允许水平及其排放源限量的规定。环境标准是国家环境政策在技术方面的具体体现，是环境管理的技术基础和准则，是环境保护执法的依据。

M7-4 环境标准

我国的环境标准分为环境质量标准、污染物排放标准、环境监测分析方法标准、环境标准样品标准、环境基础标准和环境保护行业标准。

环境质量标准规定了环境中各种污染物或有害因素的最高限额，是环境保护的目标值，是衡量环境质量优劣的尺度，是判断环境是否已被污染的依据。环境质量标准按环境介质可分为环境空气质量标准、地表水环境质量标准、土壤环境质量标准、城市区域环境噪声标准等。环境质量标准是所有环境标准的核心，是制定其他各项环境标准的依据。

污染物排放标准是依据环境质量标准，结合技术经济条件，规定了污染物最高限额。它是判断企业排污行为是否合法的依据，是达到环境质量标准的手段。污染物排放标准按环境介质可分为大气环境污染物排放标准、污水综合排放标准和工业企业厂界噪声标准等。污染物排放标准是控制各类污染物排放的最主要的技术依据。

环境监测分析方法标准是为规范环境质量和污染物排放监测，对采样、分析和数据处理等所作的统一规定。环境标准样品标准是为了保证环境监测和分析数据的准确性和可靠性，对实验室质量控制材料所作的规定。环境基础标准是指环境保护工作而制定的各种有指导意义的符号、指南和导则等所作的统一规定。它们是判定环境监测数据合法的依据。

环境保护行业标准是在环境保护工作中对需要统一的技术所制定的标准。如环境监测技术与方法、环境区划与规划的技术要求等。

我国的环境标准按适用范围还可分为国家环境标准和地方环境标准。地方环境标准只能对国家环境标准中未规定的项目规定补充标准。地方污染物排放标准可以规定国家污染物排放标准中未规定的项目和严于国家级污染物排放标准的项目。

第二节 生态系统与环境问题

一、生物多样性

典型案例

2021年8月8日20时8分，14头北移亚洲象安全渡过元江干流继续南返，之后在玉溪市元江哈尼族彝族傣族自治县红河街道林地内活动。加上7月7日已送返西双版纳国家级自然保护区的雄性独象，北移的15头亚洲象全部安全南返。2021年4月16日以来，北移亚洲象群迁移110多天，迂回行进1300多公里，途经玉溪、红河、昆明3个州（市）8个县（市、区）。在此期间，当地出动人力物力，确保人象安全，网民持续关注，引发观象热潮。

"亚洲象北迁南返"事件，已成为我国促进人与自然共生、人与动物和谐的生动范例，也为全球野生动物保护工作展示了"中国样本"。

生物多样性指地球上所有生物（动物、植物、微生物），它们所包含的基因以及由这些生物与环境相互作用所构成的生态系统的多样化程度。

生物多样性是地球上近40亿年来生物进化的结果。它既为人类提供了优美的生活环境，也为人类贡献了丰富的生活资料。多种多样的生物是人类食品、木材、药物和各种工业原料的重要源泉。维持生物多样性是人类拯救自己、保护生态环境和合理开发利用生物资源的首要任务，也是工农业生产维持发展必不可少的重要环节。生物多样性保护和永续开发利用，已成当今国际社会普遍关注的问题。

（一）生态系统

地球表面的生态系统多种多样，人们可以从不同角度把生态系统分成若干类型。

按生态系统形成的原动力和影响力，可分为自然生态系统、半自然生态系统和人工生态系统三类。凡是未受人类干预和扶持，在一定空间和时间范围内，依靠生物和环境本身的自我调节能力来维持相对稳定的生态系统，均属自然生态系统。如原始森林、冻原、海洋等生态系统；按人类的需求建立起来，受人类活动强烈干预的生态系统为人工生态系统，如城市、农田、人工林、人工气候室等；经过了人为干预，但仍保持了一定自然状态的生态系统为半自然生态系统，如天然放牧的草原、人类经营和管理的天然林等。

根据生态系统的环境性质和形态特征来划分，把生态系统分为水生生态系统和陆地生态系统。水生生态系统又根据水体的理化性质不同分为淡水生态系统（包括：流水水生生态系统、静水水生生态系统）和海洋生态系统（包括：海岸生态系统、浅海生态系统、珊瑚礁生态系统、远洋生态系统）；陆地生态系统根据纬度地带和光照、水分、热量等环境因素，分为森林生态系统（包括：温带针叶林生态系统、温带落叶林生态系统、热带森林生态系统）、草原生态系统（包括：干草原生态系统、湿草原生态系统、稀树干草原生态系统）、荒漠生态系统、冻原生态系统（包括：极地冻原生态系统、高山冻原生态系统）、农田生态系统、城市生态系统等。

（二）生态平衡

生态平衡是指在一定时间和相对稳定的条件下，生态系统内各部分的结构和功能均处于相互适应与协调的状态。

生态平衡是动态的平衡，而非静止的平衡。生态系统处于平衡状态，并不意味着系统的各组成部分一成不变。运动变化是事物的根本属性，生态系统这个复杂的自然体，当然也处于不断的变化之中。

任何生态系统中的生物有机体与环境条件之间经过互相渗透、互相影响、互相制约，形成一个复杂的统一整体，自然环境的剧变会引起生态平衡的破坏，这就是通常所说的生态危机。

1. 生态平衡失调的标志

当外界施加的压力超过了生态系统自身的调节能力，将造成其结构破坏、功能受阻，生态系统趋向衰退甚至崩溃，这就是生态平衡的失调。生态平衡失调的主要标志有以下两方面。

（1）结构上的标志　生态平衡的失调首先表现在结构上，包括一级结构缺损和二级结构变化。生态系统的一级结构指四个组成成分即生产者、消费者、分解者、非生物成分组成的结构；二级结构指上述各成分自身的组成情况。当外部压力持续作用于生态系统，首先造成二级结构的改变，如水体污染会导致水生生物种群发生改变，适宜在清水中生长的藻类会逐渐转变成耐污品种，也就是生产者成分发生了改变。

因此，生态系统中的生物种类和数量，食物链、食物网结构的明显变化往往是生态平衡失调的标志。

（2）功能上的标志　生态平衡失调表现在生态系统功能上，主要为能量流动受阻和物质循环中断。能量流动受阻是指能量流动在某一营养级上受到阻碍。

生态系统物质循环、能量流动等功能的受损，最终也导致系统的组成成分和结构的变化。

2. 引起生态平衡失调的因素

生态系统遭受破坏而使平衡失调的因素很多，但可归纳为自然因素和人为因素两大类：

（1）自然因素　生态系统遭受破坏的自然因素，主要包括地壳运动、海陆变迁、火山爆发、山崩、泥石流、冰川活动、水旱灾害、海啸、暴风侵袭和沙漠迁移等等，都会使生态系统在短时间内遭到破坏甚至毁灭。

（2）人为因素　人类是生态系统中最活跃、最积极的因素。随着人类社会科学技术的发展和生产力水平的提高，对自然生态系统的平衡产生愈来愈强烈的干扰和影响，甚至使某种生态系统或其局部地区遭受严重的破坏。

（三）生态文明

生态文明，是以人与自然、人与人、人与社会和谐共生、良性循环、全面发展、持续繁荣为基本宗旨的社会形态。生态文明，是人类文明发展的一个新的阶段，即工业文明之后的文明形态；生态文明是人类遵循人、自然、社会和谐发展这一客观规律而取得的物质与精神成果的总和。

生态文明是人类文明发展的历史趋势。以生态文明建设为引领，协调人与自然关系。要解决好工业文明带来的矛盾，把人类活动限制在生态环境能够承受的限度内，对山、水、林、田、湖、草、沙进行一体化保护和系统治理。

党的二十大报告在生态文明专章以"推动绿色发展，促进人与自然和谐共生"为题，部署了当前和今后一段时间我国推进生态文明建设的目标任务。首次把"尊重自然、顺应自然、保护自然"定性为全面建设社会主义现代化国家的内在要求，提出"必须牢固树立和践行绿水青山就是金山银山的理念，站在人与自然和谐共生的高度谋划发展"。提出了"绿环生碳"四大举措，致力于统筹产业结构调整、污染治理、生态保护、应对气候变化，协同推进降碳、减污、扩绿、增长，以期推进生态优先、节约集约、绿色低碳发展，建设美丽中国。

二、环境污染

（一）典型案例

在 20 世纪 50 年代前后，因环境污染造成的在短期内人群大量发病和死亡的八大事件震惊全世界。

1.马斯河谷烟雾事件

1930 年 12 月 1～5 日发生在比利时马斯河谷工业区，是 20 世纪最早记录下的大气污染惨案。该工业区地处狭窄的盆地，有许多重型工厂，包括炼焦、炼钢、电力、玻璃、炼锌、硫酸、化肥等 13 家，排放的大量烟雾弥漫在河谷上空无法扩散，有害气体在大气层中越积越厚，第三天开始，在二氧化硫气体和三氧化硫烟雾的混合物综合作用下，有上千人发生呼吸道疾病，一个星期内就有 63 人死亡，是同期正常死亡人数的十多倍。图 7-1 为马斯河谷烟雾事件。

图 7-1　马斯河谷烟雾事件

2.美国多诺拉事件

1948 年 10 月 26～31 日发生在美国宾夕法尼亚州多诺拉镇，该镇处于马蹄形河湾内侧，硫酸厂、钢铁厂、炼锌厂的集中地，工厂的烟囱不断向空中喷烟吐雾。10 月最后一个星期，大部分地区受反气旋和逆温控制，加上 26～30 日持续有雾，使大气污染物在近地层积累。二氧化硫及其氧化作用的产物与大气中尘粒结合是致害因素，发病者 5911 人，占全镇人口 43%。症状是眼痛、喉痛、流鼻涕、干咳、头痛、肢体酸乏、呕吐、腹泻，死亡 17 人。图 7-2 为美国多诺拉事件。

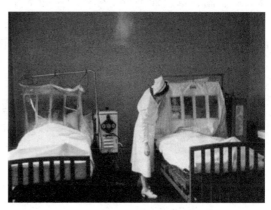

图 7-2　美国多诺拉事件

3.洛杉矶光化学烟雾事件

20 世纪 40 年代初期发生在美国洛杉矶市。该市临海依山，处于 50 公里长的盆地中，全市 250 多万辆汽车每天消耗汽油约 1600 万升，向大气排放大量碳氢化合物、氮氧化物、一氧化碳。在日光作用下，与空气中其他成分起化学作用而产生的以臭氧为主的光化学烟雾。这种烟雾中含有臭氧、氧化氮、乙醛和其他氧化剂，滞留市区久久不散。在 1952 年 12 月的一次光化学烟雾事件中，洛杉矶市 65 岁以上的老人死亡 400 多人。1955 年 9 月，由于大气污染和高温，短短两天之内，65 岁以上的老人又死亡 400 余人，许多人出现眼睛痛、头痛、呼吸困难等症状。直到 20 世纪 70 年代，洛杉矶市还被称为"美国的烟雾城"。图 7-3 为洛杉矶光化学烟雾事件。

图 7-3　洛杉矶光化学烟雾事件

4.伦敦烟雾事件

1952 年 12 月 5 日开始，5～8 日内，英国几乎全境为浓雾所覆盖，逆温层笼罩伦敦，城市处于高气压中心位置，垂直和水平的空气流动均停止，连续数日空气寂静无风。当时伦敦冬季多使用燃煤采暖，市区内还分布有许多以煤为主要能源的火力发电站。由于逆温层的作用，煤炭燃烧产生的二氧化碳、一氧化碳、二氧化硫、粉尘等气体与污染物在城市上空蓄积，引发了连续数日的大雾天气。许多人感到呼吸困难、眼睛刺痛，发生哮喘、咳嗽等呼吸道症状的病人明显增多，四天中死亡人数较常年同期多约 4000 人，45 岁以上的死亡最多，约为平时的 3 倍，1 岁以下死亡的约为平时的 2 倍。事件发生的一周中因支气管炎死亡是事件前一周同类人数的 93 倍。图 7-4 为伦敦烟雾事件。

图 7-4　伦敦烟雾事件

5. 四日市哮喘事件

1961 年发生在日本东部海岸的四日市。该市自 1955 年以来，相继兴建了 3 家石油化工联合企业，在其周围又挤满了十余个石化大厂和一百余个中小企业。石油冶炼和工业燃油产生的废气，严重污染了城市空气，重金属微粒与二氧化硫形成硫酸烟雾。1961 年，四日市哮喘病大发作。1967 年一些患者不堪忍受而自杀。1972 年该市共确认哮喘病患者达 817 人，死亡 10 多人。

6. 日本米糠油事件

1968 年 3 月发生在日本北九州市、爱知县一带。食用油厂在生产米糠油时，因管理不善，操作失误致使米糠油中混入了在脱臭工艺中使用的热载体多氯联苯，造成食物油污染。最初，有 4 家人因患原因不明的皮肤病，患者初期症状为痤疮样皮疹、指甲发黑、皮肤色素沉着、眼结膜充血等，之后在全国各地仍不断出现，患病者超过 1400 人，至七八月份患病者超过 5000 人，其中 16 人死亡，实际受害者约 13000 人。

7. 日本水俣病事件

1953～1956 年发生在日本熊本县水俣市，是最早出现的由于工业废水排放污染造成的公害病。当时处于世界化工业尖端技术的氮生产企业，开始制造氯乙烯和醋酸乙烯。由于制造过程要使用含汞的催化剂，大量的汞便随着工厂未经处理的废水被排放。使鱼虾中毒，人食用毒鱼后受害。症状表现为轻者口齿不清、步履蹒跚、面感觉障碍、视觉丧失、震颤、手足变形；重者精神失常，或酣睡，或兴奋，身体弯弓高叫，直至死亡。这种病症最初出现在猫身上，被称为"猫舞蹈症"。病猫步态不稳，抽搐、麻痹，甚至跳海死去，被称为"自杀猫"。这种"怪病"是日后轰动世界的"水俣病"。图 7-5 为日本水俣病受害者。

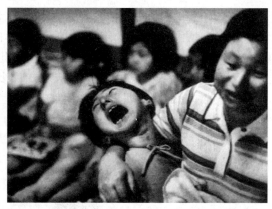

图 7-5　日本水俣病受害者

8.日本痛痛病事件

日本富山县平原神通川上游的神冈矿山成为从事铅、锌矿的开采、精炼及硫酸生产的大型矿山企业。然而在采矿过程及堆积的矿渣中产生的含有镉等重金属的废水却直接长期流入周围的环境中，在当地的水田土壤、河流底泥中产生了镉等重金属的沉淀堆积。镉通过稻米进入人体，首先引起肾脏障碍，逐渐导致软骨症，在妇女妊娠、哺乳、内分泌不协调、营养性钙不足等诱发原因存在的情况下，使妇女得上一种浑身剧烈疼痛的病，叫痛痛病，也叫骨痛病，重者全身多处骨折，在痛苦中死亡。从 1931 年到 1968 年，神通川平原地区被确诊患此病的人数为 258 人，其中死亡 128 人，至 1977 年 12 月又死亡 79 人。

（二）全球性环境问题

1.气候变暖

导致全球变暖的主要原因是人类在近一个世纪以来大量使用矿物燃料（如煤、石油等），排放出大量的 CO_2 等多种温室气体。这些温室气体导致全球气候变暖。

2.臭氧层破坏

臭氧层的破坏和臭氧空洞的出现，是人类自身行为造成的，也就是人们在生产和生活中大量地生产和使用"消耗臭氧层物质（ODS）"以及向空气中排放大量的废气造成的。ODS 主要包括下列物质：CFCs（氯氟烃）、哈龙（全溴氟烃）、四氯化碳、甲基氯仿、溴甲烷等。

3.生物多样性减少

导致生物多样性丧失的原因很多，归纳起来主要有五个方面：一是生物栖息地的丧失和破碎化，环境污染以及气候变化也造成了物种的消失；二是荒漠化，荒漠化土地占全球陆地面积的 30%，而且还在扩大；三是过度利用与消费，大量的野生生物资源遭到过度开发和利用，造成生物多样性的严重减退；四是生物入侵，外来物种的侵入造成很多当地物种的生存环境不断恶化，改变了生态系统的构成，造成一些物种在当地的消失，甚至灭绝；五是规模化农业生产的影响，大规模的农业生产方式会间接造成几千年来农民培育和保存的大量作物品种和家畜品种的丧失，使遗传多样性受到影响。

4.酸雨蔓延

酸雨正式的名称是为酸性沉降，是指 pH 值小于 5.6 的雨、雪、雾、雹等大气降水。它可分为"湿沉降"与"干沉降"两大类，前者指的是所有气状污染物或粒状污染物，随着雨、雪、雾或雹等降水形态而落到地面,后者是指在不降雨的日子,从空中降下来的灰尘所带的一些酸性物质。矿物燃料燃烧排放出来的硫氧化物、氮氧化物以及它们的盐类,是形成酸雨的主要原因。

5.森林锐减

地球上的陆地面积大约是 130 亿公顷,8000 年前地球上大约有 61 亿公顷森林,近 1/2 的陆地被森林覆盖。截至 2019 年全球森林存量面积为 38.25 亿公顷,预计到 2025 年这个数值将降至 38.15 亿公顷。世界上每年都有 1130～2000 公顷的森林遭到无法挽救的破坏,特别是热带雨林。

6.土地荒漠化

荒漠化是由于干旱少雨、植被破坏、过度放牧、大风吹蚀、流水侵蚀、土壤盐渍化等因素造成的大片土壤生产力下降或丧失的自然(非自然)现象。

土地荒漠化和沙化是一个渐进的过程,但其危害及其产生的灾害却是持久和深远的。土地荒漠化和沙化直接导致区域内水土流失,动植物消失甚至灭绝,给区域生态系统造成毁灭性危害。人类所面临的不仅仅是土壤生产力下降所带来的贫困,更要面对江河安全威胁和沙尘暴灾害。

7.大气污染

大气污染是由于人类活动或自然过程引起某些物质进入大气中,呈现出足够的浓度,达到足够的时间,并因此危害了人体的舒适、健康和福利或环境的现象。

大气污染的危害性是多方面的,人类是大气污染的直接受害者之一。人类在大气污染的荼毒下,寿命逐渐缩短,各类呼吸道疾病病例随着大气污染的日趋严重与日俱增。大气污染物,尤其是二氧化硫、氟化物等对植物的危害是十分严重的,可直接缩短植物寿命甚至导致植物死亡。

8.水体污染

水体污染主要是指人类活动排放的污染物进入水体,引起水质下降,利用价值降低或丧失的现象。

造成水污染的原因有两类:一类是人为因素造成的,主要是工业排放的废水、生活污水、农田排水、降雨淋洗大气中的污染物以及堆积在大地上的垃圾经降雨淋洗流入水体的污染物等;另一类为自然因素造成的水体污染,诸如岩石的风化和水解,火山喷发、水流冲蚀地面、大气降尘的降水淋洗。由于人类因素造成的水体污染占大多数,通常所说的水体污染主要是人为因素造成的污染。

9.海洋污染

海洋污染是指人类改变了海洋原来的状态,使海洋生态系统遭到破坏。

海洋污染的各类有害物质进入海洋环境,直接或间接导致海洋内各类生物的生存环境恶化。近年来海洋中各类污染事故,频繁出现海洋生物减少或死亡,甚至部分生物物种灭绝。

10.固体废物污染

固体废物按来源大致可分为生活垃圾、一般工业固体废物和危险废物三种。此外,还有农业固体废物、建筑废料及弃土。

固体废物如不加妥善收集、利用和处理处置将会污染大气、水体和土壤,危害人体健康。

（三）环境污染

M7-5 环境问题

环境污染是指人类活动使外来物质进入环境，引起环境质量下降，危害人体健康和生物正常生命活动的现象。

人类活动是造成环境污染的主要原因。在人类社会早期，社会生产力不发达，主要依靠采集和猎取天然动植物的生产，对环境没有表现出污染和破坏。随着采矿业的出现，特别是人类以煤作为燃料以后，出现了早期的环境污染现象。产业革命以后，随着城市的兴起，人口的急剧增加，社会化大生产蓬勃发展，由此产生的大量化学物质、放射性物质、病原体、废热、噪声等进入环境，超出了环境的自身净化能力，导致环境污染。

环境污染最直接的后果是使人类环境的质量下降，影响人类的生活质量、身体健康和生产活动。例如大量汽车尾气和工业废气，造成城市空气污染，导致人体发病率上升，并引发温室效应、酸雨和臭氧层破坏等一系列环境问题。工业废水和生活污水的排放，使水环境质量恶化，水体失去原有的生态功能和使用价值，危及人体健康与水生生物的生存。有些化学物质通过食物链进入人体，引起突变、畸变、癌变，威胁人类的生存。

环境污染按环境组成要素可分为大气污染、水体污染、土壤污染和生物污染等。按环境污染的性质可分为生物污染、化学污染和物理污染。按污染物的形态可分为废气污染、废水污染、固体废物污染、噪声污染和辐射污染等。按污染产生的来源可分为工业污染、农业污染、交通运输污染和生活污染等。按污染物的分布范围可分为全球性污染、区域性污染和局部性污染等。

第三节　化工生产与环境保护

在经济全球化的发展下，化工企业面临着新的机遇与挑战，化工企业的稳步发展带动了国民经济的进步，同样地也引发了一定的环境问题。加强化工环境保护成为化工企业的重要工作内容，化工环境保护能够促进社会的健康、稳定发展，降低人民的生命健康安全隐患。

一、化工对环境的污染

化学工业是对环境中的各种资源进行化学处理和转化加工的生产部门，其特点是产品多样化、原料路线多样化和生产方法多样化。其生产特点决定了化学工业是环境污染较为严重的行业。化工生产的废物从化学组成上讲是多样化的，而且数量也相当大。这些废物含量在一定浓度时大多是有害的，有的还是剧毒物质，进入环境就会造成污染。有些化工产品在使用过程中又会引起一些污染，甚至比生产本身所造成的污染更为严重、更为广泛。

（一）污染物的来源

化工生产中，随着化工产品的原料路线和生产工艺的不同，所排放出的污染物也多种多样。概括起来，化工污染物的主要来源大致分为以下两个方面。

1. 化工生产的原料、半成品及产品

化工生产过程中，随着反应条件和原料纯度的不同，原料如果不能全部转化为成品或

半成品。余下的低浓度或成分不纯的物料，未经处理而排放就会造成环境污染。

化工生产过程中也常伴随一些副反应。这些副产品如不加以回收利用，当作废料排出就会污染环境。在贮存运输过程中，产品或中间产品会出现各种各样的损耗，如化学药品、化工产品等因包装不严密，或因容器破损而流失，或因包装容器清洗水的排出，或在贮存过程中有的内部还继续发生化学变化等情况均会造成环境污染。

2.化工生产过程中的排放

① 燃烧过程。燃料燃烧可以为化工生产过程提供能量，以保证化工生产在一定的温度和压力下进行。但燃烧产生大量烟气和烟尘如果未加处理，会对环境产生极大的危害。

② 冷却水。无论采用直接冷却还是采用间接冷却，都会有污染物质排出。另外，升温后的废水对水中溶解氧产生极大影响，破坏水生生物和藻类种群的生存结构，导致水质下降。

③ 设备、管路的泄漏。化工生产大都是在气相和液相条件下进行，物料大都使用管道输送，在生产和输送过程中，由于设备和管道不严密、密封不良、腐蚀严重或操作不当等原因，往往造成物料泄漏。尤其是运转设备和活动部件，更容易造成泄漏。由于化学物料或产品从设备和管道中泄漏出来不易回收而造成环境污染。

④ 生产事故。化工生产中，如果忽视安全生产而引发的事故，轻则大量排气、排液，或者生产了不需要的物质。重则发生火灾爆炸，都会造成周围环境的污染。

（二）化工污染物的特点

化工行业的快速发展为人们的生产和生活带来了巨大的改变，却也为生态环境带来了一定的压力，化工企业生产过程中造成的环境污染，主要集中在大气环境、水环境，同时化工生产排放的固体废弃物、放射性物质以及噪声等也会对人类的生存环境造成严重的污染。另外，化工生产会消耗大量的能源和资源，引起温室效应、臭氧层破坏等生态问题。如今，工业污染已经成为环境治理工作的重点和难点。化工污染物不外乎三种形态的物质，即废水、废气和废渣，总称工业"三废"。化工环境污染的特点，主要体现在：

1.废水污染的特点

化工废水是在化工生产过程中所排出的废水，其成分取决于生产过程中所采用的原料及工艺，可分为生产污水和生产废水两种。生产废水是指较为清洁，不经处理即可排放或回用的化工废水，如化工生产中的冷凝水。生产污水是指那些污染较为严重，须经过处理后才可排放的化工废水。化工废水的污染特点有以下几个方面。

① 有毒性和刺激性。化工废水中含有许多污染物，有些是有毒或剧毒的物质，如氰、酚、砷、汞、镉和铅等，这些物质在一定浓度下，大多对生物和微生物有毒性或剧毒性；有些物质不易分解，在生物体内长期积累会造成中毒；此外，还有一些有刺激性、腐蚀性的物质，如无机酸、碱类等。

② 排放量较大且浓度较高。化工废水特别是石油化工生产废水，含有各种有机酸、醇、醛、酮、醚和环氧化合物等，这种废水一经排入水体，就会在水中进一步氧化水解，从而消耗水中大量的溶解氧，直接威胁水生生物的生存。

③ pH 不稳定。化工生产排放的废水，时而呈强酸性，时而呈强碱性，pH 很不稳定，对水生生物、构筑物和农作物都有极大的危害。

④ 营养化物质较多。化工生产废水中有的含磷、氮量过高，造成水域富营养化，使水中藻类和微生物大量繁殖，严重时还会形成"赤潮"，影响鱼类生存。

⑤ 恢复比较困难。受化工有害物质污染的水域，即使减少或停止污染物排出，要恢复到水域的原状态，仍需很长时间，特别是对于可以被生物所富集的重金属污染物质，停止排放后仍很难消除污染状态。

2.废气污染的特点

① 易燃、易爆气体较多。如低沸点的酮和醛、易聚合的不饱和烃等，大量易燃、易爆气体如不采取适当措施，容易引起火灾、爆炸事故，危害极大。

② 排放物大多有刺激性或腐蚀性。如二氧化硫、氮氧化物、氯气、氟化氢等气体都有刺激性或腐蚀性，尤其以二氧化硫排放量最大，二氧化硫气体直接损害人体健康，腐蚀金属、建筑物和雕塑的表面，还易氧化成硫酸盐降落到地面，污染土壤、森林、河流、湖泊。

③ 废气中浮游粒子种类多、危害大。化工生产排出的浮游粒子包括粉尘、烟气、酸雾等，种类繁多，对环境的危害较大。特别当浮游粒子与有害气体同时存在时能产生协同作用，对人的危害更为严重。

3.废渣污染的特点

① 直接污染土壤。存放废渣占用场地，在风化作用下到处流散，既会使土壤受到污染，又会导致农作物受到影响。土壤受到污染很难得到恢复，甚至变为不毛之地。

② 间接污染水域。废渣通过人为投入、被风吹入、雨水带入等途径进入地面水或渗入地下水，而对水域产生污染，破坏水质。

③ 间接污染大气。在一定温度下，由于水分的作用会使废渣中某些有机物发生分解，产生有害气体扩散到大气中，造成大气污染。如重油渣及沥青块，在自然条件下产生的多环芳香烃气体是致癌物质。

二、化工企业的环境保护工作

化工生产企业在组织生产过程中，必须将保护环境放在重要位置，确保环保设施与生产设施同步运行，企业最高管理者，是环境保护工作的第一责任人，应认真遵守国家环保法律法规和方针、政策，加强环境保护和污染防治工作，把环境保护工作列入公司重要议事日程，并对生产过程中的污染环境事件负责。

（一）化工企业环保工作四个阶段

（1）在化工厂建设前期　做好环境保护评价工作，确定化工厂所在位置或者其工艺生产过程对周边环境没有较大影响，不威胁周边生态环境。组织新、扩、改建项目论证审查时，要将环境保护列入项目重要内容，确保环保"三同时"。

（2）在化工厂建设期　要根据化工厂不同生产装置特点采用先进适用的污染物治理、防护技术。比如有毒有害装置罐区做好地下防渗措施，高风险化工生产装置设置安全仪表系统等措施，达到设计要求，防止化工生产装置因意外情况发生爆炸事故而引发环保灾难。

（3）在化工厂运营管理期　做好日常化工生产装置及环保设备设施日常检查和维修，确保化工厂安全平稳运行，减少事故概率，从而减少非正常状态对环境的影响。所购原材料要确保优先选用清洁、无害、无毒或低毒的，以避免在生产过程中产生污染物，发生重大污染事故。同时做好废气、废水和废渣的无害化处理，将化工厂对环境的影响降到最低。

（4）在化工厂停产报废期　做好化工生产装置及罐区报废拆除工作，做到无害化处理，消除安全隐患。

（二）突发环境事件及分级标准

突发环境事件是指由于污染物排放或自然灾害、生产安全事故等因素，导致污染物或放射性物质等有毒有害物质进入大气、水体、土壤等环境介质，突然造成或可能造成环境质量下降，危及公众身体健康和财产安全，或造成生态环境破坏，或造成重大社会影响，需要采取紧急措施予以应对的事件，主要包括大气污染、水体污染、土壤污染等突发性环境污染事件和辐射污染事件。

1. 特别重大突发环境事件

凡符合下列情形之一的，为特别重大突发环境事件：

① 因环境污染直接导致 30 人以上死亡或 100 人以上中毒或重伤的；

② 因环境污染疏散、转移人员 5 万人以上的；

③ 因环境污染造成直接经济损失 1 亿元以上的；

④ 因环境污染造成区域生态功能丧失或该区域国家重点保护物种灭绝的；

⑤ 因环境污染造成设区的市级以上城市集中式饮用水水源地取水中断的；

⑥ Ⅰ类或Ⅱ类放射源丢失、被盗、失控并造成大范围严重辐射污染后果的；放射性同位素和射线装置失控导致 3 人以上急性死亡的；放射性物质泄漏，造成大范围辐射污染后果的；

⑦ 造成重大跨国境影响的境内突发环境事件。

2. 重大突发环境事件

凡符合下列情形之一的，为重大突发环境事件：

① 因环境污染直接导致 10 人以上 30 人以下死亡或 50 人以上 100 人以下中毒或重伤的；

② 因环境污染疏散、转移人员 1 万人以上 5 万人以下的；

③ 因环境污染造成直接经济损失 2000 万元以上 1 亿元以下的；

④ 因环境污染造成区域生态功能部分丧失或该区域国家重点保护野生动植物种群大批死亡的；

⑤ 因环境污染造成县级城市集中式饮用水水源地取水中断的；

⑥ Ⅰ类或Ⅱ类放射源丢失、被盗的；放射性同位素和射线装置失控导致 3 人以下急性死亡或者 10 人以上急性重度放射病、局部器官残疾的；放射性物质泄漏，造成较大范围辐射污染后果的；

⑦ 造成跨省级行政区域影响的突发环境事件。

3. 较大突发环境事件

凡符合下列情形之一的，为较大突发环境事件：

① 因环境污染直接导致 3 人以上 10 人以下死亡或 10 人以上 50 人以下中毒或重伤的；

② 因环境污染疏散、转移人员 5000 人以上 1 万人以下的；

③ 因环境污染造成直接经济损失 500 万元以上 2000 万元以下的；

④ 因环境污染造成国家重点保护的动植物物种受到破坏的；

⑤ 因环境污染造成乡镇集中式饮用水水源地取水中断的；

⑥ Ⅲ类放射源丢失、被盗的；放射性同位素和射线装置失控导致 10 人以下急性重度放

射病、局部器官残疾的；放射性物质泄漏，造成小范围辐射污染后果的；

⑦ 造成跨设区的市级行政区域影响的突发环境事件。

4.一般突发环境事件

凡符合下列情形之一的，为一般突发环境事件：

① 因环境污染直接导致 3 人以下死亡或 10 人以下中毒或重伤的；

② 因环境污染疏散、转移人员 5000 人以下的；

③ 因环境污染造成直接经济损失 500 万元以下的；

④ 因环境污染造成跨县级行政区域纠纷，引起一般性群体影响的；

⑤ Ⅳ类或Ⅴ类放射源丢失、被盗的；放射性同位素和射线装置失控导致人员受到超过年剂量限值的照射的；放射性物质泄漏，造成厂区内或设施内局部辐射污染后果的；铀矿冶、伴生矿超标排放，造成环境辐射污染后果的；

⑥ 对环境造成一定影响，尚未达到较大突发环境事件级别的。

第四节　化工行业噪声

噪声污染和大气污染、水污染及固体废物污染一起被称作环境四大公害。而化工行业作为噪声污染的重大来源之一，已经受到人们重视。认清噪声污染危害的严重性，以减少其对社会生产和人的健康等方面的不良影响具有重要的意义。

一、环境噪声的基本概念

典型案例

2022 年 8 月，根据《上海市建设项目环境保护事中事后监督管理办法》，奉贤区生态环境局执法大队联合监测部门对区内一告知承诺制建设项目开展环境保护事后执法检查及监测，监测报告显示监测当日公司空压机房正对的东边界外 1m、墙上 0.5m 处噪声修正值为 62dB（A），超过《工业企业厂界环境噪声排放标准》（GB 12348—2008）规定的排放限值。

该公司上述行为违反了《中华人民共和国噪声污染防治法》第二十二条第一款"排放噪声、产生振动，应当符合噪声排放标准以及相关的环境振动控制标准和有关法律、法规、规章的要求"的规定，根据《中华人民共和国噪声污染防治法》第七十五条的规定，2022 年 10 月，奉贤区生态环境局责令该公司立即改正违法行为，并处以罚款人民币 3.08 万元。

（一）环境噪声简介

1.环境噪声污染的概念

根据《中华人民共和国噪声污染防治法》，噪声是指在工业生产、建筑施工、交通运输和社会生活中所产生的干扰周围生活环境的声音。环境噪声污染，是指超过噪声排放标准或者未依法采取防控措施产生噪声，并干扰他人正常生活、工作和学习的现象。

噪声在不同的场合有不同的含义，例如在听课时，即使美妙的音乐也是"噪声"，而在欣赏音乐时说话又成了噪声。但在一般情况下，噪声多是指那些在任何环境下都会引起人厌烦的、难听的声音。

2.环境噪声的特点

由噪声引发的环境污染与大气污染、水污染及固体废弃物污染相比，有所不同。噪声是一种物理污染，它一般只产生局部的影响，不会造成区域性或者全球性的污染；噪声在环境中永远存在，本身对人无害，只是在环境汇总的量过高或者过低时，才会造成污染或异常；另外，噪声污染不像其他的污染会有污染残留物，当噪声源一旦停止发声，噪声污染也随之消失。

（二）环境噪声分类

环境噪声分为工业企业噪声、交通运输噪声、建筑施工噪声和社会生活噪声等。

工业企业噪声是指工业生产过程中由于机器或设备运转以及其他活动所产生的噪声。由于工业噪声声源多而分散，噪声类型比较复杂，因生产的连续性，声源也较难识别，治理起来较困难。

交通运输噪声主要指机动车辆、铁路机车、机动船舶、航空器等交通运输工具在运行时所产生的干扰周围生活环境的声音。交通噪声有街道汽车、摩托车、轮船的行驶和鸣笛声，铁路、城市轨道、机场噪声等等。

建筑施工噪声是指在建筑施工过程中产生的干扰周围生活环境的声音。建筑施工中的某些噪声具有突发性、冲击性、不连续性等特点，某些施工现场紧邻居住建筑群，特别容易引起人们的烦恼。

社会生活噪声是指人为活动所产生的除工业企业噪声、建筑施工噪声和交通运输噪声之外的干扰周围生活环境的声音。包括来自文化娱乐场所、商业经营、公共场所、邻里等四个方面的噪声。

二、化工企业噪声来源和特点

化工企业一般都是连续不间歇的生产，设备日夜不停地运转。工人一般分内操工和外操工，内操工在控制室内通过 DCS 对生产过程进行查看和监控，外操工一般以巡检为主进行现场作业。只要生产装置不停，噪声就存在，工人就会受到噪声持久的干扰或影响。

1.化工企业噪声来源

（1）机械噪声　机械性噪声是由于机械设备在运转过程中，转动部件间的摩擦力、撞击力或非平衡力，使机械部件等发声体产生无规律振动而辐射出的噪声。如球磨机、空气锤、原油泵、粉碎机、机械性传送带等。还有一类是管道振动噪声，例如阀门的快速开关或泵的启动与停止引起的水锤流体通过节流孔时产生的高压力降液体等。

（2）喷射噪声　在高速气流从管口喷出后，距离喷射口（5～8）D（D 为管口直径）的部分喷射出的气流会剪切周围的空气并与之发生强烈的混合，随着混合后逐渐向外扩散。在这一过程中会产生强烈的噪声。如压缩空气、高压蒸汽放空、加热炉、催化"三机"室等。

（3）旋转噪声及涡流噪声　旋转噪声是压缩机、风机等设备的叶轮高速旋转时切割周围气体介质，引起周围气体压力脉动而形成。叶片在引起气体压力脉动的同时会切割气流使其在叶片界面产生分裂，形成附面层及漩涡，这些涡流由于空气本身的黏滞作用，又分裂成许多小涡流，从而扰动空气形成压缩与稀疏过程而产生噪声，辐射出一种非稳定的流动噪声，常见于空冷器组。

（4）电磁噪声　电磁噪声主要是由电磁场交替变化而引起的某些机械部件或空间容积振动而产生的噪声。电机气隙中存在各种阶次、各种频率的旋转径向电磁力波，它们分别作用在定子/转子铁心上，使定子铁心和机座以及转子出现周期性变化的径向变形，即发生振动。

2. 化工行业噪声污染特点

噪声污染特点是无积累、无残留，声源停止发声，噪声影响随之消失。由于化工行业生产工艺流程复杂，程序烦琐，化工行业的噪声污染具有以下特点。

（1）噪声污染源多　所用机械设备种类繁多，如工业泵、过滤机、加热炉、压缩机、管道阀门、排气放空、粉碎机、风机等，结构复杂，导致其噪声污染源多，影响范围大。

（2）噪声持续时间长　在化工生产中，需要机械设备不停运转，只要设备不停运转，噪声就会一直存在。

（3）噪声扩散范围较小　化工企业的噪声污染主要集中在厂房区域内，对企业厂房以外的影响较小。

（4）噪声污染具有潜在危险性　噪声污染是一种看不见的伤害，必须累积到一定程度才使人致病，噪声污染具有潜在的危害性。但是一线生产人员采取了相应的防护措施，就可以有效地降低噪声污染的影响。

三、化工行业噪声的危害

1. 对人体的危害

噪声可使人感到疲劳、情绪消极甚至引起疾病。其给人带来的生理和心理上的危害主要有以下几个方面：

① 损害听力。在噪声环境下工作，会发生暂时性的听觉位移，如果没有任何防护措施，长期处在生产噪声环境中，可能会发生永久性的听觉位移。永久性听觉位移继续发展恶化会导致噪声聋，丧失一部分听力。

② 有害于人的心血管系统。噪声会使人出现脉搏和心率改变，血压升高或降低，心律不齐，传导阻滞，心脏病加剧。突发性的噪声也会令人过度紧张而导致心血管疾病。

③ 影响人的神经系统，使人急躁、易怒。使人出现头痛、头晕、易疲倦、失眠、心悸、情绪不安、易怒、自卑、记忆力减退和注意力不集中等神经衰弱症。

④ 噪声对人体的生理机能也会产生不良影响，诱发多种疾病。在工作状态下，高强度的噪声则可能导致作业人员身体机能受损，影响工作效率，甚至操作失误。

2. 对仪器设备的影响

当噪声污染强度比较大时，会损伤仪器设备，影响仪器设备的正常使用，甚至导致仪器设备的失效。研究证明，当噪声强度超过 150dB 时，仪器中的电阻、电容、晶体管等设备会受到严重损害。

3. 对安全生产的影响

长期工作于嘈杂的企业环境中，不容易集中注意力，容易疲劳，无法正常安心工作，反应速度和工作能力有所下降，较容易出现失误和遗漏，

M7-6 噪声对
人体的危害
扫一扫

导致安全事故的发生。化工生产的企业厂房内，由于噪声污染，使工作者无法及时清晰地接收各种信息。有时，高强度的噪声会掩蔽安全信号，会导致一些仪器设备失灵，进而引发事故。

第五节　化工行业噪声控制

一、噪声排放标准

为防治工业企业、社会生活噪声污染，改善声环境质量，国家出台了《工业企业厂界环境噪声排放标准》（GB 12348—2008）、《社会生活环境噪声排放标准》（GB 22337—2008），规定了工业企业和固定设备厂界环境噪声排放限值、社会生活噪声污染源达标排放及其测量方法。

（一）标准的适用区域

（1）0 类声环境功能区：指康复疗养区等特别需要安静的区域。

（2）1 类声环境功能区：指以居民住宅、医疗卫生、文化教育、科研设计、行政办公为主要功能，需要保持安静的区域。

（3）2 类声环境功能区：指以商业金融、集市贸易为主要功能，或者居住、商业、工业混杂，需要维护住宅安静的区域。

（4）3 类声环境功能区：指以工业生产、仓储物流为主要功能，需要防止工业噪声对周围环境产生严重影响的区域。

（5）4 类声环境功能区：指交通干线两侧一定距离之内，需要防止交通噪声对周围环境产生严重影响的区域，包括 4a 类和 4b 类两种类型。4a 类为高速公路、一级公路、二级公路、城市快速路、城市主干路、城市次干路、城市轨道交通（地面段）、内河航道两侧区域；4b 类为铁路干线两侧区域。

（6）夜间频繁突发的噪声（如排气噪声）。其峰值不准超过标准值 10dB（A），夜间偶然突发的噪声（如短促鸣笛声），其峰值不准超过标准值 15dB（A）。

（二）工业企业厂界环境噪声排放标准

工业企业厂界环境噪声排放标准值如表 7-1 所示。

表 7-1　工业企业厂界环境噪声排放标准值

厂界外声环境功能区类别	昼间/dB（A）	夜间/dB（A）
0 类	50	40
1 类	55	45
2 类	60	50
3 类	65	55
4 类	70	55

（三）社会生活环境噪声排放标准

城市乡村环境噪声标准值如表 7-2 所示。

表 7-2　城市乡村环境噪声标准值

边界外声环境功能区类别	昼间/dB（A）	夜间/dB（A）
0 类	50	40
1 类	55	45
2 类	60	50
3 类	65	55
4 类	70	55

二、化工行业噪声防控对策

扫一扫

M7-7 噪声的预防措施

噪声污染综合防治问题是一个系统工程，往往需要针对声源及其传播特性采用综合控制的方法去解决。噪声污染综合防治包括管理和工程技术两个方面。

典型案例

石化职业病防治所利用 B/K2250 精密声级计对某公司催化剂成型车间噪声现场进行调查和实测，靠近滚球锅料口的工人操作位噪声在 87.5～92.8dB（A），机组对称中央区域噪声约 88.7dB（A），减速机近场峰值噪声 98.0dB（A），基本属于中频噪声。

按照《工业企业噪声控制设计规范》（GB/T 50087—2013），对应的生产车间噪声控制指标应为 85dB（A）。设计降噪治理方案如下，以期将工人操作区域噪声全部降低至 85dB（A）以下：

① 对滚球锅外表面涂覆适当的阻尼材料，进行阻尼隔声处理；
② 对减速机与驱动电机系统加装通风消声隔声罩；
③ 在每台减速机之间加装可移动隔声吸声挡板；
④ 对成型车间内进行适当吸声处理；
⑤ 为降低操作工人劳动强度，可研制更轻巧耐用的刮铲等特殊工具，并配以可移动式悬臂支架或工位吊架。采用转动成型方式，将粉料置于转动的容器中，喷淋适量水或黏结剂，润湿的物料互相黏附，在滚球锅内滚动逐渐长大为球形催化剂颗粒。

（一）主要管理措施

噪声控制的基本程序应是从声源特性调查入手，通过传播途径的分析、降噪量确定等一系列步骤再选定最佳方案，最后对噪声控制工程进行评价。

在化工企业内部，应该合理进行布局和环境规划，建立必要的防噪隔离带。比如，应该把低频噪声设备车间和高频噪声设备车间分开，把噪声强度大、影响范围广的噪声设备放在厂房角落位置，把要求安静的化验室和办公室放在噪声源的上风侧。在厂房外面加强绿化，树木和草丛对于噪声有一定的散射和吸收功能，所以在厂房车间附近种植灌丛和多层林带，可以有效降低噪声。

强化对噪声源的管理，严格执行环境影响评价和"三同时"制度，以及对现有噪声污染设备、设施的申报登记与限期治理制度；建立噪声源数据库，实行数字化智慧化管理。

控制新噪声源的产生，减小现有噪声源的影响，对噪声污染严重的落后设备装置实行淘汰制度，促进技术先进的低噪声产品的开发使用等。

化工企业合理布局，高噪声设备远离敏感区域或建筑；选用低噪声工艺及低噪声设备是控制化工噪声污染的根本方法。

（二）主要工程技术手段

噪声传播过程中有三个要素，即声源、传播途径和接受者。实际生产中噪声污染是多种多样的，噪声源不同，传播途径不同，所采取的技术措施也不同。从技术路线上可以考虑源头控制，传播途径控制和敏感目标防护三个方面。

1.源头控制

降低各类声源的噪声发射是应该首先考虑的基本措施，所有可能采用的噪声源降低措施都应尽量优先考虑，包括采用低噪声的设备和加工工艺，降低声源的声强；改进运转设备和工具结构，提高部件的加工精度和装配质量及合理的声源布局等。

2.传播途径控制

针对化工设备噪声以固定噪声源为主的特点，利用声音的吸收、反射、干涉等特性，采用吸声、隔声、消声器、隔振、阻尼等技术措施，在传播途径上采取噪声控制措施。

阻止噪声传播的技术主要包括隔声、消声、吸声、隔振等。隔声处理有隔声罩、隔声屏障等，主要用于集中噪声源与受声者的隔离；消声处理有消声器、消声百页、消声弯头等，主要用于治理气动性噪声或需要通风散热的噪声源；吸声处理通常作为隔声、消声等措施的辅助手段，主要起到减少室内反射声能的作用；减振处理如大型设备的减振基础及基础减振器、设备外壳减振的阻尼涂层、管道减振的管道包扎、弹性吊钩等。

3.敏感目标防护

采用建筑物围护结构隔声及个体防护措施。实行噪声作业与非噪声作业轮换制度，对工人定期进行听力和健康检查，加强工人自我保护意识，普及宣传噪声污染相关知识。采取佩戴头盔、耳罩、在耳朵内塞防声棉花等防护措施，都可以有效减轻噪声对工作人员的伤害。

三、几种化工通用设备噪声污染控制措施

（一）水泵的噪声控制

泵用于液体的输运，如水、油、水泥浆等，是最常见的机械设备，广泛用于化工企业中。水泵噪声声级为 75～110dB(A)。

1.水泵的噪声特性

与其他化工机械一样，水泵种类很多，按照工作原理和主要结构可分为叶片式和容积式两大类。化工生产中比较常见是叶片式水泵中的离心式水泵，属于宽带噪声。

2.水泵噪声控制的一般方法

离心式水泵噪声主要包括五部分：涡流噪声、泵体机械噪声、基础振动噪声、电动机噪声、管道和阀门噪声。其中，涡流噪声是叶轮旋转产生的，和气体的涡流噪声相似。管道和阀门噪声包括气穴噪声和水压脉动冲击管道产生的振动噪声。气穴噪声是由于水中气泡形成与爆破时产生的。当水流速较高时，在阀门处由于阀门的节流流速进一步加大，而压力可低于水气化压力，使水急剧气化而产生气穴。

针对上述噪声，水泵噪声控制的一般方法是：

① 选用低噪声水泵和阀门；

② 进、排水口加装可曲绕接头；

③ 水泵加隔声罩或隔声间；

④ 水泵做减振基座；

⑤ 合理设计与布置管线；

⑥ 控制室的隔声设计。

（二）空气压缩机的噪声控制

空气压缩机是一种提高气体压力和输送气体的机械，广泛用于冶金、矿山、化工、建材、机械等行业。空气压缩机噪声声级为90~120dB(A)，是最常见的强噪声源之一。

1.空气压缩机的噪声特性

空气压缩机的主要结构类型有：离心式、活塞式（往复式）、螺杆式。工业生产中应用的空气压缩机差别很大，不仅风量、风压（压缩比）相差大，而且工作原理完全不同。

2.空气压缩机噪声控制的一般方法

典型的空气压缩机噪声包含八部分：进气口噪声、排气口噪声、管道和阀门噪声、机体内机械性噪声、驱动机噪声、基础振动噪声、储气罐噪声、排气放空噪声。

针对这些噪声，空气压缩机噪声控制的一般方法是：

① 选用噪声低的空气压缩机；

② 进、排气口和放空口加消声器；

③ 空气压缩机加隔声罩或隔声间；

④ 管道的隔声包扎与减振；

⑤ 空气压缩机做减振基座；

⑥ 储气罐的消声与隔声。

（三）风机的噪声控制

风机是在化工生产中应用最广泛的设备，风机噪声声级为80~120dB(A)，是最常见的强噪声源之一。

1.风机的噪声特性

风机的噪声与结构类型、风量、风压以及工况有关。风机流量与风压差异很大，因此噪声差异很大。一般来说，风机风量越大、风压越高、噪声越高。

2.风机噪声控制的一般方法

风机噪声包含五部分：进气口噪声、排气口噪声、机壳噪声、电动机噪声、基础振动噪声。针对这些噪声，风机噪声控制的一般方法是：

① 选用低噪声风机；

② 进、排气口加消声器；

③ 风机加隔声罩或隔声间；

④ 管道的隔声包扎；

⑤ 风机做减振基座。

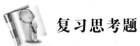 **复习思考题**

一、填空题

1. 地球环境主要是指地球的_____、水圈、土壤圈、_____和生物圈。

2. 按照环境的性质，环境可分为_____环境和_____环境。

3. 按生态系统形成的原动力和影响力，可分为自然生态系统、_____生态系统和人工生态系统三类。

4. 生态系统的一级结构指四个组成成分即_____、消费者、_____、非生物成分组成的结构。

5. 生态文明是人类遵循人、自然、_____和谐发展这一客观规律而取得的物质与精神成果的总和。

6. "美丽中国"是中国共产党第_____次全国代表大会提出的概念。

7. 马斯河谷烟雾事件的主要污染物是_____。

8. 水俣病事件的主要污染物是_____。

9. 米糠油事件的主要污染物是_____。

10. 酸雨正式的名称是酸性沉降，是指 pH 值小于_____的雨、雪、雾、雹等大气降水。

11. 化工污染物的种类按污染物的性质可分为_____、_____和_____。

12. "三同时"制度是指建设项目的污染治理设施必须与主体工程同时_____、同时_____、同时_____的制度。

13. 环境质量标准按环境要素分，有水质量标准、_____、_____、_____和_____五类。

二、选择题

1. （　　）污染和大气污染、水污染及固体废物污染一起被称作环境四大公害。
   A. 噪声　　　　　B. 白色　　　　　C. 垃圾　　　　　D. 化学

2. 依据《中华人民共和国噪声污染防治法》，噪声是指在工业生产、建筑施工、交通运输和（　　）中所产生的干扰周围生活环境的声音。
   A. 电磁　　　　　B. 社会生活　　　C. 机械　　　　　D. 动力

3. 以工业生产、仓储物流为主要功能，需要防止工业噪声对周围环境产生严重影响的区域为（　　）类声环境功能区。
   A. 0　　　　　　B. 1　　　　　　C. 2　　　　　　D. 3

4. 夜间频繁突发的噪声（如排气噪声），其峰值不准超过标准值（　　）dB(A)。
   A. 5　　　　　　B. 10　　　　　　C. 15　　　　　　D. 20

5. 工业企业厂界环境噪声排放标准 4 类区昼间环境噪声排放标准为小于（　　）dB(A)。
   A. 60　　　　　　B. 70　　　　　　C. 80　　　　　　D. 90

6. 噪声传播过程中有三个要素，即声源、（　　）和接受者。
   A. 声压　　　　　B. 声强　　　　　C. 传播途径　　　D. 声功率

7. 噪声影响属于哪种事故后果？（　　）
   A. 职业健康　　　B. 财产损失　　　C. 产品损失　　　D. 环境影响

8. 化工企业合理布局，高噪声设备远离（　　）或建筑；选用低噪声工艺及低噪声设备是控制化工噪声污染的根本方法。

A. 敏感区域　　　　B. 隔离带　　　　C. 厂房　　　　D. 道路

9. 空气压缩机噪声声级为（　　）dB(A)。

A. 90～120　　　　B. 50～70　　　　C. 40～70　　　　D. 30～70

三、简答题

1. 什么是环境要素？

2. 什么是环境容量？

3. 简述环境的功能。

4. 简述"两山理论"。

5. 建设美丽中国的重点任务是什么？

6. 简述生物多样性。

7. 简述生态平衡。

8. 我国环境保护工作方针及原则是什么？

9. 什么是环境标准？

10. 简述目前人类十大环境问题。

11. 简述特别重大突发环境事件的标准。

12. 简述化工污染物的来源。

13. 简述化工行业的噪声污染特点。

14. 简述化工行业噪声的危害。

15. 简述水泵噪声控制的一般方法。

16. 简述空气压缩机噪声控制的一般方法。

17. 简述风机噪声控制的一般方法。

参考文献

[1] 李廷友. 环境保护概论. 北京：化学工业出版社，2021.

[2] 袁霄梅. 环境保护概论. 2版. 北京：化学工业出版社，2019.

[3] 杨永杰. 化工环境保护概论. 3版. 北京：化学工业出版社，2022.

[4] 徐文明. 责任关怀与安全技术. 北京：化学工业出版社，2019.

第八章

化工废气治理

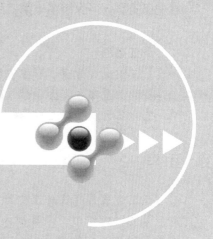

 教学目的及要求

通过学习本章，了解大气组成与结构，认识大气中主要污染物及其来源，掌握大气污染基本概念、悬浮颗粒物的危害，掌握大气污染综合防治的意义、步骤及碳达峰与碳中和，大气污染综合防治采取的措施，掌握化工废气综合治理技术。增加环境保护知识储备的同时提升环境保护的人文精神和素养。

知识目标：

1.掌握大气污染基本概念，了解大气污染综合防治的意义、步骤及大气污染综合防治采取的措施；

2.熟悉大气污染治理相关法律法规；

3.掌握吸收法、吸附法、催化转化法、燃烧法、冷凝法处理原理；掌握二氧化硫污染物的防治方法，熟悉先进的洁净技术；

4.掌握碳达峰与碳中和知识，了解我国应对气候变化推进生态文明建设的目标。

技能目标：

1.掌握化工废气及其处理原则；

2.熟悉气态污染的一般处理技术；

3.掌握二氧化硫废气治理技术；

4.了解氮氧化物废气的治理技术。

素质目标：

1.学习节能减排、低碳环保，"蓝天白云保卫战"，深刻认识我国为实现空气质量改善所做出的贡献，加深对我国大气环境治理的责任感和自豪感；

2.聚焦化工废气治理，确立绿色化工理念，践行绿色发展行动，掌握先进的职业知识和技能，探索实施二氧化碳捕集与封存技术，实现化工生产过程中产生的有害气体处理，使其符合环境污染物排放标准，实现环保与经济的双赢；

3.具有贯彻、执行国家环境标准的意识和强烈的责任感、使命感。

课证融通：

1. 工业废气治理工职业技能等级证书（中、高级工）；
2. 化工危险与可操作性（HAZOP）分析职业技能等级证书（初、中级）；
3. 化工总控工职业技能等级证书（中、高级工）。

引言

化工废气是指在化工生产中由化工厂排出的有毒有害的气体。化工废气排入大气中的污染物种类繁多，数量很大。化工废气综合治理是综合运用各种防治大气污染的技术措施和对策，实施最优的控制技术方案和工程措施，以期实现区域大气环境质量控制目标。

第一节　化工废气

一、大气污染及主要污染物

（一）大气的组成与结构

包围地球的气体称为大气。大气是混合气体，含有极少量的水汽和杂质。除去水汽和杂质的空气称为干洁空气。干洁空气的主要成分为 78.09% 的氮，20.94% 的氧，0.93% 的氩，氖、氦、氪、氙等稀有气体含量合计不到 0.1%。近地层干洁空气的组成见表 8-1。

扫一扫

M8-1 大气成分

表 8-1　近地层干洁空气的组成

气体类别	含量(体积分数)/%	气体类别	含量(体积分数)/%
氮(N_2)	78.09	氪(Kr)	1.0×10^{-4}
氧(O_2)	20.95	氢(H_2)	0.5×10^{-4}
氩(Ar)	0.93	氙(Xe)	0.08×10^{-4}
二氧化碳(CO_2)	0.03	臭氧(O_3)	0.01×10^{-4}
氖(Ne)	18×10^{-4}	干空气	100
氦(He)	5.24×10^{-4}		

在干洁空气中，易变的成分是二氧化碳（CO_2）、臭氧（O_3）等，这些气体受地区、季节、气象以及人类生活和生产活动的影响。正常情况下，在 20km 以上的高空二氧化碳含量明显减少。

由于受地心引力的作用，大气在垂直方向的分布极不均匀。根据大气垂直方向分布的特点，在结构上可将大气圈分为 5 层，有对流层、平流层、中间层（上界为 85km 左右）、热成层（上界为 800km 左右）和散逸层（没有明显的上界）。大气的垂直分层结构见图 8-1。

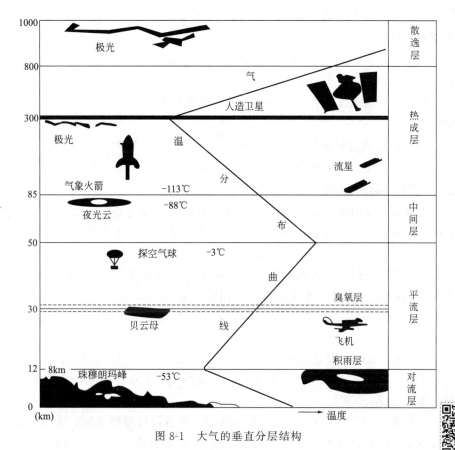

图 8-1 大气的垂直分层结构

1. 对流层

对流层是大气圈中最靠近地面的一层，平均厚度约 12km。对流层集中了占大气总质量 75% 的空气和几乎全部的水蒸气量，是天气变化最复杂的层次。该层的特点有：

① 气温随着高度的增加而降低。这是由对流层的大气不能直接吸收太阳辐射的能量，但能吸收地面反射的能量所致。

② 空气具有强烈的对流运动。近地表的空气接受地面的热辐射后温度升高，与高空的冷空气形成垂直对流。

③ 人类活动排入大气的污染物绝大多数在对流层聚集。因此，对流层的状况对人类生活的影响最大，与人类关系最密切。

2. 平流层

平流层位于对流层之上，其上界伸展至约 55km 处。在平流层的上部，即 30～35km 以上，温度随高度升高而升高。在 30～35km 以下，温度随高度的增加而变化不大，气温趋于稳定，故该层又称为同温层。平流层的特点是空气气流以水平运动为主。在高 15～35km 处有厚约 20km 的臭氧层，其分布有季节性变动。臭氧层能吸收太阳的短波紫外线和宇宙射线，使地球上的生物免受这些射线的危害，得以生存繁衍。

3.中间层

从平流层顶至 85km 处的范围称为中间层。该层的气温随高度的增加而迅速降低。因此，该层也存在明显的空气垂直对流运动。

4.热成层（暖层）

热成层位于 85～800km 的高度之间。该层的气体在宇宙射线作用下处于电离状态。电离后的氧能强烈吸收太阳的短波辐射，使空气迅速升温，因而该层的气温随高度的增加而增加。该层能反射无线电波，对于无线电通信有重要意义。

5.散逸层

800km 以上的区域统称为散逸层，也称为外层大气。该层大气稀薄，气温高，分子运动速度快，地球对气体分子的吸引力小，因此气体及微粒可飞出地球引力场进入太空。

（二）大气污染的定义

大气污染通常是指由于人类活动或自然过程引起的某些物质进入大气中，累积呈现出足够的浓度，并驻留一定的时间，使大气质量恶化，对人类健康生存和生态环境造成危害的现象。

空气污染指数（API）是将例行监测的几种空气污染物浓度简化成为单一的指数值，并分级表征空气污染程度和空气质量状况，用于反映和评价空气质量的指标。1997 年开始在中国用于发布空气质量日报、空气质量周报，表示城市短期的空气质量状况和变化趋势。

空气质量指数（AQI）是定量描述空气质量状况的指标。AQI 的数值越大、级别越高，说明空气污染状况越严重，对人体的健康危害也就越大。单项污染物的空气质量指数称为空气质量分指数（IAQI）。

空气污染指数（API）和空气质量指数（AQI）两者设计原理相同，无本质区别，都是为发布空气质量状况而设计的一种易于理解的空气质量表达方式。但两者表述角度不同，AQI 较 API 更加强调空气质量状况，可以对空气质量的优、良或污染程度进行恰当的表征。2013 年以前，我国采用 API 发布空气质量日报。2013 年起，逐渐采用 AQI 发布空气质量日报。空气质量指数及相关信息见表 8-2。

表 8-2　空气质量指数及相关信息

空气质量指数（AQI）	空气质量指数级别	空气质量指数类别及表示颜色		对健康影响情况	建议采取的措施
0～50	一级	优	绿色	空气质量令人满意,基本无空气污染	各类人群可正常活动
51～100	二级	良	黄色	空气质量可接受,但某些污染物可能对极少数异常敏感人群健康有较弱影响	极少数异常敏感人群应减少户外活动
101～150	三级	轻度污染	橙色	易感人群症状有轻度加剧,健康人群出现刺激症状	儿童、老年人及心脏病、呼吸系统疾病患者应减少长时间、高强度的户外锻炼
151～200	四级	中度污染	红色	进一步加剧易感人群症状,可能对健康人群心脏、呼吸系统有影响	儿童、老年人及心脏病、呼吸系统疾病患者避免长时间、高强度的户外锻炼;一般人群适量减少户外运动

续表

空气质量指数（AQI）	空气质量指数级别	空气质量指数类别及表示颜色		对健康影响情况	建议采取的措施
201～300	五级	重度污染	紫色	心脏病和肺病患者症状显著加剧,运动耐受力降低,健康人群普遍出现症状	儿童、老年人和心脏病、肺病患者应停留在室内,停止户外运动;一般人群减少户外运动
>300	六级	严重污染	褐红色	健康人群运动耐受力降低,有明显强烈症状,提前出现某些疾病	儿童、老年人和病人应当留在室内,避免体力消耗;一般人群应避免户外活动

（三）大气中主要污染物

大气污染物是指能使空气质量变差的物质。大气污染物的形成有自然因素和人为因素两种。自然因素包括森林火灾、火山爆发等,人为因素包括工业废气、生活燃煤、汽车尾气等,其中后者为主要因素。造成大气污染的主要过程由污染源排放、大气传播、人与物受害这三个环节所构成。

目前,已知的大气污染物约有 100 多种,它们的分类方式有很多种。按照其成因,大气污染物可分为一次污染物和二次污染物。

一次污染物是指直接从污染源排放的污染物质,如二氧化硫、二氧化氮、一氧化碳、颗粒物等。它们又可分为反应物和非反应物,前者不稳定,在大气环境中常与其他物质发生化学反应,或者作催化剂促进其他污染物之间的反应,后者则不发生反应或反应速度缓慢。

二次污染物是指由一次污染物在大气中互相作用经化学反应或光化学反应形成的与一次污染物的物理、化学性质完全不同的新的大气污染物,其毒性比一次污染物还强。最常见的二次污染物有硫酸及硫酸盐气溶胶、硝酸及硝酸盐气溶胶、臭氧、光化学氧化剂,以及许多不同寿命的活性中间物（又称自由基）。

根据大气污染物的存在状态,也可将其分为颗粒污染物（又称气溶胶状态污染物）和气态污染物。

1. 颗粒污染物

在大气污染中,颗粒污染物是指沉降速度可以忽略的小固体粒子、液体粒子或它们在气体介质中的悬浮体系。从大气污染物控制的角度,按照气溶胶的来源和物理性质,可将其分为如下几种。

（1）粉尘 粉尘是指悬浮于气体介质中的微小固体颗粒,受重力作用能发生沉降,但在一段时间内能保持悬浮状态。粉尘粒径一般在 $1～200\mu m$ 之间。

粉尘的形成原因很多。如固体物质的机械加工或粉碎,如金属研磨、切削、钻孔、破碎、磨粉、农林产品加工等;物质加热时产生的蒸气在空气中凝结或被氧化所形成的尘粒,如金属熔炼、焊接等;有机物质不完全燃烧所形成的微粒,如木材、油、煤类等燃烧时所产生的烟尘等;铸件的翻砂、清砂粉状物质的混合,过筛、包装、搬运等操作过程中,以及沉积的粉尘由于振动或气流运动,使沉积的粉尘又浮游于空气中（产生二次扬尘）也是粉尘的来源。

在大气中粉尘的存在可以保持地表温度,但粉尘的量过多或者过少都会对环境产生灾难性的影响。尤其生产性粉尘,如煤尘、水泥粉尘、各种金属粉尘等,会影响人类健康,诱发多种疾病。

（2）烟　烟一般是指由冶金过程形成的固体颗粒的气溶胶。在生产过程中总是伴有诸如氧化之类的化学反应，生成氧化铅烟、氧化锌烟等。烟的粒子是很细微的，粒径范围一般为 $0.01\sim1\mu m$。

（3）飞灰　飞灰是指随燃料燃烧产生的烟气排出的分散得较细的灰分。灰分是含碳物质燃烧后残留的固体渣，在分析测定时假定它是完全燃烧的。

（4）黑烟　黑烟是指由燃料燃烧产生的能见气溶胶，不包括水蒸气。黑烟的粒径范围为 $0.05\sim1\mu m$。

（5）雾　雾是气体中液滴悬浮体的总称。它是由于液体蒸气的凝结、液体的雾化以及化学反应等过程形成的，如水雾、酸雾、碱雾、油雾等，水滴的粒径范围在 $200\mu m$ 以下。

颗粒污染物除以上 5 种分类外，根据颗粒物的空气动力学等效直径可以分为降尘、总悬浮颗粒物（TSP）、可吸入颗粒物（PM_{10}）、粗颗粒物（$PM_{2.5\sim10}$）和细颗粒物（$PM_{2.5}$）等。降尘是靠自身的重量较快沉降到地面的大气颗粒物，粒径范围为 $100\sim1000\mu m$。总悬浮颗粒物指空气动力学等效直径小于等于 $100\mu m$ 的颗粒物。可吸入颗粒物是空气动力学等效直径小于等于 $10\mu m$ 的颗粒物的总称，可以通过呼吸进入呼吸道。粗颗粒物是空气动力学等效直径小于等于 $10\mu m$，且大于 $2.5\mu m$ 的颗粒物的总称。细颗粒物是空气动力学等效直径小于等于 $2.5\mu m$ 的颗粒物的总称。

颗粒物污染是影响人群身体健康的主要环境危害之一，与人群健康效应关系密切，如环境颗粒物浓度水平与心肺系统的健康效应之间存在相关性。颗粒物污染还直接影响植物生长，破坏自然生态系统，影响大气能见度，影响气候变化等。

1982 年我国制定了《大气环境质量标准》（GB 3095—82），规定了总悬浮微粒和飘尘的浓度限值，部分城市开始监测总悬浮微粒和飘尘。1996 年颁布了《环境空气质量标准》（GB 3095—1996），将颗粒物名称修改为总悬浮颗粒物和可吸入颗粒物。1996～2001 年，在全国范围内监测可吸入颗粒物。2012 年颁布的《环境空气质量标准》（GB 3095—2012）规定了 TSP、PM_{10} 和 $PM_{2.5}$ 的浓度限值，在全国范围内开始监测这些指标。由于污染物监测状态的规定与国外通行做法不一致，使得国内外对污染物质量浓度监测结果的可比性较差。2018 年 8 月实施的 GB 3095—2012/XG1—2018《环境空气质量标准》第 1 号修改单，修改了标准中关于监测状态的有关规定，实现与国际接轨。

2. 气态污染物

气态污染物是指在常态、常压下以分子状态存在的污染物。气态污染物包括气体和蒸气。气体是某些物质在常温、常压下所形成的气态形式。蒸气是某些固态或液态物质受热后，引起升华或挥发而形成的气态物质，如汞蒸气、苯、硫酸蒸气等。具体分类见表 8-3。

表 8-3　气态污染物分类

污染物	一次污染	二次污染
含硫污染物	SO_2、H_2S	SO_3、H_2SO_4
含氮污染物	NO、NH_3	NO_2、HNO_3、硝酸盐
碳的污染物	CO、CO_2	无
有机污染物	$C_1\sim C_{10}$ 化合物	臭氧、过氧化乙酰硝酸酯、酮类、醛类

（1）硫氧化物　硫氧化物主要有 SO_2 和 SO_3，都是无色、有刺激性臭味、呈酸性的气

体。其中 SO_2 是目前大气污染物中数量较大、影响范围广的一种气态污染物。大气中 SO_2 的来源很广，它主要来自化石燃烧过程，以及硫化物矿石的焙烧、冶炼等热过程。除此之外，火力发电厂、有色金属冶炼厂、硫酸厂、炼油厂以及所有烧煤或油的工业炉窑等都排放 SO_2 烟气。排至大气的 SO_2 可缓慢地被氧化成 SO_3，溶于雨水中，形成酸雨。

（2）氮氧化物　氮氧化物指的是只由氮、氧两种元素组成的化合物。空气污染物的氮氧化物（NO_x）常指 NO（无色）和 NO_2（红棕色）。天然排放的氮氧化物，主要来自土壤和海洋中有机物的分解，属于自然界的氮循环过程。人为活动排放的氮氧化物，大部分来自化石燃料的燃烧过程，如汽车、飞机、内燃机及工业窑炉的燃烧过程；也来自生产、使用硝酸的过程，如氮肥厂、有机中间体厂、有色及黑色金属冶炼厂等。其中由燃料燃烧产生的氮氧化物约占 83%。氮氧化物对环境的损害作用极大。

最初排放的氮氧化物中主要是 NO，NO 在大气中极易与空气中的氧发生反应，生成 NO_2，故大气中的氮氧化物主要是 NO_2。空气中 NO_2 进一步与水分子作用生成硝酸（HNO_3），硝酸是形成酸雨的第二重要组成酸分。另外，氮氧化物也是形成大气中光化学烟雾的重要物质，还能与臭氧（O_3）发生反应，使 O_3 浓度降低，导致 O_3 层的耗损。

（3）碳氧化物　碳氧化物主要有 CO 和 CO_2，是各种大气污染物中量最大的一类污染物，主要来自燃烧和机动车排气。CO 主要是由含碳物质不完全燃烧产生的，是一种窒息性气体，进入大气后，由于大气的扩散稀释作用和氧化作用，一般不会造成危害，但当其浓度增大到一定值就会危害人体健康，如在冬季采暖季节或在交通繁忙的十字路口，CO 的浓度就会增大。

CO_2 是无毒气体，是大气中常见的化合物，主要来自生物的呼吸和化石燃料等的燃烧。CO_2 在大气中的浓度不断增加，会使地球上气温越来越高，导致温室效应产生。

（4）有机化合物　有机化合物包括碳氢化合物、含氧有机物以及含有卤素的有机物。它们都是碳的化合物。

有机化合物主要来自石油化工、石油炼制以及轻工生产等。目前，有机化合物中的芳烃类是最主要的可疑致癌物质。其中比较典型的苯并芘、蒽和菲的衍生物都是致癌物质。人工合成的制冷剂氟氯烃，排入大气中破坏臭氧层。

有机化合物二噁英，被称为"世纪之毒"，一级致癌物，主要来自生产木材防腐剂、杀虫剂五氯酚钠和三氯苯乙酸时的副产品、塑料燃烧、垃圾焚烧等。一旦进入人体，难以被分解排出。

挥发性有机物（VOCs），是指在标准状况下，饱和蒸气压较高、沸点较低、分子量小、常温常态下易挥发的有机化合物。由于 VOCs 具有毒性和污染性，国家"十四五"大气污染防治工作将 VOCs 设置为"十四五"空气质量改善指标之一。

（5）硫酸烟雾　硫酸烟雾是大气中的二氧化硫等硫氧化物，在有水雾、含有重金属的悬浮颗粒物或氮氧化物存在时，发生一系列化学或光化学反应而生成的硫酸烟雾或硫酸盐气溶胶。这种污染多发生在冬季、气温较低、湿度较高和日光较弱的气象条件下。

（6）光化学烟雾　光化学烟雾是汽车、工厂等污染源排入大气的碳氢化合物（HC）和氮氧化物（NO_x）等一次污染物在阳光（紫外线）作用下发生光化学反应生成二次污染物，参与光化学反应过程的一次污染物和二次污染物的混合物（其中有气体污染物，也有气溶胶）所形成的蓝色烟雾。

光化学烟雾多发生在阳光强烈的夏秋季节，随着光化学反应的不断进行，反应生成物不断蓄积，光化学烟雾的浓度不断升高。在 3～4h 后达到最大值。光化学烟雾对大气的污染造成很多不良影响，对动植物有影响，甚至对建筑材料也有影响，并且大大降低能见度影响出行。另外，光化学烟雾可随气流飘移数百公里，使远离城市的农作物也受到损害。

（四）大气污染物来源

大气污染物的来源十分广泛，主要来自工业生产、生活炉灶和采暖锅炉、交通运输等。

1. 工业生产

工业生产是大气污染的主要来源，其排放的污染物主要来自两个主要生产环节。

（1）燃料的燃烧　目前我国主要的工业燃料是煤和石油。燃料的燃烧是否完全，决定产生污染物的种类和数量。燃烧完全时的产物主要有 CO_2、SO_2、NO_2、水汽、灰分（可含有杂质中的氧化物或卤化物，如氧化铁、氟化钙等）。燃烧不完全时的产物有 CO、硫氧化物、氮氧化物、醛类、炭粒、多环芳烃等。燃料的燃烧越不完全，产生的污染物的种类、数量及其毒作用就越大。

（2）生产过程中排出的污染物　工业生产过程中，由原料到成品，各个生产环节都会有污染物排出。如生产过程排出的烟尘和废气，以火力发电厂、钢铁厂、石油化工厂、水泥厂等对大气污染最为严重。污染物的种类与生产性质和工艺过程有关。各种工业部门排出的主要大气污染物如表 8-4 所示。

表 8-4　各种工业部门排出的主要大气污染物

工业部门	企业名称	排出的主要大气污染物
电力	火力发电厂	烟尘、二氧化硫、二氧化碳、二氧化氮、多环芳烃、五氧化二钒
冶金	钢铁厂	烟尘、二氧化硫、一氧化碳、氧化铁粉尘、氧化钙粉尘、锰
冶金	焦化厂	烟尘、二氧化硫、一氧化碳、酚、苯、萘、硫化氢、烃类
冶金	有色金属冶炼厂	烟尘（含各种金属如铅、锌、镉、铜）、二氧化硫、汞蒸气
冶金	铝厂	氟化氢、氟尘、氧化铝
化工	石油化工厂	二氧化硫、硫化氢、氰化物、烃类、氮氧化物、氯化物
化工	氮肥厂	氮氧化物、一氧化碳、硫酸气溶胶、氨、烟尘
化工	磷肥厂	烟尘、氟化氢、硫酸气溶胶
化工	硫酸厂	二氧化硫、氮氧化物、砷、硫酸气溶胶
化工	氯碱工厂	氯化氢、氯气
化工	化学纤维厂	氯化氢、二氧化碳、甲醇、丙酮、氨、烟尘、二氯甲烷
化工	合成橡胶厂	1,3-丁二烯、苯乙烯、乙烯、异戊二烯、二氯乙烷、二氯乙醚、乙硫醇、氯甲烷
化工	农药厂	砷、汞、氯
化工	冰晶石厂	氟化物
轻工	造纸厂	烟尘、硫醇、硫化氢、臭气
轻工	仪器仪表厂	汞、氰化物、铬酸
轻工	灯泡厂	汞、烟尘
机械	机械加工厂	烟尘
建材	水泥厂	水泥、烟尘
建材	砖瓦厂	氟化氢、二氧化硫
建材	玻璃厂	氟化氢、二氧化硅、硼
建材	沥青油毡厂	油烟、苯并[a]芘、石棉、一氧化碳

2.生活炉灶和采暖锅炉

采暖锅炉以煤或石油为燃料，燃烧产生烟尘、二氧化硫等有害气体，是采暖季节大气污染的重要原因。燃烧设备效率低、燃烧不完全，烟囱高度较低，大量燃烧产物低空排放，造成居住区大气的严重污染。

3.交通运输

交通运输性污染主要是指飞机、汽车、火车、轮船和摩托车等交通工具排放的尾气。其污染物主要是氮氧化物、碳氢化合物、一氧化碳和铅尘等。这类污染源是流动污染源，其污染范围与流动路线有关。交通频繁地区和交通灯管制的交叉路口，污染最为严重。

除这三大主要来源之外，还有火山爆发产生的气体、风沙、扬尘焚烧农作物的秸秆、森林火灾中的浓烟、焚烧生活垃圾、焚烧废旧塑料、焚烧工业废弃物产生的烟气、厨房做饭的油烟、吸烟导致的烟气、垃圾腐烂释放出来的有害气体、工厂有毒气体的泄漏、有毒化学试剂的挥发、打印机等电器产生的有害气体（如臭氧）等。

二、化工废气的危害

典型案例

2023 年 8 月 31 日 16 时 30 分左右，杭州湾上虞经济技术开发区附近村民闻到一种很刺激的气味，村里两三百人出现了流鼻涕、流眼泪、喉咙痛等轻微的中毒症状，严重者甚至喉咙出血、晕倒。经查是某生物科学有限公司在停产期间，一物料储罐发生故障，导致丙烯醛刺激性气体逸出。企业第一时间进行抢修，罐体状况稳定，现场无人员伤亡。

丙烯醛是最简单的不饱和醛，化学式为 C_3H_4O，在通常情况下是无色透明有恶臭的液体，其蒸气有强烈刺激性。吸入蒸气会损害呼吸道，出现咽喉炎、胸部压迫感、支气管炎；大量吸入可致肺炎、肺水肿，还可出现休克、肾炎及心力衰竭。液体及蒸气损害眼睛；皮肤接触可致灼伤。

（一）化工废气的分类

化工废气是指在化工生产中由化工厂排出的有毒有害的气体。化工废气中含有的污染物种类很多，其物理和化学性质复杂，毒性也不尽相同，严重污染环境和影响人体健康。

化工废气排入大气中的污染物种类繁多，数量很大。按所含污染物性质可分为三大类：第一类为含无机污染物的废气，主要来自氮肥、磷肥（含硫酸）、无机盐等行业；第二类为含有机污染物的废气，主要来自有机原料及合成材料、农药、燃料、涂料等行业；第三类为既含无机污染物又含有机污染物的废气，主要来自氯碱、炼焦等行业。其中氯碱行业产生的废气中主要含有氯气、氯化氢、氯乙烯、汞、乙炔等，氮肥行业产生的废气中主要含有氮氧化物、尿素粉尘、一氧化碳、氨气、二氧化硫、甲烷等。部分大气污染物有组织排放限值如表 8-5 所示。

表 8-5　部分大气污染物有组织排放限值

污染物		最高允许排放浓度 /(mg/m³)	最高允许排放速率 /(kg/h)	监控位置
颗粒物	石棉纤维及粉尘	1.0(或者 1 根纤维/cm³)	0.36	车间排气筒出口或生产设施排气筒出口
	炭黑尘、染料尘	15	0.51	
	沥青烟	20	0.11	
	其他	20	1	
二氧化硫	燃烧(焚烧、氧化)装置、固定式内燃机、发动机制造测试工艺	200	/	
	其他	200	1.4	
氮氧化物 (以 NO₂ 计)	炸药、火工及焰火产品制造	300	0.77	
	燃烧(焚烧、氧化)装置、固定式内燃机、发动机制造测试工艺	200	/	
	其他	100	0.47	
一氧化碳		1000	24	

注：摘自 DB 32/4041—2021《大气污染物综合排放标准》。

（二）化工废气的来源

化学工业是对多种资源进行化学处理和转化加工的生产行业，在其每个部门的每一生产环节都可能产生并排出废气，造成对环境的污染。废气来源包括以下几个方面：

① 化学反应中产生的副反应和反应进行不完全时产生的废气。

② 产品加工和使用过程中产生的废气。

③ 由于工艺不完善，生产过程不稳定，产生不合格的产品的任意排放。

④ 生产技术和设备陈旧落后、设计不合理或生产过程不稳定造成物料的跑、冒、滴、漏。

⑤ 因操作失误、指挥不当、管理不善造成的废气排放。

⑥ 化工生产中排放的某些气体，在光或雨的作用下，发生反应生成的有害气体等。

化工废气中主要污染物的具体来源见表 8-6。

表 8-6　化工废气中主要污染物具体来源

主要污染源		主要污染物
燃料燃烧烟气	锅炉	SO_2、NO_x、烟尘
	加热炉等工业炉窑	
生产工艺废气	催化裂化再生器	SO_2、NO_x、颗粒物(催化剂粉尘)
	硫黄回收装置	SO_2、NO_x
	合成氨装置	NH_3
	尿素装置	NH_3、颗粒物(尿素粉尘)
	苯乙烯装置	VOCs
	PTA 装置	PX
	聚乙烯装置	颗粒物(聚乙烯粉尘)

续表

主要污染源		主要污染物
辅助设施排放废气	油品储罐	VOCs、NH$_3$
	轻质油品装车和装船	
	生产装置(设备泄漏)	
	污水集输与处理设施	
	燃煤电站储煤场及煤输送	颗粒物(粉尘)
	延迟焦化储焦场及石油焦装车	
非正常与事故工况排放废气	生产装置检修吹扫放空	VOCs
	火炬	

(三)化工废气的危害

化工废气中污染物种类繁多,具有毒性、腐蚀性、易燃易爆性等特点。大量化工废气排放到大气中,对生产、人身安全与健康及周围环境造成危害。化工废气中主要污染物的危害如下所述。

(1)二氧化硫的主要危害　二氧化硫是一种无色具有强烈刺激性气味的气体,易溶解于人体的血液和其他黏性液。大气中的二氧化硫会导致呼吸道炎症、支气管炎、肺气肿、眼结膜炎症等。大量吸入可引起肺水肿、喉水肿、声带痉挛而致窒息。轻度中毒时,发生流泪、畏光、咳嗽,咽、喉灼痛等;严重中毒可在数小时内发生肺水肿;极高浓度吸入可引起反射性声门痉挛而致窒息。皮肤或眼接触发生炎症或灼伤;长期低浓度接触,可有头痛、头昏、乏力等全身症状,以及慢性鼻炎、咽喉炎、支气管炎、嗅觉及味觉减退等,少数人有牙齿酸蚀症。同时还会使青少年的免疫力降低、抗病能力变弱。

研究表明,大气中的二氧化硫对植物的生长会造成影响,在高浓度的 SO$_2$ 的影响下,植物产生急性危害,叶片表面产生坏死斑,或直接使植物叶片枯萎脱落;在低浓度 SO$_2$ 的影响下,植物的生长机能受到影响,造成产量下降,品质变坏。

大气中二氧化硫还会生成二次污染物,毒性更强。二氧化硫在氧化剂、光的作用下,能生成硫酸盐气溶胶,硫酸盐气溶胶能使人致病,增加病人死亡率。相关信息显示,当硫酸盐年浓度在 $10\mu g/m^3$ 左右时,每减少 10% 的浓度能使死亡率降低 0.5%;二氧化硫还能与大气中的飘尘黏附,当人体呼吸时吸入带有二氧化硫的飘尘,会使二氧化硫的毒性增强。二氧化硫进入大气层后,氧化生成硫酸,在云中形成酸雨,对建筑、森林、湖泊、土壤等危害极大。

(2)悬浮颗粒物的危害　悬浮颗粒物有粉尘、烟雾、PM$_{10}$、PM$_{2.5}$ 等。颗粒物最主要的危害是随呼吸进入肺内,可沉积于肺,引起呼吸系统的疾病。一旦颗粒物表面附着有毒有害物质时,这些有毒有害物质会一同进入人体内,对人体健康造成极大危害。另外,对植物、动物和生态系统都会有危害。颗粒物沉积在绿色植物叶面,干扰植物吸收阳光和二氧化碳,以及放出氧气和水分的过程,从而影响植物的健康和生长;大量的颗粒物会影响动物的呼吸系统;能杀伤微生物,引起食物链改变,影响整个生态系统;遮挡阳光改变气候,这也会影响生态系统。

(3)氮氧化物的危害　氮氧化物包括 NO、NO$_2$、NO$_3$ 等。氮氧化物可刺激人的眼、鼻、喉和肺,增加病毒感染的发病率,例如引起导致支气管炎和肺炎的流行性感冒,诱发肺细胞癌变；以一氧化氮和二氧化氮为主的氮氧化物可以与碳氢化合物经紫外线照射发生反应形成有毒光化学烟雾；与空气中的水反应生成硝酸和亚硝酸，形成酸雨。

（4）一氧化碳的危害　一氧化碳极易与血液中运载氧的血红蛋白结合，结合速度比氧气快 250 倍，因此，在极低浓度时就能使人或动物遭到缺氧性伤害。轻者眩晕、头疼，重者脑细胞受到永久性损伤，甚至窒息死亡；对心脏病、贫血和呼吸道疾病的患者伤害性大；引起胎儿生长受损和智力低下。

（5）挥发性有机物（VOCs）的危害　气味难闻且具有刺激性，会伤害呼吸道系统；会造成人中枢神经系统受损，记忆力下降；VOCs 里面含有一些具有致癌、致畸性及致突变的化学物质（如苯及苯系物）等。另外，VOCs 还对环境产生严重的危害，会诱发雾霾天气，破坏臭氧层，造成温室效应等。

（6）有毒微量有机污染物的危害　有毒微量有机污染物指多环芳烃、多氯联苯、二噁英、甲醛等。其主要危害是有致癌作用、有环境激素（也叫环境荷尔蒙）的作用。

（7）重金属的危害　重金属指铅、镉等。重金属微粒随呼吸进入人体，铅能伤害人的神经系统，降低孩子的学习能力，镉会影响骨骼发育，对孩子极为不利；重金属微粒可被植物叶面直接吸收，也可在降落到土壤之后，被植物吸收，通过食物链进入人体；降落到河流中的重金属微粒随水流移动，或沉积于池塘、湖泊，或流入海洋，被水中生物吸收，并在体内聚积，最终随着水产品进入人体。

（8）有毒化学品的危害　有毒化学品指氯气、氨气、氟化物等，其主要危害是对动物、植物、微生物和人体有直接危害。

（9）放射性物质的危害　放射性物质的主要危害是致癌，可诱发白血病。

（10）温室气体的危害　温室气体是指任何会吸收和释放红外线辐射并存在大气中的气体。京都议定书中规定控制的 6 种温室气体为：二氧化碳（CO_2）、甲烷（CH_4）、氧化亚氮（N_2O）、氢氟碳化合物（HFCs）、全氟碳化合物（PFCs）、六氟化硫（SF_6）。

温室气体可阻断地面的热量向外层空间发散，致使地球表面温度升高，引起气候异常、海平面升高、冰川退缩、冻土融化、河（湖）冰迟冻与早融、大规模的洪水、风暴、干旱、沙漠化面积扩大、中高纬生长季节延长、动植物分布范围向极区和高海拔区延伸、某些动植物数量减少、一些植物开花期提前等。此外，温室气体造成夏季的炎热，导致心血管病在夏季的发病率和死亡率升高。

第二节　化工废气的综合防治

一、大气污染综合防治

大气污染综合防治，实质上就是为了达到区域环境空气质量控制目标，对多种大气污染控制方案的技术可行性、经济合理性、区域适应性和实施可能性等进行最优化选择和评价，从而得出最优的控制技术方案和工程措施。

（一）《中华人民共和国大气污染防治法》

《中华人民共和国大气污染防治法》是为保护和改善环境，防治大气污染，保障公众健康，推进生态文明建设，促进经济社会可持续发展，制定的法律。最新版于 2018 年 10 月

26 日修正后，2019 年 1 月 1 日起施行。新修正的《中华人民共和国大气污染防治法》共 8 章 129 条，涉及法律责任的条款有 30 条，具体的处罚行为和种类接近 90 种，大大提高了这部法律的可操作性和针对性。

1. 总量控制，强化责任

将排放总量控制和排污许可由"两控区"即酸雨控制区和二氧化硫控制区扩展到全国，明确分配总量指标，对超总量和未完成达标任务的地区实行区域限批，并约谈主要负责人。

进一步强化对地方政府的考核和监督，规定地方各级人民政府应当对本行政区域的大气环境质量负责，国务院环保主管部门会同国务院有关部门，对省、自治区、直辖市大气环境质量改善目标、大气污染防治重点任务完成情况进行考核。

2. 优化布局，源头管控

坚持源头治理，推动转变经济发展方式，优化产业结构和布局，调整能源结构，提高相关产品质量标准。一是明确坚持源头治理，规划先行，转变经济发展方式，优化产业结构和布局，调整能源结构。二是明确制定燃煤、石焦油、生物质燃料、涂料等含挥发性有机物的产品、烟花爆竹及锅炉等产品的质量标准，应当明确大气环境保护要求。三是规定了国务院有关部门和地方各级人民政府应当采取措施，调整能源结构，推广清洁能源的生产和使用。

3. 重点污染，联合防治

加强重点区域大气污染联合防治，完善重污染天气应对措施。一是推行区域大气污染联合防治，要求对颗粒物、二氧化硫、氮氧化物、挥发性有机物、氨等大气污染物和温室气体实施协同控制。二是增设专章规定了重污染天气应对。明确建立重污染天气监测预警体系，制定重污染天气应急预案，并发布重污染天气预报等。

4. 重典处罚，不设上限

加大了行政处罚力度。涉及的具体处罚行为和种类接近 90 种，提高了法律的操作性和针对性。

丰富了处罚种类，包括责令改正、限制生产、停产整治、责令停业、关闭。取消了原有法律中对造成大气污染事故企业事业单位罚款"最高不超过 50 万元"的封顶限额，同时增加了"按日计罚"的规定。

规定：造成大气污染事故的，对直接负责的主管人员和其他直接责任人员可以处上一年度本企业事业单位取得收入 50% 以下的罚款。对造成一般或者较大大气污染事故的，按照污染事故造成直接损失的 1 倍以上 3 倍以下计算罚款；对造成重大或者特大大气污染事故的，按照污染事故造成的直接损失的 3 倍以上 5 倍以下计算罚款。

（二）大气污染综合防治的基本措施

1. 全面规划、合理布局、制定大气污染综合防治规划

城市和工业的地区性污染，近年来已成为普遍的环境问题。通过实践人们逐渐认识到，只靠单项治理并不能十分有效地、经济地解决地区性的大气污染问题，因此必须从整个地区的社会经济和大气污染状况出发，合理布局城市与工业功能区划分，优化能源结构和交通运输发展，做好环境规划，才能有效地控制大气污染。

环境规划是体现环境污染以预防为主、综合防治的最重要和最高层次的手段，也是经济可持续发展规划的重要组成部分。做好城市和工业区的环境规划设计工作，正确选择厂

址，考虑区域综合性治理措施，是控制污染的一个重要途径。

2.严格环境管理

从各国大气污染控制的实践来看，国家及地方的立法管理对大气环境的改善起着十分重要的作用，各发达国家都有一套严格的环境管理方法和制度。这套体制是由环境立法机构、环境监测机构、环境法的执行机构三者构成完整的环境管理体制。

我国《中华人民共和国大气污染防治法》，表明我国大气污染控制从浓度控制向总量控制转变，并明确了总量控制、排污许可证、按排污总量收费等几项制度。

3.控制污染的技术措施

大气中的污染物，一般不可能集中进行统一处理，通常是在充分利用大气自净作用和植物净化能力的前提下，采取污染控制的办法，把污染物控制在排放之前以保证大气环境质量。主要控制措施有：

（1）实施清洁生产、减少或防止污染物的排放　改进生产工艺是减少污染物产生的最经济而有效的措施。很多污染是生产工艺不能充分利用资源引起的，因此生产中应从清洁生产工艺方面考虑，尽量采用无害或少害的清洁燃料、原材料，革新生产工艺，采用闭路循环工艺，提高原材料的利用率。加强生产管理，容易扬尘的生产过程要尽量采用湿式作业、密闭运转。粉状物料的加工，应尽量减少层动、高差跌落和气流扰动。液体和粉状物料要采用管道输送，并防止泄漏。

（2）改善能源结构、提高能源利用效率　改善能源结构，采用无污染或少污染能源（如太阳能、水力能及天然气、风能、沼气和酒精等）；改进燃烧装置和燃烧技术，提高燃烧效率和降低有害气体排放量；燃料进行预处理（煤和石油预先脱硫、煤的液化和气化）以减少燃烧时产生的污染物。

（3）建立综合性工业基地　按照工业生态系统的概念建立综合性工业基地，一个工厂产生的"三废"（废气、废水、废渣）成为另外一个厂家的原材料使其资源化，在共生企业层次上组织物质和能源的流动。

（4）利用大气的自净能力　大气的自净有物理作用（如稀释、扩散和降水洗涤等）和化学作用（氧化、还原）等，在从污染源排出的污染物总量恒定的情况下，污染物的浓度在时间和空间上的分布同气象条件有关，了解和掌握气象变化规律，就有可能充分利用大气的自净能力，减少或避免大气污染的危害。

（5）污染源的治理　集中的污染源（如大型锅炉、窑炉、反应器等）排气量大、污染物浓度高、设备封闭程度较高、废气便于集中处理后进行有组织地排放，比较容易使污染物对近地面的影响控制在允许范围内。

大量存在于生产过程中的分散污染源，污染物一般首先散发到室内或某一局部进而扩散到周围大气中，形成无组织排放，一般这种情况难以控制，且排放高度低，直接污染近地面大气。另一类污染源是敞开源，通常指道路、矿场、农田、工地、散料堆场和裸露地面等。敞开源虽然也产生气态污染物（如垃圾堆场或填埋场），但主要是产生颗粒物。

（6）发展植物净化　植物具有美化环境、调节气候、吸收大气中有害气体、截留粉尘等功能。植物可以在大面积的范围内长时间、连续地净化大气，尤其是在大气污染物影响范围广、浓度比较低的情况下，植物净化是行之有效的方法。在城市和工业区，有计划、有选择地扩大绿地面积是大气污染综合防治具有长效能和多功能的保护措施。

4.控制污染的经济政策

国家对控制污染的经济政策主要体现在：保证必要的环境保护投资用于控制大气污染；淘汰落后工艺，减少环境污染；实行"污染者和使用者支付原则"，包括排污许可证制度，有利于环境保护的税收、财政与责任制度等，对治理污染、废物利用的产品给予经济上的鼓励与支持。

二、化工废气综合治理技术

（一）除尘技术

除尘技术主要是将废气中的颗粒污染物（固体粒子、液体粒子及尘粒吸附水后形成的尘雾）脱除掉。除尘设备根据其原理大致可分为机械式除尘器、湿式除尘器、过滤式除尘器和静电除尘器等。

1.机械式除尘器

机械式除尘器是依靠机械力（重力、惯性力、离心力等）将尘粒从气流中去除的装置。特点是结构简单，设备费和运行费均较低，但除尘效率不高。按除尘粒的不同可设计为重力尘降室、惯性除尘器和旋风除尘器。适用于含尘浓度高和颗粒力度较大的气流。广泛用于除尘要求不高的场合或用作高效除尘装置的前置预除尘器。

（1）重力尘降室　重力尘降室是利用重力作用使尘粒从气流中自然沉降的除尘装置。其机理为含尘气流进入沉降室后，由于扩大了流动截面积而使得气流速度大大降低，使较重颗粒在重力作用下缓慢向灰斗沉降。重力沉降室具有结构简单、投资少、压力损失小的特点，维修管理较容易，而且可以处理高温气体。但是体积大、效率相对低，一般只作为高效除尘装置的预除尘装置，来除去较大和较重的粒子。如图 8-2 所示为重力沉降室外观，图 8-3 所示为重力沉降室结构示意图。

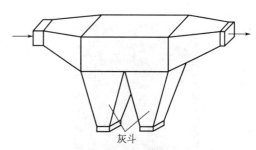

灰斗

图 8-2　重力沉降室外观　　　　　　　图 8-3　重力沉降室结构示意图

（2）惯性除尘器　惯性除尘器是使含尘气体与挡板撞击或者急剧改变气流方向，利用惯性力分离并捕集粉尘的除尘设备。由于运动气流中尘粒与气体具有不同的惯性力，含尘气体急转弯或者与某种障碍物碰撞时，尘粒的运动轨迹将分离出来使气体得以净化的设备称为惯性除尘器或惰性除尘器。惯性除尘器和重力除尘器一样，可以单独使用，也可以作为多级除尘器的预除尘器。如图 8-4 所示为惯性除尘器室结构示意图。

（3）旋风除尘器　旋风除尘器是使含尘气流作旋转运动，借助于离心力将尘粒从气流中分离并捕集于器壁，再借助重力作用使尘粒落入灰斗。旋风除尘器结构简单，易于制造、安装和维护管理，设备投资和操作费用都较低，已广泛用于从气流中分离固体和液体粒子，或从液体中分离固体粒子。如图 8-5 所示为旋风除尘器外观，图 8-6 所示为旋风除尘器的结构示意图。

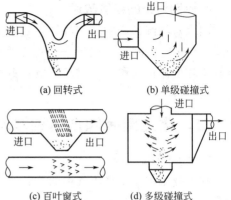

(a) 回转式　　(b) 单级碰撞式

(c) 百叶窗式　　(d) 多级碰撞式

图 8-4　惯性除尘器室结构示意图

2. 湿式除尘器

湿式除尘器俗称"水除尘器"，它是使含尘气体与液体（一般为水）密切接触，利用水滴和颗粒的惯性碰撞或者利用水和粉尘的充分混合作用及其他作用捕集颗粒或使颗粒增大留于固定容器内达到水和粉尘分离效果的装置。有喷雾塔式、填料塔式、离心洗涤器、文丘里式洗涤器等多种。如图 8-7 所示为文丘里式洗涤器外观，图 8-8 所示为文丘里式洗涤器结构示意图。

图 8-5　旋风除尘器外观

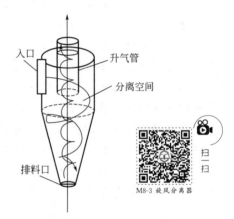

图 8-6　旋风除尘器结构示意图

M8-3 旋风分离器

图 8-7　文丘里式洗涤器外观

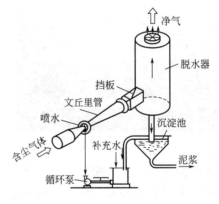

图 8-8　文丘里式洗涤器结构示意图

湿式除尘器的优点是结构简单、占地面积小、投资低、操作及维修方便和净化效率高，能够处理高温、高湿、易燃易爆的气流，将着火、爆炸的可能减至最低。对于化工、喷漆、喷釉、颜料等行业产生的带有水分、黏性和刺激性气味的灰尘是最理想的除尘方式。因为不仅可除去灰尘，还可利用水除去一部分异味，如果是有害性气体（如少量的二氧化硫、盐酸

M8-4 湿式除尘器

雾等），可在洗涤液中配制吸收剂吸收。

在采用湿式除尘器时要特别注意设备和管道腐蚀及污水和污泥的处理等问题。其缺点是能耗较高；从湿式除尘器中排出的泥浆要进行处理，否则会造成二次污染；当净化有腐蚀性气体时，化学腐蚀性会转移到水中，因此污水系统要用防腐材料保护；不适合用于疏水性烟尘；易使管道、叶片等发生堵塞；在寒冷的冬季，设备可能冻结，应采用防冻措施等。

3.过滤式除尘器

过滤式除尘器是使含尘气体通过多孔滤料，把气体中尘粒截留下来，使气体得到净化的除尘装置。具有使用寿命长、机械强度高、价格便宜，并具有除尘效率高、易清洗、耐温、耐腐蚀、使用方便、性能稳定的特点。

过滤式除尘器分内部过滤与外部过滤。内部过滤是把松散多孔的滤料填充在框架内作为过滤层，尘粒是在滤层内部被捕集的，如颗粒层过滤器就属于这类过滤器。外部过滤使用纤维织物、滤纸等作为滤料，通过滤料的表面捕集尘粒故称外部过滤。这种除尘方式的最典型的装置是袋式除尘器，它是过滤式除尘器中应用最为广泛的一种。图 8-9 所示为袋式除尘器外观，图 8-10 所示为袋式除尘器结构示意图。

图 8-9　袋式除尘器外观

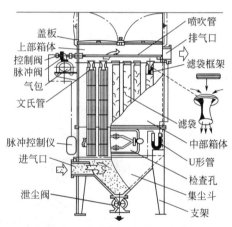

图 8-10　袋式除尘器结构示意图

袋式除尘器适用于捕集细小、干燥、非纤维性粉尘。滤袋采用纺织的滤布或非纺织的毡制成，利用纤维织物的过滤作用对含尘气体进行过滤，当含尘气体进入袋式除尘器后，颗粒大、密度大的粉尘，由于重力的作用沉降下来，落入灰斗，含有较细小粉尘的气体在通过滤料时，粉尘被阻留，使气体得到净化。

M8-5 袋式除尘器

袋式除尘器中的滤料使用一段时间后，由于筛滤、碰撞、滞留、扩散、静电等效应，滤袋表面积聚了一层粉尘，随着粉尘在滤料表面的积聚，除尘器的阻力相应地增加，当滤料两侧的压力差很大时，会把有些已附着在滤料上的细小尘粒挤压过去，使除尘器效率下降。另外，除尘器的阻力过高会使除尘系统的风量显著下降。因此，除尘器的阻力达到一定数值后，要及时清灰。清灰方法有气体清灰、机械振打清灰、人工敲打。

（1）气体清灰　气体清灰是借助于高压气体或外部大气反吹滤袋，以清除滤袋上的积灰。气体清灰包括脉冲喷吹清灰、反吹风清灰和反吸风清灰。

（2）机械振打清灰　分顶部振打清灰和中部振打清灰（均对滤袋而言），是借助于机械振打装置周期性的轮流振打各排滤袋，以清除滤袋上的积灰。

（3）人工敲打　是用人工拍打每个滤袋，以清除滤袋上的积灰。

袋式滤尘器对直径 $1\mu m$ 颗粒的去除率多接近 100%，这种方法效率高，操作方便，适应于含尘浓度低的气体，其缺点是维修费高、不耐高温高湿气流，是一种干式滤尘装置。适应大型燃煤锅炉机组和钢铁、水泥炉窑的烟气净化（如处理烟气量 $200\times10^4 m^3/h$ 以上）。

4. 静电除尘器

静电除尘器，简称"电除尘器"，其工作原理是利用高压电场使烟气发生电离，气流中的粉尘荷电在电场作用下与气流分离，要经历荷电、收集和清灰三个阶段。

M8-6 静电除尘器

烟气通过电除尘器主体结构前的烟道时，使其烟尘带正电荷，然后烟气进入设置多层阴极板的电除尘器通道。由于带正电荷烟尘与阴极电板的相互吸附作用，使烟气中的颗粒烟尘吸附在阴极上，定时打击阴极板，使具有一定厚度的烟尘在自重和振动的双重作用下跌落在电除尘器结构下方的灰斗中，从而达到清除烟气中的烟尘的目的。其优点是对粒径很小的尘粒具有较高的去除效率，且不受含尘浓度和烟气流量的影响，但设备投资费用高，技术要求高。

（1）按集尘电极的结构形式分类

① 管式电除尘器。集尘极为圆形金属管，放电极线（电晕线）用重锤悬吊在集尘极圆管的中心。管式电除尘器电场强度高且变化均匀，但清灰比较困难。常用于处理含尘气体量小或含雾滴的气体。图 8-11 所示为管式电除尘器外观，图 8-12 所示为管式电除尘器结构示意图。

图 8-11　管式电除尘器外观

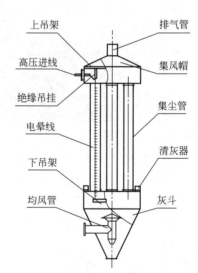

图 8-12　管式电除尘器结构示意图

② 板式电除尘器。集尘极由多块一定形状的钢板组合而成，放电极（电晕极）均布在两平行集尘极间。板式电除尘器电场强度变化不均匀，清灰方便，制作安装容易。图 8-13 所示为板式电除尘器外观，图 8-14 所示为板式电除尘器结构示意图。

（2）按气流流动方式分类

① 立式电除尘器。一般管式电除尘器为立式电除尘器，含尘气流自下而上垂直流过。立式电除尘器占地面积小，捕集效率高于卧式电除尘器。

图 8-13　板式电除尘器外观

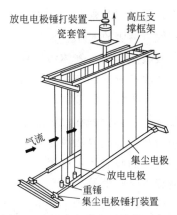

图 8-14　板式电除尘器结构示意图

② 卧式电除尘器。含尘气流沿水平方向流过完成除尘过程，容易实现对不同粒径粉尘的分离，有利于提高总除尘效率。安装高度比立式低，操作和维修方便。

（3）按电极在除尘器内的布置分类

① 单区电除尘器。集尘极和电晕极装在同一区域内，颗粒荷电和捕集在同一区域内完成。

② 双区电除尘器。集尘极系统和电晕极系统分别装在两个不同区域内，前区安装电晕极称电晕区，粉尘粒子在前区荷电；后区安装集尘极称为收尘区，荷电粉尘粒子在收尘区被捕集。双区电除尘器主要用于空调的空气净化方面。

（4）按清灰方式分类

① 干式电除尘器。主要处理含水很低的干气体，采用机械振打、电磁振打和压缩空气等方法清除集尘极上粉尘。干式电除尘器有利于回收经济价值高的粉尘，但容易产生二次扬尘。

② 湿式电除尘器。主要处理含水量较高乃至饱和的湿气体，采用定期冲洗的方式，使粉尘随着冲刷液的流动而清除。它是一种新型除尘设备，主要用来除去含湿气体中的尘、酸雾、水滴、气溶胶、臭味、$PM_{2.5}$ 等有害物质，是治理大气粉尘污染的理想设备。具有除尘效率高、压力损失小、操作简单、能耗小、无运动部件、无二次扬尘、维护费用低、生产停工期短、设计形式多样化等优点。但清灰水需要处理，否则腐蚀设备。

（二）气态污染物的处理技术

工业生产中的有害气体种类很多，主要有硫氧化物、氮氧化物、卤化物、碳氧化物、碳氢化物等。它们以分子状态或蒸气状态存在，形成均相混合物。目前国内外采用的主要分离技术有吸收法、吸附法、催化转化法、燃烧法、冷凝法等。

1. 吸收法

吸收法是利用液体吸收剂吸收气体混合物中的有害气体，以除去其中某一种或几种气体的过程。利用气体混合物中各组分在某一液体吸收剂中溶解度的不同，从而将其中溶解度最大的组分分离出来。吸收剂不同可以吸收不同的有害气体。吸收法分物理吸收和化学吸收。

（1）物理吸收　物理吸收是简单的物理溶解过程。溶解的气体与溶剂或溶剂中某种成分并不发生任何化学反应的吸收过程。例如：水吸收 CO_2、SO_2 及甲醛蒸气；用重油吸收烃类蒸气。

（2）化学吸收　化学吸收是指在吸收过程中气体组分与吸收剂或吸收剂中某一成分发生化学反应。工业废气往往气量大、气态污染物含量低、净化要求高，物理吸收难以满足要求，化学吸收常常成为首选的方案。如用石灰乳液吸收烟气中的二氧化硫，生成石膏；用碱性溶液吸收 CO_2、SO_2、H_2S；用各种酸溶液吸收 NH_3 等。

吸收法常用于气体污染物的处理与回收，几乎可以处理各种有害气体，适用范围很广，并可回收有价值的产品。但其工艺比较复杂，吸收效率有时不高，吸收液需要再次处理，否则会造成废水的污染。吸收法的工艺流程和湿法除尘工艺近似，只是湿法除尘工艺用清水，而吸收法净化有害气体要用溶剂或溶液。

常用的吸收装置有填料塔、湍流塔、板式塔、喷淋塔和文丘里吸收器等。

（1）填料塔 填料塔的结构如图 8-15 所示，气体由塔底进入向上流动，喷淋的吸收液经填料逆流向下，吸收过程在填料的湿润表面进行。填料种类很多，如拉西环、鲍尔环、鞍形、波纹填料等，通常采用陶瓷、塑料、金属等材料。填料塔直径一般不超过 800mm，空塔气速一般为 0.3～1.5m/s，单层填料层高度在 3～5m 之下，压降通常为 400～600Pa/m，液气比为 0.5～2.0kg/kg，液体喷淋密度在 $10m^3/(h \cdot m^2)$ 以上。填料塔由于结构简单、气液接触效果好，压降较小而被广泛应用。不足之处是填料容易堵塞、损失大。

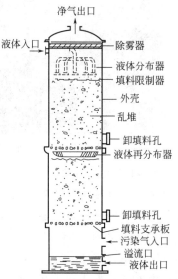

图 8-15 填料塔结构示意图

净气出口
液体入口
除雾器
液体分布器
填料限制器
外壳
乱堆
卸填料孔
液体再分布器
卸填料孔
填料支承板
污染气入口
溢流口
液体出口

（2）板式塔 板式塔结构如图 8-16 所示，内装有若干层塔板，吸收液自塔顶向下流动，并在塔板上保持一定厚度的液层，气体从塔底向上逐级穿过塔板，以鼓泡状态或喷射状态与液体相互接触，进行传质、传热及化学反应。塔板的结构形式有多种，如孔板、筛板、旋流板等，板上设有溢

扫一扫

M8-7 填料塔

流堰，以保持约 30mm 厚度的液层。操作中合适的气液比例非常重要，气量过大，则气速过高，穿过筛孔时会以连续相通过塔板液层，形成气体短路，并增大阻力；气量过小或液流量过大，会导致液体从筛孔泄漏，降低吸收效率。筛孔孔径一般为 3～8mm，开孔率为 5%～15%，空塔气速为 10～25m/s，穿孔气速为 4.5～12.8m/s，每层塔板的压降为 800～2000Pa。

与填料塔相比，板式塔空塔速度较高，处理能力大，但压降损失也较大。

（3）喷淋塔 喷淋塔结构如图 8-17 所示。喷淋塔空塔气速一般为 1.5～6m/s，塔内压降为 250～500Pa，液气比较小，适用于极快或快速反应的化学吸收过程。其特点是结构简单，压降低，不易堵塞，气体处理能力较大，投资费用低；但占地面积大，效率较低，常用于规模较大的锅炉烟气湿法脱硫以及作预冷却器。

各种吸收装置均应满足下列基本要求：

① 气液接触面大，接触时间长；

② 气液之间扰动强烈，吸收效率高；

③ 流动阻力小，工作稳定；

④ 结构简单，维修方便，投资和运行维修费用低；

⑤ 具有抗腐蚀和防堵塞能力。

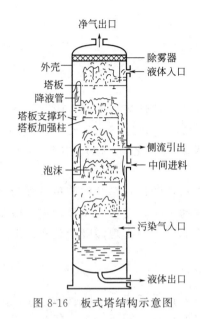

图 8-16 板式塔结构示意图

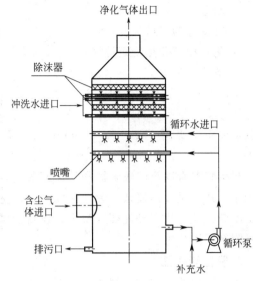

图 8-17 喷淋塔结构示意图

2.吸附法

吸附法是利用多孔性固体吸附剂处理气态污染物，使其中的一种或几种组分，在固体吸附剂表面，在分子引力或化学键力的作用下，被吸附在固体表面，从而达到分离的目的。

吸附过程能够有效脱除一般方法难以分离的低浓度有害物质，具有净化效率高、可回收有用组分、设备简单、易实现自动化控制等优点；其缺点是吸附容量较小、设备体积大。

具有吸附性的物质叫作吸附剂，被吸附的物质叫吸附质。吸附作用实际是吸附剂对吸附质质点的吸引作用。吸附剂之所以具有吸附性质，是因为分布在表面的质点同内部的质点所处的情况不同。内部的质点同周围各个方面的相邻的质点都有联系，因而它们之间的一切作用力都互相平衡，而表面上的质点，表面以上的作用力没有达到平衡而保留有自由的力场，借这种力场，物质的表面层就能够把同它接触的液体或气体的质点吸住。

吸附作用可分为物理吸附和化学吸附。

（1）物理吸附 物理吸附也称范德华吸附，它是由吸附质和吸附剂分子间作用力所引起的，此力也称作范德华力。由于范德华力存在于任何两分子间，所以物理吸附可以发生在任何固体表面上。吸附剂表面的分子由于作用力没有平衡而保留有自由的力场来吸引吸附质，由于它是分子间的吸力所引起的吸附，所以结合力较弱，吸附热较小，吸附和解吸速度也都较快。被吸附物质也较容易解吸出来，所以物理吸附在一定程度上是可逆的。如活性炭对许多气体的吸附，被吸附的气体很容易解脱出来而不发生性质上的变化。

（2）化学吸附 化学吸附是吸附质分子与固体表面原子（或分子）发生电子的转移、交换或共有，形成吸附化学键的吸附。其吸附热较大，被吸附的气体需要在很高的温度下才能解脱，而且在性状上有变化，大都是不可逆过程。同一物质，可能在低温下进行物理吸附，而在高温下为化学吸附，或者两者同时进行。

气体吸附分离首要问题是选择吸附剂，吸附操作成功与否，主要取决于吸附剂的性能。吸附剂一般具有以下特点：

① 大的比表面积、适宜的孔结构及表面结构；

② 对吸附质有强烈的吸附能力；

③ 制造方便，容易再生；

④ 有良好的机械强度；

⑤ 化学稳定和热稳定性好；

⑥ 廉价、易得。

常用的吸附剂有活性炭、硅胶、分子筛、活性氧化铝等。活性炭主要用于吸附乙烯及其他烯烃类、氨类、H_2S、HF、SO_2；硅胶主要用于吸附氮氧化物、SO_2、乙炔；活性氧化铝主要用于吸附 H_2S、HF、SO_2；分子筛主要用于吸附氮氧化物、SO_2、CS_2、H_2S、NH_3。

吸附装置有固定床吸附器和移动床吸附器。固定床吸附器的优点是结构简单，吸附剂磨损小；缺点是操作复杂，劳动强度大，设备体积大。移动床吸附器中固体吸附剂在吸附床中不断移动，优点是处理气量大，设备内吸附剂利用率高，不会出现漏吸的死角；缺点是吸附剂磨损严重。

3. 催化转化法

催化转化法是在催化剂的作用下，使有害气体转化为无害气体或易于回收的气体的方法。该法效率高，操作简便，但是催化剂价格较高，废气的预热还需要一定的能量。采用这种方法的关键是选择合适的催化剂，并延长催化剂的使用寿命。气体净化过程中一般所用的催化剂为金属盐类或金属，主要有铂、钯、钌、铑等贵金属，以及锰、铁、钴、镍、铜、钒等的氧化物。

催化转化法与吸收法、吸附法不同，催化转化法无须将有害气体与主气流分离，可直接将有害气体转化为无害气体，避免了二次污染的产生。目前，此法已成为一项重要的大气污染治理技术，处理的主要污染物有 H_2S、SO_2、CO、氮氧化物等。

催化转化法分为催化氧化法和催化还原法。

（1）催化氧化法　催化氧化法是使有害气体在催化剂作用下，与空气中的氧发生化学反应，转化为无害气体的方法。如含碳氢化合物的废气，经催化氧化，碳氢化合物能变成无害的二氧化碳和水。

（2）催化还原法　催化还原法是使有害气体在催化剂的作用下，和还原气体发生化学反应，变为无害气体的方法。如：氮氧化物能在催化剂（铜铬）作用下，与氨反应生成无害气体氮气和水。

4. 燃烧法

燃烧法是利用工业废气中污染物可以燃烧氧化的特性，将其燃烧转变为无害物质的方法。燃烧法可分为三种，直接燃烧、热力燃烧、催化燃烧。

（1）直接燃烧　直接燃烧是用可燃有害废气当作燃料来燃烧的方法。能采用直接燃烧法来处理的废气应当是可燃组分含量较高，或燃烧氧化放出热量较高，能维持持续燃烧的气体混合物。简言之，一类是既不需补充燃料又不需提供空气便可维持燃烧的废气；另一类是不需要辅助燃料，但需补充空气才可维持燃烧的废气。直接燃烧通常在 1100℃ 以上进行，燃烧完全的产物应是二氧化碳、氮和水蒸气等。

直接燃烧的设备可以是一般的炉、窑，也常采用火炬。例如炼油厂氧化沥青生产的废气经冷却后，可送入生产用加热炉直接燃烧净化，并回收热量；溶剂厂的甲醛尾气经吸收处理后，仍含有甲醛、氢和甲烷，可送入锅炉直接燃烧。火炬是一种敞开式的直接燃烧器，它适用于只需补充空气、无须补充燃料的废气。

火炬燃烧法的优点是安全，很少需要从外部向系统供给能量，成本低，结构简单，但它最大的缺点是资源不能回收，且往往由于燃烧不全造成大量污染物排向大气，因而各炼油厂、石油化工厂提出要消灭火炬，设法将火炬气用于生产，以回收热值或返回生产系统作原料，只在废气流量过大、影响生产平衡时，自动控制才排入火炬燃烧排空。

火炬常常高出地面几十米。由工厂各处排出的可燃废气汇于主管，经分离器、阻火水封槽及其他阻火器后导入火炬顶部燃烧排放，顶部设有气体分布装置、火焰稳定装置以及采用普通燃料并借电火花点火的点火器，便于火炬顶部安全、稳定、可靠地燃烧。

（2）热力燃烧　热力燃烧是指把废气温度提高到可燃气态污染物的温度，使其进行全氧化分解的过程。通常对于可燃物含量低、不能维持燃烧的废气，就要用热力燃烧法处理。

在热力燃烧中，被处理的废气不直接作为燃料燃烧，只能作为辅助燃料燃烧过程中的助燃气体（在废气含氧足够多时）或燃烧对象（废气含氧很低时），依靠辅助燃料燃烧产生的热力，提高废气的温度，使废气中烃及其他污染物迅速氧化，转变为无害的二氧化碳和水蒸气。

热力燃烧过程包括：辅助燃料燃烧以提供热量；废气与高温燃气混合达到反应温度；保持废气在反应温度下有足够的停留时间以使其中的可燃气态污染物氧化分解等三个步骤。在供氧充分的情况下，热力燃烧能否燃烧完全的必要条件是反应温度、停留时间和湍流混合等三个要素，即"三 T"条件。

（3）催化燃烧　催化燃烧是利用催化剂使废气中气态污染物在较低的温度（250～450℃）下氧化分解的方法，即可燃物在催化剂作用下燃烧。催化燃烧所用的催化剂为具有大比表面的贵金属和金属氧化物多组分物质。如：用催化燃烧法处理化工厂 NO_x 的烟雾，在负载型铂和钯催化剂的作用下，将 NO_x 转化为 N_2 等。

与直接燃烧相比，催化燃烧法的优点是催化燃烧温度较低，能在较低温度下迅速完全氧化分解成 CO_2 和 H_2O，能耗小，甚至在有些情况下还能回收净化后废气带走的热量；燃烧比较完全；适用于几乎所有的含烃类有机废气及恶臭气体的治理，例如有机硫化物、氮化物、烃类、有机溶剂、酮类、醇类、醛类和脂肪酸类等；基本上不会造成二次污染，有机物氧化后分解成 CO_2 和 H_2O，且净化率一般都在95％以上；所需要的辅助燃料仅为热力燃烧的40％～60％。

5.冷凝法

冷凝法是利用物质在不同温度下具有不同饱和蒸气压这一物理性质，采用降低系统温度或提高系统压力的方法，使处于蒸气状态的污染物冷凝并从废气中分离出来的过程。冷凝法设备简单，操作方便，并容易回收较纯产品，对于去除高浓度有害气体更有利。但该法不宜用于净化低浓度有害气体。

冷凝法对有害气体的去除程度，与冷却温度和有害成分的饱和蒸气压有关。冷却温度越低，有害成分越接近饱和，其去除程度越高。冷凝法可分为接触冷凝和表面冷凝。

（1）接触冷凝　接触冷凝是被冷却的气体与冷却液或冷冻液直接接触。其优点是有利于强化传热，但冷凝液需进一步处理。

（2）表面冷凝　表面冷凝也称间接冷却，冷却壁把废气与冷却液分开，因而被冷凝的液体很纯，可以直接回收利用。所用装置有列管式冷凝器、淋洒式冷凝器以及螺旋板式冷凝器。

另外，冷凝法也有一次冷凝法和多次冷凝法之分。前者多用于净化含单一有害成分的废气。后者多用于净化含多种有害成分的废气或用于提高废气的净化效率。冷凝法处理废气的过程中所用的冷源可以是地下水、大气或特制冷源。

除以上介绍的五种气态污染物处理技术之外，还有生物法、膜分离法、电子辐射化学净化法等。生物法主要依靠微生物的生化降解作用分解污染物；膜分离法利用不同气体透过特殊薄膜的不同速度，使某种气体组分得以分离；电子辐射化学净化法则是利用高能电子射线激活、电离、裂解废气中的各组分，从而发生氧化等一系列化学反应，将污染物转化为非污染物。气态污染物的处理可采用一种处理方法，或多种方法联合使用。

（三）含二氧化硫废气的防治

二氧化硫治理技术包括燃料脱硫（燃烧前）、燃烧脱硫（燃烧中）、烟气脱硫（燃烧后）。

1. 燃料脱硫

燃料脱硫是指在燃烧前脱去燃料中所含的硫分。煤和燃料油的含硫量为 $0.5\% \sim 5\%$（质量分数），燃烧时大部分转化为二氧化硫气体排入大气。其中约有 5% 的 SO_2 在大气中又氧化成三氧化硫（SO_3）。因此，燃料脱硫是防止硫氧化物对大气污染的主要环节之一。

（1）煤脱硫　硫在煤中主要以无机的硫化铁和有机的硫化物两种形式存在。其中以硫化铁（黄铁矿）形式存在的硫约占 2/3。煤脱硫技术可分为物理法、化学法、气化法和液化法。

① 物理法。利用黄铁矿密度比煤大，且黄铁矿是顺磁性物质，煤是反磁性物质的性质，将煤破碎，然后用重力分离法或高梯度磁分离法，去除黄铁矿。脱硫率达到 50% 左右。

② 化学法。煤经破碎后与硫酸铁水溶液混合，在反应器中加热至 $100 \sim 130℃$，硫酸铁与黄铁矿反应转化为硫酸亚铁和单体硫。同时通入氧气，使硫酸亚铁再生为硫酸铁，在工艺系统中循环使用。煤通过过滤器和溶液分离，硫成为副产品。

③ 气化法。煤在 $1000 \sim 1300℃$ 高温下，通过气化剂，使之发生不完全氧化，而成为煤气。煤中的硫分在气化时大部分成为硫化氢，进入煤气，再用液体吸收或固体吸附等方法脱除。

④ 液化法。液化法是指在高压、高温、加氢、催化剂作用下使煤液化。煤的液化有合成法、直接裂解加氢法和热溶加氢法等。在液化过程中，硫分与氢反应生成硫化氢逸出，因此得到的是高热值、低硫、低灰分燃料。

（2）燃料油脱硫　燃料油脱硫主要指重油脱硫。原油中的大部分（$80\% \sim 90\%$）硫分以苯环状的有机硫化物残留在重油中，如联苯并硫（杂）茂、萘硫（杂）茂等。

重油脱硫采用加氢脱硫。在催化剂作用下，用高压加氢反应，切断碳与硫的化合键，以氢置换出碳，同时，氢与硫作用成为硫化氢，从重油中分离出来，再用吸收法除去。也可将重油用蒸汽、氧气部分燃烧气化，硫转化成为硫化氢和少量二氧化硫，再进行处理。为避免催化剂中毒，失去催化作用，加氢脱硫有直接脱硫和间接脱硫两种工艺。

① 直接脱硫是选用抗中毒性能较好的催化剂，直接加氢脱硫，同时采取适当防护措施，如有的工艺在反应塔前加防护塔，填充其他廉价的催化剂，尽可能除去不纯物和金属成分。

② 间接脱硫是把重油减压蒸馏，分成馏出油和残油。单独将馏出油加氢脱硫，然后与残油进行混合。或将残油以液化丙烷（或丁烷）作溶剂，对残油进行处理，分离出沥青后，再与馏出油混合进行加氢处理。

2. 燃烧脱硫

在燃烧过程中，向炉内加入石灰石（$CaCO_3$）或白云石（$CaCO_3 \cdot MgCO_3$）粉作脱硫剂，它们在燃烧过程中受热分解生成 CaO、MgO，与烟气中 SO_2 结合生成硫酸盐，随炉渣排出。其基本原理是：

$$CaCO_3 \xrightarrow{\text{高温}} CaO + CO_2 \uparrow$$
$$CaO + SO_2 \longrightarrow CaSO_3$$
$$2CaSO_3 + O_2 \longrightarrow 2CaSO_4$$

燃烧过程脱硫包括型煤固硫、流化燃烧脱硫、炉内喷钙等技术。

（1）型煤固硫　所谓型煤是将粉煤拼压成型。在燃烧过程中，黄铁矿和有机硫被氧化为 SO_2，与石灰反应生成硫酸盐，则硫被固定于灰渣之中，因此同时起到脱硫、减少细煤灰飞扬及提高锅炉效率的作用。可固硫 $50\% \sim 70\%$，减少烟尘 60%，但因 SO_2 与脱硫剂接触时间过短，利用率较低，一般为 50%。

（2）流化燃烧脱硫　流化燃烧脱硫是把粒径 3mm 左右的煤屑、煤粒和脱硫剂（<1mm 的石灰石粉）送入燃烧室，从炉底鼓风使床层处于流化状态进行燃烧和脱硫反应。

目前，循环流化床锅炉在世界范围内得到广泛的应用。循环流化床锅炉（CFB）采用的飞灰复燃和缺氧燃烧技术，提高了钙的利用率和脱硫效率，脱硫率为 $80\% \sim 90\%$。另外，在脱硫的同时还能脱硝，其灰渣中含有的 CaO 和 $CaSO_3$，可以作硅酸盐水泥的优质混合材料。循环流化床锅炉的缺点是运行费用高和固体排渣量大、运行电耗高、固体颗粒对锅炉部件磨损严重等。

（3）炉内喷钙　炉内喷钙是把干细粉或浆液状的钙基或钠基脱硫剂喷入炉膛、炉膛出口或尾部烟道等不同位置，由此得到不同的脱硫效率。由于炉膛喷钙的脱硫率和石灰石利用率低，固体废物量大，一般不用于新建锅炉。

炉内喷钙的优点是不需要对锅炉做较大的变动，适用于原有火电厂煤粉炉的改造。为了提高脱硫率，可将炉膛燃烧脱硫与烟气脱硫联合使用，如采用烟道内干喷碳酸氢钠、天然碱等技术，或将飞灰加石灰处理成含水 60% 的硅酸钙，喷入烟温为 $100 \sim 200℃$ 的烟道等，均可有效提高脱硫率。

3. 烟气脱硫

烟气脱硫（flue gas desulfurization，简称 FGD），是目前技术最成熟，能大规模商业化应用的脱硫方式。

目前，烟气脱硫技术种类达几十种，按脱硫产物是否回收利用，烟气脱硫可分为抛弃法和回收法。

（1）抛弃法　抛弃法是将 SO_2 转化为固体产物抛弃掉，但存在残渣污染与处理问题。

（2）回收法　回收法是由反应产物制取硫酸、硫黄、液体二氧化硫、化肥或石膏等有用物质，还可将反应后的脱硫剂再生循环使用，各种资源可以综合利用，避免产生固体废物，但再生法的费用普遍高于抛弃法，经济效益低。目前主要采用抛弃法。

按脱硫剂和脱硫产物是固态还是液态，烟气脱硫分为湿法、半干法、干法。湿法脱硫技术较为成熟，效率高，操作简单，但投资较大，脱硫产物的处理较难，烟气温度较低，不利于扩散，设备及管道防腐蚀问题较为突出。半干法、干法脱硫技术的脱硫率较低，脱硫剂的利用率也较低，但脱硫产物（干粉状）容易处理，工艺较简单，投资一般低于传统湿法，有利于烟气的排放和扩散。

（1）湿法烟气脱硫 湿法烟气脱硫是把烟气中的 SO_2 和 SO_3，转化为液体或固体化合物，从而把它们从烟气中分离出来。

湿法脱硫主要包括石灰（石灰石）-石膏法、双碱法、氨吸收法、磷铵复肥法、稀硫酸吸收法、海水脱硫、氧化镁法等 10 多种。下面主要介绍石灰（石灰石）-石膏法、双碱法、氨吸收法。

① 石灰（石灰石）-石膏法烟气脱硫技术是目前应用最广泛的技术。该方法脱硫的基本原理是用石灰（CaO）或石灰石（$CaCO_3$）浆液吸收烟气中的 SO_2，生成亚硫酸钙，然后将亚硫酸钙氧化为硫酸钙，分为吸收和氧化两个过程。副产品石膏可抛弃也可以回收利用。脱硫率达到 95% 以上。

吸收过程在吸收塔内进行，主要反应如下。

石灰浆液作吸收剂：$SO_2 + CaO + 2H_2O \longrightarrow CaSO_3 \cdot 2H_2O$

石灰石浆液吸收剂：$SO_2 + CaCO_3 + 2H_2O \longrightarrow CaSO_3 \cdot 2H_2O + CO_2\uparrow$

工艺流程如图 8-18 所示。烟气先经热交换器处理后，进入吸收塔，在吸收塔里 SO_2 直接与石灰浆液接触并被吸收去除。治理后烟气通过除雾器及热交换器处理后经烟囱排放。吸收产生的反应液部分循环使用，另一部分进行脱水及进一步处理后制成石膏。

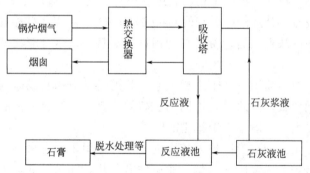

图 8-18 石灰（石灰石）-石膏法烟气脱硫工艺流程

其主要优点是吸收剂的资源丰富，成本低廉，废渣既可抛弃，也可作为商品石膏回收，对高硫煤，脱硫率可在 90% 以上，对低硫煤，脱硫率可在 95% 以上。

在应用石灰（石灰石）-石膏法烟气脱硫技术的日常运行管理过程中，应注意石灰储藏的防潮，石灰储量需满足运行要求；石灰系统容易堵塞，注意检查石灰浆液是否达到设计要求；定期检查吸收塔及其他处理设施运行是否正常，确保脱硫除尘效率。

现代石灰/石灰石-石膏法工艺流程主要有原料运输系统、石灰石浆液制备系统、烟气脱硫系统、石膏制备系统和污水处理系统。

② 双碱法是采用钠基脱硫剂进行塔内脱硫，由于钠基脱硫剂碱性强，吸收二氧化硫后反应产物溶解度大，不会造成过饱和结晶而结垢堵塞问题。另外，脱硫产物被排入再生池内用氢氧化钙进行还原再生，再生出的钠基脱硫剂再被打回脱硫塔循环使用，分脱硫和再生两个部分。双碱法脱硫工艺解决了石灰或石灰石法易结垢和堵塞的问题，降低了投资及运行费用，脱硫效率 90% 以上，比较适用于中小型锅炉进行脱硫改造。

③ 氨吸收法是用氨水吸收 SO_2 的烟气脱硫技术。主要优点是脱硫费用低，氨可留在产品内作为化肥使用。但氨易挥发，使吸收剂耗量增大。

对吸收 SO_2 后的吸收液采用不同的处理方法而形成了不同的脱硫工艺，其中以氨-硫酸铵法、氨-亚硫酸铵法和氨-酸法应用较为广泛。

（2）半干法烟气脱硫 半干法烟气脱硫技术是指脱硫剂在干燥状态下脱硫、在湿状态下再生，或者在湿状态下脱硫、在干状态下处理脱硫产物的烟气脱硫技术。其中后者既具有湿法脱硫反应速率快、脱硫效率高的优点，又有干法无污水废酸排出、脱硫后产物易于处理的优势。

半干法工艺较简单，反应产物易于处理，无废水产生，但脱硫效率和脱硫剂的利用率低。目前常见的半干法烟气脱硫技术有：喷雾干燥脱硫技术、循环流化床烟气脱硫技术等。

（3）干法烟气脱硫 干法烟气脱硫是指用粉状或粒状吸收剂、吸附剂或催化剂来进行烟气脱硫。它的优点是工艺过程简单，无污水、污酸处理问题，能耗低，特别是净化后烟气温度较高，有利于烟囱排气扩散，不会产生"白烟"现象，净化后的烟气不需要二次加热，腐蚀性小；其缺点是脱硫效率较低、设备庞大、投资大、占地面积大、操作技术要求高。

干法烟气脱硫技术包括电子束法、脉冲电晕法、荷电干粉喷射法、催化氧化法、活性炭吸附法和流化床氧化铜法等。下面简要介绍电子束脱硫技术和气相催化氧化法。

① 电子束脱硫技术。一种物理与化学方法相结合的高新技术。它利用电子加速器产生的等离子体氧化烟气中的 SO_2（NO_x），并与注入的 NH_3 反应，生成硫铵和硝铵化肥，实现脱硫、脱硝目的。

② 气相催化氧化法。在催化剂（V_2O_5）接触表面上，烟气中的 SO_2 直接氧化为 SO_3，继而转化为硫酸加以收集。广泛用于处理硫酸尾气，处理电厂锅炉气及炼油厂尾气技术尚未成熟。

（四）含氮氧化物废气的防治

氮氧化物废气中主要是一氧化氮和二氧化氮，是一种毒性很大的黄烟，在阳光的作用下会引起光化学反应，形成光化学烟雾，危害人和动物的健康，形成高含量硝酸雨，造成臭氧减少等。

目前，氮氧化物的防治方法主要有燃烧前处理、燃烧方式的改进及燃烧后烟气处理等，其中燃烧后烟气脱氮技术是主要方法。烟气脱氮的主要方法有吸收、吸附和催化还原法。

1. 吸收法

吸收法脱除氮氧化物是工业生产过程中应用较多的方法，主要原理是将氮氧化物吸收到溶液中。有直接吸收法、氧化吸收法、氧化还原吸收法等。

（1）直接吸收法 直接吸收法有水吸收、硝酸吸收、碱性溶液（氢氧化钠、碳酸钠、氨水等碱性液体）吸收、浓硫酸吸收等多种方法。

（2）氧化吸收法 氧化吸收法是在氧化剂和催化剂作用下，将 NO 氧化成溶解度高的 NO_2 和 N_2O_3（三氧化二氮），然后用水或碱液吸收脱氮的方法，在湿法排烟脱氮工艺中应用较多。氧化剂可用臭氧（O_3）、二氧化氯（ClO_2）、亚氯酸钠（$NaClO_2$）、次氯酸钠（$NaClO$）、高锰酸钾（$KMnO_4$）、过氧化氢（H_2O_2）、氯（Cl_2）和硝酸（HNO_3）等。按氧化方式的不同可分为催化氧化吸收法、气相氧化吸收法和液相氧化吸收法。

（3）氧化还原吸收法 氧化还原吸收法用 O_3、ClO_2 等强氧化剂在气相中把 NO 氧化成易于吸收的 NO_x 和 N_2O_3，用稀 HNO_3 或硝酸盐溶液吸收后，在液相中用亚硫酸钠（Na_2SO_3）、硫化钠（Na_2S）、硫代硫酸钠（$Na_2S_2O_3$）和尿素（$(NH_2)_2CO$）等还原剂将 NO_2 和 N_2O_3 还原为 N_2。此法已用于加热炉排烟净化。在同一塔中可同时脱去烟气中 SO_x

和 NO_x，脱硫率 99%，脱氮率达 90% 以上。

2.吸附法

吸附法是利用大比表面积的吸附剂对氮氧化物进行吸附，通过周期性地改变操作温度或压力进行氮氧化物的吸附和解吸，使氮氧化物从烟气中分离出来，从而达到净化和富集的目的。常用的吸附剂有硅胶、分子筛、活性炭、活性焦、天然沸石及泥煤等。

吸附法是一种已经成熟的工业分离技术。具有成本低、不产生二次污染等优点。缺点是所用吸附剂的吸附量小，当烟气中氮氧化物含量高时，就需要大量的吸附剂，消耗大，设备体积庞大，所以应用并不广泛，仅适用于氮氧化物浓度低、气量小的废气处理。

3.催化还原法

催化还原法，主要作用原理是在高温、催化剂存在的条件下，将废气中的氮氧化物还原成无污染的 N_2，由于反应温度较高，同时需要催化剂，设备投资较大，运行成本较大。

催化还原法分选择性催化还原（SCR）和选择性非催化还原（SNCR）。

（1）选择性催化还原法　选择性催化还原法是在炉膛温度 1000℃ 左右的区域喷入 NH_3、尿素等还原剂，将 NO_x 还原成 N_2 和 H_2O，NO_x 脱除率可达 80%，但反应中会有少量的温室气体 N_2O 产生。

（2）选择性非催化还原法　选择性非催化还原法是通过 NH_3、H_2S、CO 和烃类物质等还原剂，在 V_2O_5/TiO_2 等催化剂上与 NO_x 反应，生成无害的 N_2 和 H_2O。NO_x 的脱除率可达 90%。目前，以 NH_3 为还原剂的选择性非催化还原技术已实现工业化，但运行费用较高。

（五）挥发性有机物（VOCs）污染防治

控制 VOCs 的污染可以通过改进生产工艺流程和设备来实现，对于工业生产过程中排放的各种不同浓度的 VOCs，主要有回收处理和非回收处理两大类污染防治技术。

1.回收处理技术

（1）吸收法　吸收法是利用性质与 VOCs 相近的低挥发或不挥发有机溶剂，对湿度＞50% 的 VOCs 气体流进行吸收处理，并对易溶解的组分予以分离，将 VOCs 进行回收使溶剂得以再利用。该处理技术对于浓度范围为 $1000 \sim 10000 mg/m^3$ 的有机废气有较好的适用性，对 VOCs 有机废气的吸收率高达 95%～98%。

常用的吸收剂主要有油基吸收剂、水复合吸收剂、高沸点有机溶剂等，吸收设备主要有填料塔、喷淋塔等。其中，采用高沸点、低蒸气压的柴油作为吸收剂，将 VOCs 废气由气相变为液相，然后通过解吸处理将吸收液中的 VOCs 进行回收，使吸收溶剂进行回收再利用；采用水作为吸收剂时，通过精馏处理即可以实现对有机溶剂的回收。采用吸收法对 VOCs 废气进行处理，操作简单、工艺成熟、成本较低，且对于大部分 VOCs 废气均能进行处理，尤其是对高浓度及含硫化物的废气处理应用广泛。

（2）吸附法　吸附法是将多孔材料作为有机废气的吸收剂，对 VOCs 废气进行截留、分离，进而实现对有机废气的净化处理。吸附剂经过吸附后再进行脱附处理，以实现吸附剂的循环再利用。影响吸附剂吸附效果的因素众多，其中，VOCs 废气的类别、浓度大小以及吸附剂的比表面积、吸附量、疏水性以及热稳定性等都会影响吸附效果。较为常用的固体吸附材料主要有活性炭、石墨烯等碳基吸附剂，以及沸石分子筛、硅胶等含氧吸附剂；常用的工业 VOCs 吸附装置主要有固定床、流化床以及移动床等。整个吸附处理的过程设置吸附器数量至少 2 个，通过吸附→脱附→干燥→冷却等多个过程的循环，实现吸附剂的再利用，整个吸附处理的工艺流程如图 8-19。

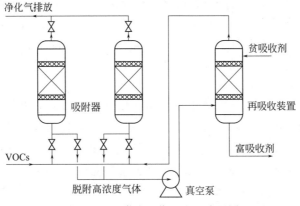

图 8-19 吸附法回收 VOCs 流程图

（3）冷凝法　冷凝法是通过不同温度下 VOCs 与其他物质不同的饱和蒸气压的特点，利用降温或增压的方式将气态 VOCs 优先冷凝液化，进而实现 VOCs 的净化处理。

冷凝法降温主要有机械降温与液氮降温两种方式。其中，机械降温是采用压缩设备冷却 VOCs 废气至冷凝点；液氮降温是利用液氮气化时大量吸热而使 VOCs 降温冷却液化。采用冷凝法净化进行 VOCs 废气处理，工作温度为 $-35 \sim -110 ℃$，其中浅冷温度为 $-35 \sim -70 ℃$，深冷温度为 $-70 \sim -110 ℃$，实际冷凝处理有机废气时，应结合废气的不同种类、含量及回收率合理选择冷凝的工作温度。冷凝法处理多用于浓度及沸点较高的 VOCs 废气回收，通过多级连续冷却进行逐级降温，从而实现烃类有机物达到冷凝点液化后回收。

2. 非回收处理技术

（1）燃烧法　燃烧法是指在特定条件下，通过燃烧或氧化将 VOCs 废气转化为 CO_2 和 H_2O，进而实现有机废气的净化处理。

① 直接燃烧法。直接燃烧法是直接将 VOCs 废气作为燃料，多用于高浓度、难回收的 VOCs 废气处理，该处理方法燃烧温度高达 1100℃，安全性及经济性较差，且燃烧过程会生成易导致二次污染的氮氧化物、二噁英等，对于浓度较低的 VOCs 废气较不适用。

② 催化燃烧法。催化燃烧法是通过添加适宜的催化剂，使有机废气能够在较低的温度条件下（200℃~400℃）进行更彻底的氧化反应，避免高温条件下燃烧生成的氮氧化物污染。工业 VOCs 废气催化燃烧装置包括换热器、加热器以及催化燃烧反应器三部分，该处理方法可用于浓度为 $1000 \sim 10000 mg/m^3$ 的有机废气处理，但废气流速应保持稳定，且为防止催化剂中毒失效，应在实际工业废气处理时，结合所排放废气的特点，设置预处理装置对流入反应器的硫化物、卤代烃等进行控制。

③ 多孔介质燃烧法。该技术是在传统燃烧、蓄热燃烧的基础上发展而来，主要是利用有机废气在多孔介质燃烧区进行燃烧，燃烧的热量经基体导热、对流换热以及辐射换热进行传递，确保燃烧区保持温度均衡，进而有效提升燃烧的有效性及稳定性。燃烧区产生的热量传递至预热区，预热预混气体来实现超绝热燃烧。该处理方法能够充分利用燃烧余热而节省能耗，不仅提高了废气燃烧的成效，而且省去了余热回收环节，从而减少了设备的占地面积。

（2）生物法　生物法即是利用微生物的代谢作用，将 VOCs 废气通过附着了微生物的滤床，将 VOCs 废气作为微生物代谢的营养物质，在滤床代谢降解为 CO_2 和 H_2O，生物降解无毒害、无污染，是一种绿色的有机废气处理方法。同时，生物法处理设备虽然能耗小、运行成本低，但其处理速率慢、占地面积大，且对反应温度、水量、气体流速以及 pH 等有着较高的要求，且须定期添加利于反应的营养液。当前，较为常见的生物处理法有三种，即生物洗涤、生物过滤以及生物滴滤等。该处理方法多用于可进行生物降解的 VOCs 废气处理，多用于石化行业的有机废气处理。

（3）低温等离子体法　该处理技术是利用高压脉冲放电，激发介质放电得到低温等离子体，其中的高能带电电子、离子等与 VOCs 分子进行弹性碰撞，然后再经激发、电解等反应对 VOCs 废气进行降解，以生成无毒无害的 CO_2 和 H_2O。该处理技术对于浓度较低的有机废气，尤其是对苯系、甲醛等有机废气的处理有较好的效果，且该处理设备结构简单、投资少、设备安装及移动方便，整个过程没有二次污染物的生成，属于较为前沿的处理技术。

第三节　温室气体减排技术

一、温室气体及温室效应

典型案例

在全球变暖的背景下，极端天气气候事件发生频率明显上升，随着降水极速转为偏少，长江流域高温热浪天气随之开始。2022 年 8 月 18 日和 19 日，重庆市北碚区出现 45℃的高温，成为长江流域全年最高气温，且重庆北碚日最高气温达 40℃ 以上的持续最久，长达 29 天。长江流域发生了严重的高温干旱事件，具有持续时间长、范围广、强度大的特征。

如果按照目前的趋势继续下去，全球变暖的最坏影响——极端天气、海平面上升、动植物灭绝、海洋酸化、气候的重大变化和前所未有的社会动荡都将不可避免。

1. 温室气体

温室气体指任何会吸收和释放红外线辐射并存在大气中的气体。

1997 年 12 月，在日本东京举行的《联合国气候变化框架公约》第三次缔约方会议上，特别讨论了温室气体及其控制问题，会议明确六种气体二氧化碳（CO_2）、甲烷（CH_4）、氧化亚氮（N_2O）、氢氟碳化合物（HFCs）、全氟碳化合物（PFCs）、六氟化硫（SF_6）为温室气体。

2. 温室效应

温室效应指透射阳光的密闭空间由于与外界缺乏热对流而形成的保温效应，即太阳短波辐射可以透过大气射入地面，而地面增暖后放出的长波辐射却被大气中的二氧化碳等物质所吸收，从而产生大气变暖的效应（如图 8-20 所示）。大气中的二氧化碳等温室气体就像一层厚厚的玻璃，使地球变成了一个大暖房，亦称花房效应。温室气体浓度增加可导致温室效应增强。

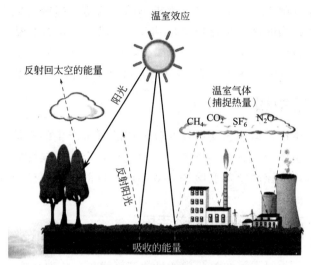

图 8-20　温室效应示意图

3.温室气体排放带来的危害

由环境污染引起的温室效应是指地球表面变热的现象，它会带来下列几种严重危害。

① 冰川消融，使两极生物的生存面临严峻挑战，其中的病弱者难逃死亡的噩运。

② 海平面上升，导致海水入侵加剧，海洋酸化，盐水和污水回溯加重，滨海地区用水受到污染，影响城市供水，并使农田盐碱化，破坏生态平衡。低地和海岸受到侵蚀，不少岛屿与陆地被淹没。

③ 影响气候。全球变暖，沿海地区台风、海啸、风暴潮等更易发生；极端天气气候事件，如厄尔尼诺、干旱、洪涝、雷暴、冰雹、高温天气和沙尘暴等等，出现的频率和强度增加。气候变暖还将导致全球水量分布的巨大变化，给农业带来损害。

④ 全球持续变暖，不但改变了季节的自然节奏，也干扰了许多动植物的开花期和繁殖期。生态时钟紊乱，会导致某些物种衰亡。

⑤ 影响人类健康。

4.温室效应的预防对策

对于温室效应的预防，主要应从以下几方面着手。

一是全面禁用氟氯碳化物。目前，全球正在努力推动实现此目标，如果能够实现，预计到 2050 年可以降低 3% 左右的温室效应。

二是改善其他各种场合的能源效率。如今人类生活中到处都在大量使用能源，比如住宅、办公室场所等使用的冷暖气设备能源消耗巨大。如果改善得当，预计到 2050 年，可降低 8% 左右的温室效应。

三是选择碳排放量低的化石燃料。任何化石燃料一经燃烧，都会排放出 CO_2，但其排放量会因化石燃料种类不同而有所不同。选择碳排放量更低的化石燃料，可对全球气候变暖起到良好的抑制作用。

四是鼓励使用再生能源和核能。再生能源和核能的使用能使化石燃料用量相对减少。治理得当的话，预计到 2050 年，有望降低 4% 左右的温室效应。

五是改善汽车使用燃料状况。如果汽车燃料使用情况改善得当，预计到 2050 年，可降低 5%左右的温室效应。

六是汽机车的排气限制。应尽量减少汽机车的排放量，抑制臭氧和甲烷等其他温室效应气体的排放。治理得当的话，预计到 2050 年，将降低 2%左右的温室效应。

七是保护森林。目前，由于森林面积的减少，相应减少了对大气中 CO_2 的吸收，如果全球认真推动森林再生计划，预计到 2050 年，可降低 7%左右的温室效应。

二、碳达峰碳中和

碳排放量是指在生产、运输、使用及回收该产品时所产生的平均二氧化碳排放量。碳排放给环境带来的最主要的问题是温室效应，由此导致全球气候变暖，引发许多自然和社会问题，碳中和是减缓或控制全球变暖的有效手段。目前，各国已相继提出碳达峰和碳中和的目标。

（一）减缓或控制全球变暖的有效手段

1.碳达峰

碳达峰是指在某一个时点，二氧化碳的排放不再增长，达到峰值，之后逐步回落。

根据《联合国气候变化框架公约》《联合国气候变化框架公约的京都议定书》（简称《京都议定书》）及《巴黎协议》的规定目标，"将大气中的温室气体含量稳定在一个适当的水平，以保证生态系统的平滑适应、食物的安全生产和经济的可持续发展"，"将全球平均气温较前工业化时期上升幅度控制在 2℃ 以内，并努力将温度上升幅度限制在 1.5℃ 以内"。

2.碳中和

碳中和是指一定时期内二氧化碳排放量与二氧化碳吸收量相平衡的状态。

企业、团体或个人测算在一定时间内直接或间接产生的温室气体排放总量，通过植树造林、节能减排等形式，以抵消自身产生的二氧化碳排放量，实现二氧化碳"零排放"。碳中和并不是指零排放，可以排放一部分，只不过排放量与大自然能够吸收的温室气体相当。

这里的"碳"并不是指实物的二氧化碳，而是二氧化碳当量（CO_2e），是指多种温室气体的排放。二氧化碳当量是联合国政府间气候变化专门委员会（IPCC）的评估报告，为统一度量整体温室效应的结果，规定二氧化碳当量作为度量温室效应的基本单位。其他温室气体折算二氧化碳当量的数值称为全球变暖潜能值（GWP），即在 100 年的时间框架里，各种温室气体的温室效应，对应到相同效应的二氧化碳的质量，二氧化碳的 GWP 值为 1。

1997 年制定的《京都议定书》规定需要控制的温室气体有 6 种，分别是二氧化碳（CO_2）、甲烷（CH_4）、氧化亚氮（N_2O）、氢氟碳化物（HFCs）、全氟化碳（PFCs）、六氟化硫（SF_6）。我国现行国标《工业企业温室气体排放核算和报告通则》（GB/T 32150—2015）规定，需要控制的温室气体有 7 种，比京都议定书的规定多了三氟化氮（NF_3）。

（二）我国碳达峰和碳中和目标

2020 年 9 月 22 日，国家主席习近平在第七十五届联合国大会一般性辩论上提出："中国将提高国家自主贡献力度，采取更加有力的政策和措施，二氧化碳排放力争于 2030 年前达到峰值，努力争取 2060 年前实现碳中和。""双碳"目标是我国的重大战略决策，也是落实《巴黎协定》的积极举措，其不仅体现了我国二氧化碳减排的决心，同时也展现出了中国积极参与应对全球气候变化的大国担当。

到 2030 年前实现碳达峰，时间紧迫。因此，"十四五"期间我国的能源规划极为重要。它将为 2030 年前碳达峰做好铺垫，为 2060 年前实现碳中和逐步明确路径。"十四五"期间，我国需要对节能提效有明确要求。特别是在当前以化石能源为主的能源结构下，节能提效应是减排的主力。从能源生产来说，就是由黑色、高碳逐步转向绿色、低碳，从以化石能源为主逐步转向以非化石能源为主。消费端就是从粗放、低效逐步走向节约、高效。

扫一扫

M8-8 碳达峰
碳中和简介

碳达峰和碳中和的双目标将引导我国能源转型，推动新的增长、助推新经济，实现经济、能源、环境、气候的共赢和可持续发展。

三、温室气体减排技术

气候变化是亟待解决的全球性问题，人类社会经济活动导致的大气中温室气体浓度上升是诱发气候变化的主要因素之一，而在六种温室气体中，二氧化碳对地球升温的影响最大。一般所说的温室气体减排，主要指的就是二氧化碳的减排。

（一）二氧化碳减排方案

温室气体导致的全球变暖已引发冰山消融、海平面上升、极端气候灾害等恶劣环境及气象变化，CO_2 排放量占全球温室气体排放总量的 74%，导致二氧化碳排放量有增无减的根本原因是世界对化石燃料的过分依赖，特别是对煤炭、原油和天然气的依赖。国际上二氧化碳减排主要有五种方案。

一是优化能源结构，开发核能、风能和太阳能等可再生能源和新能源；

二是提高植被面积，消除乱砍滥伐，保护生态环境；

三是从化石燃料的利用中捕集二氧化碳并加以利用或封存；

四是开发生物质能源，大力发展低碳或无碳燃料；

五是提高能源利用效率和节能，包括开发清洁燃烧技术和燃烧设备。

从长远来看，发展核能、风能、太阳能和潮汐能等清洁能源，开展植树造林以生物固碳形式减少 CO_2 排放无疑是最理想的减排途径。

（二）二氧化碳减排过程

在减缓气候变化行动中，先进的科学技术发挥着越来越重要的作用。实施大气污染物与温室气体协同减排和协同治理，强化从源头削减、过程控制到末端治理的全过程管控。

1. 源头削减

我国主要的能源消费为煤炭和石油，天然气等清洁能源占比较小，燃烧每吨煤所释放的二氧化碳排放量为 0.7t，而天然气的二氧化碳排放量仅为 0.39t，核电则零排放。因此能源结构不合理是导致二氧化碳排放量较高的主要原因之一，必须从源头上控制，逐步减少煤炭的使用比例，大力开发水电、核电等可再生能源，才能有效地减少甚至避免二氧化碳的排放。

2. 过程控制

过程控制是指对一些高耗能产业的加工工艺进一步优化，提高能源的利用率，最终实现二氧化碳的减排。采取新技术新工艺，及时更新设备，通过对二氧化碳的产生过程进行控制可以有效提高高耗能行业的能源利用效率，进而减少高耗能工业部门的二氧化碳排放量。

3. 末端治理

目前，末端治理主要通过碳捕集、利用与封存（CCUS）技术来实现。

碳捕集、利用与封存（CCUS）是指将 CO_2 从工业过程、能源利用或大气中分离出来，直接加以利用或注入地层以实现 CO_2 永久减排的过程。按照技术流程，CCUS 主要分为碳捕集、碳运输、碳利用、碳封存等环节。

（三）二氧化碳捕集技术

CO_2 捕集有富氧燃烧捕集、燃烧后捕集以及燃烧前捕集。CO_2 捕集技术的具体分类见图 8-21。

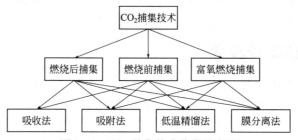

图 8-21　CO_2 捕集技术分类示意图

1. 燃烧前捕集技术

燃烧前捕集技术是指在一定的条件下将化石燃料经过气化变成合成气 H_2 和 CO，产生 CO 又可与 H_2O 高温反应生成 CO_2 和氢气，通过变换后产生高压气体和较高浓度的 CO_2，然后实现 CO_2 捕集，分离出的氢气又可以作为燃料使用。该工艺能耗高，操作较为复杂，设备投入高，只适用于某些特定领域。图 8-22 为煤气化联合循环发电系统燃烧前捕集流程，煤浆经造气所得合成气经低温变换之后进行 MDEA 脱硫、脱碳，捕集后的 CO_2 经纯化之后用于驱油封存，所得粗氢又可用于发电。

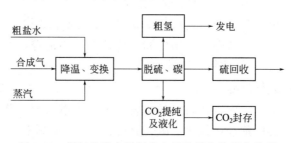

图 8-22　煤气化联合循环发电系统燃烧前捕集流程

2. 富氧燃烧捕集技术

富氧燃烧是把含氧量大于 21% 的气体用于供给锅炉的强化燃烧。富氧燃烧技术是利用空气分离系统获得富氧甚至纯氧，与燃烧后产生的部分烟气混合后送入炉膛与燃料混合燃烧（如图 8-23）。由于在分离过程中除去了绝大部分的氮，就可以在排放气体中产生高浓度的 CO_2，通过烟气再循环装置与富氧气体混合，重新回注燃烧炉。采用这种富氧燃烧方法，由于助燃气体中氧气浓度较高，燃烧比较完全，不但大大降低了烟气黑度，还因为氮气量的减少，而减少了热损失，节约了能源，故被发达国家称之为"资源创造性技术"。富氧燃烧法有利于对 CO_2 进行捕获和封存，当浓度达到 90%，甚至可以不用分离而直接用于工业生产和贮存。避免了对环境的污染，是一种真正的绿色技术。

3. 燃烧后捕集技术

燃烧后捕集是指从化石燃料燃烧后的混合气体中分离捕集 CO_2 的工艺技术。相对其他

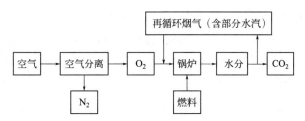

图 8-23 富氧燃烧捕集技术示意图

碳捕集技术而言，捕集过程压力低、烟气处理量大、操作简单，但还存在脱碳能耗较高、物料易损耗、设备容易腐蚀等一系列问题。燃烧后捕集技术适用范围广，技术相对成熟，现今已经成为国内外碳捕集的主要方法，在煤电企业、化肥企业以及石化企业工业化中应用较多。

常见的有吸收法、吸附法、膜分离法和低温蒸馏法等四种。

（1）吸收法　吸收法包括物理吸收法和化学吸收法，也称物理溶剂法和化学溶剂法。

物理吸收法是指利用对 CO_2 具有较大溶解度的有机溶剂做吸收剂，通过对 CO_2 的加压使其溶解到该溶剂内，再通过减压使 CO_2 释放出来，通过这样的交替方式，完成 CO_2 的捕获分离。其中溶剂的选择非常重要，要求其具有良好的化学稳定性、无腐蚀性、无毒性，常用的吸收剂有丙烯酸酯、甲酸、乙酸和聚乙二醇等。

化学吸收法指 CO_2 与吸收剂发生化学反应而形成不稳定的化合物，再通过解吸作用完成 CO_2 的分离和吸收剂的再生。常用的吸收剂有碱性溶液如碳酸钾、氨水、氢氧化钠、各种有机胺等。该方法适用于大流量低浓度 CO_2 的分离回收。图 8-24 为化学吸收法工艺流程示意图。

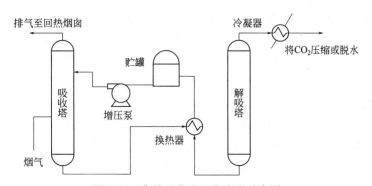

图 8-24　化学吸收法工艺流程示意图

（2）吸附法　吸附法指通过吸附剂在一定条件下对 CO_2 进行选择性吸附，然后再改变工艺条件将 CO_2 解吸分离，常用的吸附剂有活性炭、沸石、硅胶、分子筛等。按照工艺条件分为变电吸附（ESA）、变压吸附（PSA）、变温吸附（TSA）等等，其中以变压吸附法发展较为迅速，目前在化肥、化工行业中获得了广泛应用。

变压吸附脱碳的基本原理是：利用吸附剂对不同气体的吸附容量随压力的不同而有差异的特性，在吸附剂选择性地吸附的条件下，加压吸附混合物中的杂质组分，减压解吸这些杂质，而使吸附剂得到再生，以达到连续制取所需产品气体的目的。

例如，采用 18 台吸附塔分 9 次均压双抽真空流程的低压甲醇装置变压吸附脱碳工艺（图 8-25）。将来自变换工序的变换气经过吸附塔的物理吸附，净化脱除二氧化碳气体，净化后的气体经往复式压缩机四段、五段提压后送至甲醇合成塔，用以生产甲醇；吸附塔饱和后，利用物理吸附的可逆性，通过 9 次均匀降压，将吸附质二氧化碳气体解吸出，吸附剂得到初步再生。为使吸附剂得到完全再生，采用抽真空方式进一步解吸，真空解吸产生的富碳气送至造气车间吹风气装置燃烧。

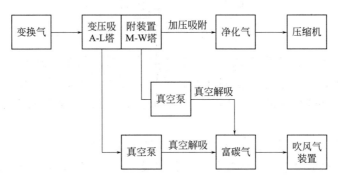

图 8-25　变压吸附脱碳工艺流程

（3）膜分离法　膜分离法又称分子筛法，指利用不同的聚合物材料对不同的气体具有不同的渗透率，将 CO_2 从混合气体中分离出来的方法，其最大优点在于投资少、结构简单、操作方便。常见的对于 CO_2 展现出良好渗透性的分离膜有醋酸纤维、乙基纤维素、聚苯醚和聚砜等。

随着高分子材料科学的不断发展，膜分离技术将不断完善，成为 CO_2 捕获分离的又一重要手段。

（4）低温精馏（蒸馏）法　低温精馏（蒸馏）法是通过低温冷凝分离 CO_2 的一种物理过程，根据不同的气体有不同的液化温度，降低温度使其液化，再经过蒸馏过程来实现混合气体的分离。CO_2 在常温常压下是气态，临界温度是 31.3℃，临界压力是 7.39MPa。当压力高于 7.39MPa、温度降至低于 31.3℃时，CO_2 气体会变成液体，从而实现 CO_2 与其余气体的有效分离。当 CO_2 在混合气中含量较多时使用该方法经济且有效，只需经过压缩、冷凝和提纯 3 个过程即可获得 CO_2 液体。当混合气中 CO_2 含量较低时，压缩和冷凝过程需要反复多次，这样会增加操作成本。通过研究证明低温分离 CO_2 是一种较为有效的方法，然而在实际操作中，由于其分压随着分离过程的进行而逐渐减小，导致分离逐渐困难，从而减小了 CO_2 的回收效率。低温蒸馏法能耗高，分离效果较差，只适用于油田伴生气中 CO_2 的回收。

（5）其他捕集技术

① 电化学方法。日本科学家提出通过电解海水将溶解于海水中的 CO_2 固定，并使其以不溶性盐的形式沉入海底。利用海面和大气之间的化学平衡，进而将大气中过量的 CO_2 溶解吸收沉入海底。其原理为：

$$Ca^{2+} + 2HCO_3^- + OH^- \Longrightarrow CaCO_3 + CO_3^{2-} + H^+ + H_2O$$

电化学方法的优点为产物无污染，缺点是能耗较高。

② 生物性回收分离法。该法的原理是：利用微生物（主要是蓝藻和绿藻等微藻类）的光合作用来吸收消耗 CO_2。微藻吸收 CO_2 后通过光合作用，可有效转化成碳水化合物。微藻由于具有光合速率高、繁殖快、环境适应性强等优点，可用于脱除烟道气中的 CO_2。因

此，无论是从环境治理，还是从资源化利用方面来看，藻类都有很重要的价值。该方法的优点是固定效率高、过程无污染，其缺点是需大规模培养、难以工业化。

（四） CO_2 运输

CO_2 运输是指将捕集的 CO_2 运送到利用地或封存地的过程，有管道、船舶和罐车等运输方式，在大规模运输过程中，流体态的 CO_2 更便于运输。CO_2 陆地管道输送是目前最具应用潜力和经济性的运输方式，且随着管道运输容量的增加，运输成本逐渐下降，现阶段国际上已有大量 CO_2 管道输送的工程实践。

目前，我国的 CO_2 陆路车载运输和内陆船舶运输技术已成熟，可达到商业化应用阶段，主要应用于每年 10 万吨以下的 CO_2 输送。

（五） CO_2 资源化利用

CO_2 资源化利用是通过生物、物理或化学作用将 CO_2 加工为有用物质，如通过生物作用制备生物燃料、吸收 CO_2 气体肥料等，通过物理作用将 CO_2 用于食用 CO_2、干冰、保护气体等，或者通过化学作用制备碳酸盐、碳酸氢盐、尿素、甲醇、碳酸酯、高碳醇、长链羧酸等。

（六） CO_2 封存技术

虽然一些食品工业和化工原料需要 CO_2，但其用量相对来说微不足道，CO_2 被捕获后，必须对其进行安全、长期的封存，才能最终完成控制 CO_2 进入大气的工作。CO_2 封存技术是指通过工程技术手段将气态、液态或超临界 CO_2 封存于陆上咸水层、海底咸水层、地下油气层或枯竭油气藏中，使之进一步与岩层中的碱性氧化物反应生成碳酸盐矿物质。

1. 海洋封存

海洋封存主要有两种方案：一是海洋水柱封存（溶解型封存），是指通过运输船或管道将 CO_2 注入海水中，使其自然溶解；二是海底沉积物的封存（湖泊型封存），是指将 CO_2 注入 3000m 以上深度的海里，在海底形成固态的 CO_2 水化物或液态的 CO_2 "湖"，从而实现对 CO_2 的封存。

2. 地质封存

地质封存是根据化石燃料的自然存储机制，在特定地质条件及特定深度的地层中实施 CO_2 封存。为了使 CO_2 维持在超临界状态，即 CO_2 温度超过 31.3℃、压力超过 7.39MPa，通常将 CO_2 的储存深度定为 800m 以下。目前可进行 CO_2 封存的地质结构主要有枯竭油气藏、深部咸水层和不可开采煤层 3 种。

3. 矿化封存

矿化封存是指利用 CO_2 与金属氧化物发生反应生成碳酸盐，从而将 CO_2 永久性地固化起来。矿化封存包括常规采矿和化学加工两个过程。由于 CO_2 矿化封存后，泄漏到大气中的风险最小，从长远来看，发展矿化封存是碳减排的最佳选择。但是，由于自然的化学反应过程缓慢，需要对矿物作增强性预处理，此过程非常耗能，且金属氧化物主要存在于天然形成的硅酸盐中，技术上可开采的硅酸盐储量非常有限，由此导致矿化封存的经济效益和减排效率都难以预测。

目前全世界有 26 个 CO_2 捕集与封存的商业设施在运行，这些设施每年可实现 3844 万吨 CO_2 的捕集和封存，预计到 2030 年可达到 7491 万吨。

复习思考题

一、填空题

1. 根据大气垂直方向分布的特点，在结构上可将大气圈分为 5 层，有_____、_____、_____、_____和_____。

2. 大气污染物的形成因素有_____和_____两种，其中_____为主要因素。

3. 造成大气污染的主要过程由_____、_____、_____这三个环节所构成。

4. 大气污染物按照其成因可分为_____和_____。

5. 大气污染物根据其存在状态，也可分为_____和_____。

6. 环境空气中空气动力学当量直径小于等于 $2.5\mu m$ 的颗粒物称为_____。

7. 大气中粒径小于_____的固体微粒，它能较长期地在大气中飘浮，也被称为可吸入颗粒物 PM_{10}。

8. VOCs 还对环境产生严重的危害，会诱发雾霾天气，破坏_____，造成温室效应等。

9. 《中华人民共和国大气污染防治法》于 2018 年 10 月 26 日修正后，2019 年_____月 1 日起施行。

10. 新修正的《中华人民共和国大气污染防治法》共_____章_____条，涉及法律责任的条款有 30 条，具体的处罚行为和种类接近 90 种，大大提高了这部法律的可操作性和针对性。

11. 植物具有美化环境、调节气候、吸收大气中有害气体、截留_____等功能。

12. 大气环境的自净是靠大气的_____、_____、_____等物理化学作用，能使进入大气的污染物质逐渐消失，这就是大气自净。

13. 除尘技术主要是将废气中的_____脱除掉。

14. 除尘设备根据其原理大致可分为_____、_____、_____和静电除尘器等。

15. 袋式除尘器，要及时清灰，其清灰方法有_____、_____、_____。

16. 静电除尘器，除尘要经历_____、_____和_____三个阶段。

17. 目前国内外采用的气态污染物处理技术有_____、_____、_____和冷凝法等。

18. 常用的吸收装置有_____、_____、_____、喷淋塔和文丘里吸收器等。

19. 喷淋塔空塔气速一般为 1.5～6m/s，塔内压降为 250～500Pa，液气比较小，适用于极快或快速反应的_____过程。

20. 常用的吸附剂有_____、_____、_____和活性氧化铝等。

21. 催化转化法分为_____和_____。

22. 燃烧法是利用工业废气中污染物可以燃烧氧化的特性，将其燃烧转变为无害物质的方法。燃烧法可分为三种：_____、_____和催化燃烧。

23. 二氧化硫治理技术包括_____、_____、_____。

24. 冷凝法对有害气体的去除程度，与冷却温度和有害成分的_____有关。

25. 燃烧过程脱硫包括_____、流化燃烧脱硫、_____等技术。

26. 烟气脱硫技术按脱硫剂和脱硫产物是固态还是液态，烟气脱硫分为_____、_____、_____。

27. 烟气脱氮的主要方法有_____、_____和催化还原法。

28. 控制 VOCs 的污染可以通过改进生产工艺流程和设备来实现，对于工业生产过程中排放的各种不同浓度的 VOCs，主要有_____和_____两大类污染防治技术。

29.吸收法是利用性质与 VOCs 相近的低挥发或不挥发有机溶剂，对_____＞50％的 VOCs 气体流进行吸收处理，并对易溶解的组分予以分离，将 VOCs 进行回收使溶剂得以再利用。

30.常用的工业 VOCs 吸附装置主要有固定床、流化床以及_____等。

31.冷凝法处理多用于_____及_____较高的 VOCs 废气回收，通过多级连续冷却进行逐级降温，从而实现烃类有机物达到冷凝点液化后回收。

32.1997 年 12 月，在日本东京举行的《联合国气候变化框架公约》第三次缔约方会议上，明确六种气体即二氧化碳、甲烷、_____、_____、全氟碳化合物、六氟化硫为温室气体。

33.我国将提高国家自主贡献力度，采取更加有力的政策和措施，二氧化碳排放力争于_____年前达到峰值，努力争取_____年前实现碳中和。

34.CO_2 捕集有_____、燃烧后碳捕集以及燃烧前碳捕集。

35.目前 CO_2 封存有_____封存、地质封存、_____封存技术。

36.CCUS 主要分为碳捕集、碳运输、_____、碳封存等环节。

二、简答题

1.简述大气污染物按照其成因的分类。

2.简述化工废气的来源。

3.简述吸附法常用吸附剂及其主要吸附物质。

4.简述大气污染中颗粒污染物的分类和其粒径范围。

5.简述机械式除尘器的工作原理。

6.简述湿式除尘器的工作原理。

7.画出石灰（石灰石）-石膏法烟气脱硫工艺流程框图。

8.简述氧化吸收法处理含氮氧化物废气的工作原理。

9.简述生物法处理 VOCs 的技术。

10.简述温室气体排放带来的危害。

11.简述温室效应的预防对策。

12.什么是碳达峰？什么是碳中和？

13.简述国际上二氧化碳减排的五种方案。

参考文献

[1] 张晓宇.化工安全与环保.北京：北京理工大学出版社，2020.

[2] 杨永杰.化工环境保护概论.3 版.北京：化学工业出版社，2022.

[3] 王纯，张殿印.环境工程技术手册：废气处理工程技术手册.北京：化学工业出版社.2020.

[4] 郭静，阮宜纶.大气污染控制工程.2 版.北京：化学工业出版社.2021.

第九章

化工废水处理

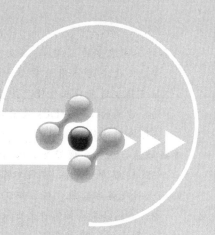

 教学目的及要求

通过学习本章，掌握化工废水危害，化工废水及其处理原则和方法。了解水污染、水体自净的主要概念，掌握物理处理法、化学处理法、物理化学处理法、生化处理法等化工废水处理的方法与途径。通过重点解读习近平一系列环境保护重要讲话，加强生态文明教育，引导学生树立和践行绿水青山就是金山银山的绿色发展生态环保观。学习我国化工污水治理发展历程，增强民族自豪感，感悟中华文化、增进家国情怀，弘扬爱国奋斗精神。

知识目标：

1.了解化工生产过程的污染物的来源；

2.了解水体污染种类及危害；

3.掌握水体污染指标的意义；

4.熟悉水体污染控制的基本途径；

5.掌握物理法、化学法、物理化学法、生物化学法等废水处理原理。

技能目标：

1.树立环境安全的危机意识；

2.熟悉我国的水环境保护法律法规；

3.掌握水体污染技术指标意义；

4.掌握物理法、化学法、物理化学法、生物化学法等废水处理基本方法。

素质目标：

1.具有水污染治理岗位所需的职业技能素养和严谨的职业作风，认真执行安全生产、质量管理和各种技术指标。

2.具有良好的社会责任感、使命感和思想道德素质，具有达标排放的法律意识，遵章守纪；杜绝偷排废水，篡改监测数据等违法行为；

3.具有团队合作精神和沟通协调能力，掌握污水处理所需技能，培养高尚的职业道德情操。

课证融通：

1.工业废水处理工职业技能等级证书（中、高级工）；

2.化工危险与可操作性（HAZOP）分析职业技能等级证书（初、中级）；

3.化工总控工职业技能等级证书（中、高级工）。

引言

水是生命的源泉，是人类及一切生物赖以生存和发展必不可少的重要物质，是经济社会发展所必需的宝贵自然资源。

我国的水资源总量丰富，淡水资源总量约为 28000 亿 m^3，仅次于巴西、俄罗斯、加拿大、美国、印度尼西亚，居世界第 6 位。但是，由于我国人口众多，人均水资源占有量稀少，只有约 2050 m^3，不到世界平均水平的 1/4，是世界上 13 个贫水国家之一。缺水状况在我国普遍存在，而且有不断加剧的趋势。全国约 670 个城市中，有一半以上存在着不同程度的缺水现象，其中严重缺水的有 110 多个。

在现代工业中，没有一个工业部门是不用水的，也没有一项工业不和水直接或间接发生关系。每个化工厂都要利用水的各种作用来维护正常生产，几乎每一个生产环节都有水的参与。实现废水资源化、治理污染、保护环境、节约用水，对我国的环境保护、水资源保护、水污染防治、经济可持续发展具有重要意义。

第一节　化工废水

典型案例

2022 年 6 月 1 日，盐城市生态环境综合行政执法局执法人员对某纺织有限公司现场检查时发现，该公司正在排放生产废水。随即委托第三方公司对该公司废水排出口进行取样检测，检测报告显示：氨氮含量 24.5mg/L、总氮含量 33.4mg/L，超出该公司排污许可证规定的氨氮含量 20mg/L、总氮含量 30mg/L 的浓度限值。

该纺织有限公司超过许可排放浓度排放水污染物的行为违反了《排污许可管理条例》第十七条第二款的规定。盐城市生态环境局依据《排污许可管理条例》第三十四条第（一）项的规定，责令该公司立即改正违法行为，处罚款人民币 20 万元。

一、水污染的定义

水资源是人类赖以生存的重要资源，水环境质量是指水环境对人群的生存和繁衍以及社会经济发展的适宜程度，通常以水环境遭受污染的程度来表示，也即以水的物理、化学及生物学特征及组成状况来表示。

　　为保护人民健康和生存环境，国家出台了与水环境有关的法规和标准，其中水环境质量标准为控制和消除污染物对水体的污染，根据水环境长期和近期目标而提出的质量标准。体现国家的环境保护政策和要求，是衡量环境是否受到污染的尺度，是环境规划、环境管理和制定污染物排放标准的依据。

1. 我国水质等级标准的划分

　　按照我国《地表水环境质量标准》（GB 3838—2002），依据地表水水域环境功能和保护目标，我国水质按功能高低依次分为五类：

　　Ⅰ类主要适用于源头水、国家自然保护区；

　　Ⅱ类主要适用于集中式生活饮用水地表水源地一级保护区、珍稀水生生物栖息地、鱼虾类产卵场、仔稚幼鱼的索饵场等；

　　Ⅲ类主要适用于集中式生活饮用水地表水源地二级保护区、鱼虾类越冬场、洄游通道、水产养殖区等渔业水域及游泳区；

　　Ⅳ类主要适用于一般工业用水区及人体非直接接触的娱乐用水区；

　　Ⅴ类主要适用于农业用水区及一般景观要求水域。

　　对应地表水上述五类水域功能，将地表水环境质量标准基本项目标准值分为五类，不同功能类别分别执行相应类别的标准值。水域功能类别高的标准值比水域功能类别低的标准值严格。同一水域兼有多类使用功能的，实施最高功能类别对应的标准值。

　　一类水质：水质良好，地下水只需消毒处理，地表水经简易处理（如过滤等）；

　　二类水质：水质受轻污染，经常规净水器净化处理（如絮凝、沉淀、过滤、消毒等），其水质即可供生活饮用；

　　三类水质：适用于集中式生活饮用水源地二级保护区、一般鱼类保护区及其游泳区；

　　四类水质：适用于一般工业保护区和非人体接触的娱乐用水区；

　　五类水质：农业用水区及一般景观要求用水区；

　　超过五类水质标准的水体基本上已无使用功能。

2. 水质指标

　　水质指标是反映水质污染状况的重要指标，现阶段作为我国地表水常规监测标准《地表水环境质量标准》（GB 3838—2002），一共包含 109 项控制项目，其中包括集中式生活饮用水地表水源地特定项目 80 项、基本控制项目 24 项、集中式生活饮用水地表水源地补充控制项目 5 项，是对水质监测、评价、利用以及污染治理的主要依据。水质指标一般分为物理的、化学的和生物的三大类：

　　（1）物理性水质指标

　　① 感官物理性状指标，如温度、色度、嗅和味、浑浊度、透明度等。

　　② 其他的物理性指标，如固体含量、电导率、一些放射性元素等。

　　（2）化学性水质指标

　　① 一般化学性水质指标，如 pH 值、碱度、硬度、各种阴阳离子、一般有机物等。

　　② 有毒化学性水质指标，如重金属、氰化物、多环芳烃、各种农药等。

　　③ 氧平衡指标，如溶解氧、生化需氧量（BOD）、化学需氧量（COD）等。

　　④ 营养元素指标，如氨氮、硝态氮、亚硝态氮、有机氮、总氮、可溶解性磷、总磷、硅等。

M9-1 水质指标

扫一扫

　　⑤ 金属化合物指标，如汞、铜、铅、锌、镉、铬等。

（3）生物性水质指标　生物性水质指标，如细菌总数、总大肠菌群数、各种病原微生物、病毒等。

3. 水污染的定义

所谓水污染是指水体因某种物质的介入，而导致其化学、物理或放射性等方面的特性的改变，从而影响水的有效利用，危害人群健康或者破坏生态环境，造成水质恶化的现象。

4. 水污染防治法

《中华人民共和国水污染防治法》是为推进生态文明建设，保护和改善水环境，维护公众健康而制定的法律。新修订的版本自 2018 年 1 月 1 日起施行，为解决突出的水污染问题和水生态恶化问题提供了强有力的法律武器。

二、化工废水中的主要污染物

工业污水是目前造成水体污染的主要来源和环境保护的主要防治对象。在化工生产过程中排出的废水、污水、废液等统称化工废水。

1. 化工废水的分类

化工废水按成分可分为以下几种。

（1）含无机物的废水　主要来自无机盐、氮肥、磷肥、硫酸、硝酸、纯碱等工业生产时排放的酸、碱、无机盐及一些重金属和氰化物溶液等。通常将含有酸、碱及一般无机盐的废水称为无机无毒物，将含有金属氰化物的废水称为无机有毒物。

（2）含有机物的废水　主要来自基本有机原料、三大合成材料（合成塑料、合成橡胶、合成纤维）、农药、染料等工业生产排放的碳水化合物、脂肪、蛋白质、有机氯、酚类、多环芳烃等。通常将含有碳水化合物、脂肪、蛋白质等易于降解的废水称为有机无毒物（也称需氧有机物），将含有酚类、多环芳烃、有机氯等废水称为有机有毒物。

（3）既含有机物又含无机物的废水　如氯碱、感光材料、涂料及颜料等行业排出的废水。

2. 化工废水的主要指标

各类水污染指标，是用来衡量水体受污染的程度，也是控制和检测水处理设备运行状态的重要依据。在工程实际中，化工废水常采用以下几个水质污染指标来描述。

（1）pH 值　pH 值用来表示水体的酸碱性。水体受到酸碱污染后，水中的微生物生长受到抑制，降低了水体的自净能力，腐蚀水下建筑物、船舶、水处理设备等。

（2）生化需氧量（biochemical oxygen demand，简称 BOD）　生化需氧量表示在有氧条件下，好氧微生物氧化分解单位体积水中有机物所消耗的游离氧的数量，单位 mg/L。通常在 20℃下，5 天时间来测定 BOD 指标，用 BOD_5 表示。

（3）化学需氧量（chemical oxygen demand，简称 COD）　化学需氧量是指在严格条件下用强氧化剂（通常用重铬酸钾、高锰酸钾等）氧化水中有机物所消耗的游离氧的数量，单位为 mg/L。COD 越多，表示水中有机物越多。用重铬酸钾（$K_2Cr_2O_7$）作氧化剂时，记作 COD_{Cr}；用高锰酸钾（$KMnO_4$）作氧化剂时，记作 COD_{Mn}。

（4）总需氧量（total oxygen demand，简称 TOD）　总需氧量表示有机物完全被氧化时，C、H、N、S 分别被氧化为 CO_2、H_2O、NO、SO_2 时所消耗的游离氧的数量，单位为 mg/L。

（5）总有机碳（total organic carbon，简称 TOC）　总有机碳表示水体中有机污染物的总含碳量，单位为 mg/L。总有机碳的分析目前在国内外日趋增多，主要是解决快速测定和自动控制而发展起来的。TOC 是用总有机碳仪在 900℃ 高温下将有机物燃烧氧化计算出总含碳量的。

（6）溶解氧（dissolved oxygen，简称 DO）　溶解氧表示水体中氧分子的数量，单位为 mg/L。DO 值越小，表示水体受污染程度越严重。

（7）有毒物质　有毒物质表示水体中所含对生物有害物质的数量，如氰化物、砷化物、汞、镉、铬、铅等，单位 mg/L。

（8）大肠杆菌群数　大肠杆菌群数表示单位体积水中所含大肠杆菌群的数量，单位为个/L。水体中一旦检测出大肠杆菌，说明水已受到污染。

3. 化工废水的特点

化工废水来源不同，水质差异很大。化工产品种类繁多，生产工艺各不相同，在生产过程中排出的物质含有大量人工合成的有机物，污染性强、难降解。其特点主要表现为：

（1）水质和水量不稳定　化工废水大多数的水量波动大、水质变化大，不利于废水处理装置和工艺的稳定运行。

（2）水质成分复杂　由于不同行业生产原料和工艺过程差别较大，废水中产生的各种副产物以及溶剂等物质，导致化工废水水质成分差别较大，并且成分复杂，增加了废水处理的难度。

（3）BOD 和 COD 较高　化工废水有机物含量较高，特别是石油化工废水，因含有各种有机物，造成废水中含有的 BOD 和 COD 都较高。这种废水一旦排入水体，在水处理过程中因氧化分解消耗水中大量的溶解氧，直接威胁细菌的生存。

（4）有毒性和刺激性　化工废水中普遍存在多种污染物，有毒物质如氰、酚、重金属盐等，有腐蚀性、刺激性的物质如碱类、无机酸等。

（5）pH 不稳定　化工废水的 pH 值多为强碱性或强酸性，对水生生物和农作物等危害很大。

（6）含盐或油量高　高盐度抑制生物活性，影响有机物降解；石油化工废水中含有油类，影响水生生物的生存。

（7）废水色度高　因含有的物质成分复杂，种类多样，造成废水中水体的颜色较深，色度较高。

各个行业的化工废水除了有成分复杂、难降解的共性外，还各有特点。

煤化工产生的化工废水来源于气化、焦化和液化中的冷凝、分馏以及洗涤。这种废水的特点是水量比较大，硫化物、杂环烃和芳香烃较多。

石油化工产生的化工废水是在天然气或者石油通过催化裂解、重整、合成和精制等工艺得到化工原料的过程中产生的。石化废水大部分含有有毒有害的有机物，成分复杂、浓度高而且难降解，生物表面会有浮油的附着，导致生物缺氧，污染环境。

精细化工是化学和石油工业的深加工，种类较多、用途广、附加值高而且产业的关联度也高，其领域广阔，包括日化用品、医药、农药、食品添加剂等日常用品和新材料、航空航天等高新技术。精细化工产生的废水中污染物很多都是毒性高、难降解的，比如氯代硝基苯、杂环有机物以及氯代苯胺，容易在生物体内富集，对生物系统产生抑制作用，是一种典型的化工废水。

4.化工废水的主要来源

化工产业是一个多样、复杂的产业，因此化工废水一般都成分复杂，有机物浓度高。化学化工的不同分类主要是基于原材料来源的不同。其来源大体分为煤化工、石油化工和其他行业，行业之间也是相互交叉的。化工废水主要来源为：

① 冷却水使用后的排污水。

② 冷凝水、回用水和除盐水等。

③ 某特定工艺中排放的废水。

④ 生产和运输过程中一部分化学物质流失，又经雨水或用水冲刷而形成的废水。

5.化工废水中的主要污染物

化工废水中污染物较多，其主要污染物见表 9-1。

表 9-1　化工废水中的主要污染物

污染类型	污染物名称	主要来源
无机物污染	汞	汞开采及与汞相关工厂的排水
	铬	铬矿开采冶炼和颜料等工厂的排水
	铅	铅蓄电池和颜料等工厂的排水
	镉	电镀、冶金等工厂的排水
	砷	砷矿的开采、农药和化肥等工厂产生的废水
	氰化物	电镀、塑料、冶金等工厂排放的废水
	营养盐	农田排水、生活污水和化肥工业产生的废水
	酸、碱和其他盐类	采矿、化纤、造纸和酸洗等工厂的排水
有机物污染	酚类化合物	炼油、焦化等工厂的排水
	苯类化合物	石化、焦化、农药、印染等行业的排水
	油类	石油开采、冶炼、分离等工厂的排水
微生物污染	病原体	生活污水、畜牧、医疗、生物制品等工厂的排水
	病毒	制药等工厂排水

三、化工废水的危害

化工废水如果不经过处理而排放，会造成水体不同性质和不同程度的污染，从而危害人类的健康，影响工农业的生产。

1.含无机物废水的危害

各种酸、碱、盐等无机物进入水体，会使水体的 pH 值发生变化，消灭或抑制了微生物的生长，削弱了水体的净化功能，使淡水资源的矿化度提高，影响各种用水水质，腐蚀桥梁、船舶等，危害农、林、渔业生产等。人体接触可对皮肤、眼睛和黏膜产生刺激作用，进入呼吸系统能引起呼吸道和肺部发生损伤。水体中无机盐增加能提高水的渗透压，对淡水生物、植物生长产生不良影响。在盐碱化地区，地面水、地下水中的盐将对土壤质量产生更大影响。

氮、磷等营养物能刺激藻类及水草生长、干扰水质净化，使生化需氧量（BOD）升高。水体中营养物质过量所造成的"富营养化"对于湖泊及流动缓慢的水体所造成的危害已成为水源保护的严重问题。所谓富营养化是指在人类活动的影响下，生物所需的氮、磷等营养物质大量进入湖泊、河口、海湾等缓流水体，引起藻类及其他浮游生物迅速繁殖，水体溶解氧量下降，水质恶化，鱼类及其他生物大量死亡的现象。当大量氮、磷植物营养物质排入水体后，促使某些生物（如藻类）急剧繁殖生长，生长周期变短。藻类及其他浮游生物死亡后被需氧生物分解，不断消耗水中的溶解氧，或被厌氧微生物所分解，不断产生硫化氢等气体，使水质恶化，造成鱼类和其他水生生物的大量死亡。藻类及其他浮游生物残体在腐烂过程中，又把生物所需的氮、磷等营养物质释放到水中，供新一代藻类等生物利用。因此，水体富营养化后，即使切断外界营养物质的来源，也很难自净和恢复到正常水平。水体富营养化严重时，湖泊可被某些繁生植物及其残骸淤塞，成为沼泽甚至干地。局部海区可变成"死海"，或出现"赤潮"现象。常用氮、磷含量及叶绿素 a 作为水体富营养化程度的指标。

废水中各类重金属主要是指汞、镉、铅、铬、镍、铜等。这些物质在水体中不能被微生物降解，只能在水体中产生分散、富集、转化等迁移。如果进入人体，将在某些器官中积蓄起来造成慢性中毒，产生各种疾病，影响人们的正常生活。废水中的无机有毒物对人体健康的危害非常大。氰化物本身就是剧毒物质，可引起呼吸困难，造成人体组织的严重缺氧。

2. 含有机物废水的危害

废水中有机无毒物以悬浮或溶解状态存在于污水中，可通过微生物的生物化学作用而分解。这种污染物可造成水中溶解氧减少，影响鱼类和其他水生生物的生长。水中溶解氧耗尽后，有机物进行厌氧分解，产生硫化氢、氨和硫醇等难闻气味，使水质进一步恶化。水体中有机物成分非常复杂，耗氧有机物浓度常用单位体积水中耗氧物质生化分解过程中所消耗的氧量表示，即以生化需氧量（BOD）表示。一般用 20℃时，五天生化需氧量（BOD_5）表示。

废水中的有机有毒物比较稳定，不易分解。长期接触，将会影响皮肤、神经、肝脏的代谢，导致骨骼、牙齿的损害。有机农药可分为有机磷农药和有机氯农药。有机磷农药的毒性虽大，但一般容易降解，积累性不强，因而对生态系统的影响不明显；而绝大多数的有机氯农药，毒性大，几乎不降解，积累性甚高，对生态系统有显著影响。

多环芳烃一般都具有很强的毒性，大体分三类：稠环芳香烃（PAHs），如 3,4-苯并芘等；杂环化合物，如黄曲霉素等；芳香胺类，如甲苯胺、乙苯胺、联苯胺等，都有很强的致癌作用。

焦油、酚、硫化物等物质进入水体之后，对水资源会产生严重的负面影响，鱼类难以在这一环境下生存。

废水中的酚类化合物是高毒类物质，严重影响生物个体、农作物和水生植物和动物，酚进入到生物个体之后，会使得细胞失去活性，当酚在水中的含量超过 3000mg/L 时，有机生物难以生存，生化处理无法进行。

3. 含石油类废水的危害

石油污染是水体污染的重要类型之一，特别在河口、近海水域更为突出。排入海洋的石油估计每年高达数百万吨至上千万吨，约占世界石油总产量的千分之五。石油污染物主要来自工业排放，清洗石油运输船只的船舱、机件及发生意外事故，海上采油等均可造成石油污染。而油船事故属于爆炸性的集中污染源，危害是毁灭性的。

石油是烷烃、烯烃和芳香烃的混合物，进入水体后的危害是多方面的。如在水上形成油膜，能阻碍水体的复氧过程；油类黏附在鱼鳃上，可使鱼窒息；油黏附在藻类、浮游生物上，可使它们死亡。油类会抑制水鸟产卵和孵化，严重时使鸟类大量死亡。石油污染还能使水产品质量降低。

第二节　水体污染控制与化工废水处理技术

一、水体自净

M9-2　水体自净

污染物进入水体后，一方面对水体产生污染，另一方面水体本身有一定的净化污水的能力，即经过水体的物理、化学与生物的作用，使污水中污染物的浓度得以降低，经过一段时间后，水体往往能恢复到受污染前的状态，并在微生物的作用下进行分解，从而使水体由不洁恢复为清洁，这一过程称为水体的自净过程。

（一）水体自净过程的特征

废水或污染物一旦进入水体后，就开始了自净过程。该过程由弱到强，直到趋于恒定，使水质逐渐恢复到正常水平。水体自净全过程的特征是：

① 进入水体中的污染物，在连续的自净过程中，总的趋势是浓度逐渐下降。

② 大多数有毒污染物经各种物理、化学和生物作用，转变为低毒或无毒化合物。

③ 重金属一类污染物，从溶解状态被吸附或转变为不溶性化合物，沉淀后进入底泥。

④ 复杂的有机物，如碳水化合物、脂肪和蛋白质等，不论在溶解氧富裕或缺氧条件下，都能被微生物利用和分解。先降解为较简单的有机物，再进一步分解为二氧化碳和水。

⑤ 不稳定的污染物在自净过程中转变为稳定的化合物。如氨转变为亚硝酸盐，再氧化为硝酸盐。

⑥ 在自净过程的初期，水中溶解氧数量急剧下降，到达最低点后又缓慢上升，逐渐恢复到正常水平。

⑦ 进入水体的大量污染物，如果是有毒的，则生物不能栖息，如不逃避就要死亡，水中生物种类和个体数量就要随之大量减少。随着自净过程的进行，有毒物质浓度或数量下降，生物种类和个体数量也逐渐随之回升，最终趋于正常的生物分布。进入水体的大量污染物中，如果含有机物过高，那么微生物就可以利用丰富的有机物为食料而迅速地繁殖，溶解氧随之减少。随着自净过程的进行，使纤毛虫之类的原生动物有条件取食于细菌，则细菌数量又随之减少；而纤毛虫又被轮虫、甲壳类吞食，使后者成为优势种群。有机物分解所生成的大量无机营养成分，如氮、磷等，使藻类生长旺盛，藻类旺盛又使鱼、贝类动物随之繁殖起来。

（二）水体自净的机理

水体自净的机理包括物理净化、化学净化和生物净化，其中生物净化是水体自净的主要原因。

1. 物理净化作用

水体中的污染物通过稀释（混合）、沉淀与挥发，使浓度降低，但总量不减。稀释是指污水排入水体后，在流动的过程中，逐渐和水体水相混合，使污染物的浓度不断降低的过程。稀释是一种重要的思路和方法，常用于水质分析及污水生物处理过程。污染物中的可沉物质，可通过沉淀去除，使水体中污染物的浓度降低，但底泥中污染物的浓度增加，如果长期沉淀，淤积河床，一旦受到暴雨冲刷或扰动，可对河水造成二次污染。

2. 化学净化作用

水体中的污染物通过氧化还原、酸碱反应、分解合成、吸附凝聚（属物理化学作用）等过程，使存在形态发生变化及浓度降低，但总量不减。

3. 生物净化作用

水体中的污染物通过水生生物特别是微生物的生命活动，使其存在形态发生变化，有机物无机化，有害物无害化，浓度降低，总量减少。可见，生物净化作用是水体自净的主要原因。

水体中的污染物的沉淀、稀释、混合等物理过程，氧化还原、分解化合、吸附凝聚等化学和物理化学过程以及生物化学过程等，往往是同时发生的，相互影响，并相互交织进行。一般说来，物理和生物化学过程在水体自净中占主要地位。

（三）水体自净的分类

从水体形成自净作用的场所上看，水体的自净作用又可分成以下几类：

（1）水与大气间的自净作用　这种作用的表现，如河水中的二氧化碳、硫化氢等气体的挥发释放和氧气溶入等。

（2）水的自净作用　污染物质在河水中的稀释、扩散、氧化、还原，或由于水中微生物作用而使污染物质发生生物化学分解，以及放射性污染物质的蜕变等。

（3）水与底质间的自净作用　这种作用表现为河水中悬浮物质的沉淀，污染物质被河底淤泥吸附等。

（4）水体底质中的自净作用　由于底质中微生物的作用使底质中的有机污染物质发生分解等。

（四）水体自净的影响因素

水体的自净能力是有限的，如果排入水体的污染物数量超过某一界限时，将造成水体的永久性污染，这一界限称为水体的自净容量或水环境容量。影响水体自净的因素很多，其中主要因素有：受纳水体的地理、水文条件、微生物的种类与数量、水温、复氧能力以及水体和污染物的组成、污染物浓度等。

1. 水文要素

流速、流量直接影响到移流强度和紊动扩散强度。流速和流量大，不仅水体中污染物浓度稀释扩散能力随之加强，而且水汽界面上的气体交换速度也随之增大。河流中流速和流量有明显的季节变化，洪水季节，流速和流量大，有利于自净；枯水季节，流速和流量小，给自净带来不利。

河流中含沙量的多少与水中某些污染物质浓度有一定关系。例如，研究发现中国黄河含沙量与含砷量呈正相关关系。这是因为泥沙颗粒对砷有强烈的吸附作用。一旦河水澄清，含砷量就大为减少。

水温不仅直接影响到水体中污染物质的化学转化速率，而且能通过影响水体中微生物的活动对生物化学降解速率产生影响，随着水温的增加，生化需氧量（BOD）的降低速度明显加快。但水温高却不利于水体富氧。

2. 太阳辐射

太阳辐射对水体自净作用有直接影响和间接影响两个方面。直接影响指太阳辐射能使水中污染物质产生光转化；间接影响指可以引起水温变化和促进浮游植物及水生植物进行光合作用。太阳辐射对水深小的河流的自净作用的影响比对水深大的河流大。

3. 底质

底质是矿物、岩石、土壤的自然侵蚀产物，生物活动及降解有机质等过程的产物，污水排出物和河（湖）床底母质等随水迁移而沉积在水体底部的堆积物质的统称。一般不包括工厂废水沉积物及废水处理厂污泥。底质是水体的重要组成部分。

底质能富集某些污染物质。河水与河床基岩和沉积物也有一定物质交换过程。这两方面都可能对河流的自净作用产生影响。例如河底若有铬铁矿露头，则河水中含铬可能较高；又如汞易被吸附在泥沙上，随之沉淀而在底泥中累积，虽较稳定，但在水与底泥界面上存在十分缓慢的释放过程，使汞重新回到河水中，形成所谓二次污染。此外，底质不同，底栖生物的种类和数量不同，对水体自净作用的影响也不同。

4. 水生物和水中微生物

水中微生物对污染物有生物降解作用。某些水生物对污染物有富集作用，这两方面都能降低水中污染物的浓度。因此，若水体中能分解污染物质的微生物和能富集污染物质的水生物品种多、数量大，对水体自净过程较为有利。

5. 污染物的性质和浓度

易于化学降解、光转化和生物降解的污染物显然最容易得以自净。例如酚和氰，由于它们易挥发和氧化分解，而又能被泥沙和底泥吸附，因此在水体中较易净化。难以化学降解、光转化和生物降解的污染物也难在水体中得以自净。例如合成洗涤剂、有机农药等化学稳定性极高的合成有机化合物，在自然状态下需十年以上的时间才能完全分解，它们以水流作为载体，逐渐蔓延，不断积累，成为全球性污染的代表性物质。水体中某些重金属类污染物可能对微生物有害，从而降低了生物降解能力。

人们从自然界的水体自净过程中得到启发，认识到经过微生物，特别是细菌的作用，使水体中的污染物得到降解，然后通过水生生态系统中食物链，又使细菌受到限制，进而使水达到净化。所以废水中的生物处理实际上是水体的生物自净原理在水污染治理中的应用，也可以说是模拟天然水体自净作用的一种生物工程。

二、水体污染控制的基本途径

控制废水污染的基本原则是：加强生产管理，禁止跑冒滴漏；清洁生产，节约资源能源；综合利用，减少污染负荷；加强治理，达标排放；合理规划，提高接纳水体的自净能力。废水治理工程中的主要任务是降低废水的污染程度。其基本途径可从以下两方面入手。

（一）减少污染因子的产生量

污染因子是对人类生存环境造成有害影响的污染物的泛称，它涵盖了涉及环境污染的所有范畴。

废水和其中的污染物是一定的生产工艺过程的产物，因此解决废水污染问题，首先要从改革生产工艺和合理组织生产过程做起，尽量使污染因子不产生或少产生。这方面的措施有：加强生产管理，改革生产工艺，变更生产原料、工作介质或产品类型。

1.改革生产工艺，大力推进清洁生产，进行综合利用和回收

在棉纺织厂，目前正在广泛研究中的各种干法生产工艺（如干法印染）就可以从根本上消除废水的生产。例如，以羧甲基纤维代替淀粉、以洗涤剂代替肥皂、以硫酸代替醋酸、以过氧化物代替次氯酸盐，可使废水中的 BOD 值降低 $50\%\sim80\%$。采用离子交换法代替汞法电解制取氢氧化钾，可完全杜绝含汞废水的产生。但是改革生产工艺是一项牵涉面广的工作，必须由生产工艺人员与废水处理技术人员密切合作。要非常慎重，不能对生产造成不良的影响。

为尽量使废水少产生或不产生，应尽量重复使用废水。废水的重复使用有循环和接续两种方式。在一般情况下，废水再利用的必要条件是要作适当的处理。例如，洗煤废水和轧钢废水，经澄清、冷却降温后，均可循环使用。城市污水经高级处理后，可用作工业用水。在国外，废水的重复使用已作为一项解决环境污染和用水资源贫乏的重要途径。

2.加强生产管理，控制污染

加强生产管理可杜绝人为造成的许多废水污染问题。例如不合理地用水冲洗地面并使污水任意溢流，频繁改变生产工艺及倒料，倒料时大量漏失，任意向下水道倾倒余料及剩液等。因此，加强生产管理也能减少废水的污染危害程度。

（二）减少污染因子的排放量

必须充分考虑有用物质的回收利用：改革生产工艺可以减少污水量及其中污染物含量，但仍会有一定量的污水排放。因此，应该提倡综合利用，"变废为宝"。一般根据污染源的情况在特定工序或车间，设置专门的回收利用装置。

含有某种污染物的废水一旦形成，控制废水污染的基本方法是尽可能回收有用物质。工业废水的污染物质，都是在生产过程中进入水中的原材料、半成品、成品、工作介质和能源物质。排放这些污染物必将污染环境，造成危害；反之若加以回收，便可变废为宝，化害为利，成为有用的物质，既防止了污染危害又创造了财富。回收利用的途径十分广阔，各行各业都有很大潜力可挖。

应尽量采用经济合理、工艺先进的水处理技术，提高处理效果。污水处理往往需要几种单元组合起来才能达到预期效果。如何组合要以技术上和经济上最合理来考虑，这是一个比较复杂的问题。总的来说，应根据具体污水的水质、排放和回收要求，以及各厂的地形、地势、自然气候条件、可能使用的面积、基建投资条件全面分析研究选择最佳方案。不可能有一个完全通用的模式，更不应该生搬硬套。

总之，不论采用何种措施，用水单位最终总会或多或少地排出一部分废水。因此，采用各种水质控制措施，提高接纳水体的自净能力，是防止废水污染的重要环节。

三、化工废水处理技术

据统计，我国化工行业排出的废水量占全部废水量的22%，居第一位。事实上，化工废水对水系（包括地表水和地下水）的污染是许多地方最严重的环境污染现象，是进行环境治理的首要目标。

> **典型案例**
>
> 山东某大型化工集团是一家以精细化工生产为主的企业，生产产品主要为烯烃类化合物。该厂由于进水水质波动，导致污水处理系统受到冲击，系统进水水量为130m³/h，工艺为A/O活性污泥法，好氧池大小为2000～3000m³，氨氮受冲击后出水水质不达标，进入生化处理前的COD为100～1000mg/L，氨氮为30mg/L。
>
> 该厂每年都会受到数次的水质波动影响，导致好氧池的硝化系统崩溃，出水氨氮不达标。出现冲击之后该厂会选择使用BZT-硝化菌种进行快速恢复，在好氧池一次性投加碧沃丰BZT-硝化，2天后出水氨氮明显大幅度下降，5天后出水氨氮小于5mg/L，COD为40mg/L，达到《山东省南水北调沿线水污染综合排放标准》所要求的废水排放标准。而过去该企业冲击之后选择自然恢复硝化系统则需要2个月的时间。
>
> 在化工废水处理过程中，碧沃丰BZT-硝化可以提高硝化效率，快速恢复好氧池的硝化能力，保持系统硝化作用的长期稳定性，在降解氨氮方面具有独特的功效，保证出水稳定达标，氨氮的去除率达到90%以上。

按废水处理的原理，习惯上常分为物理处理法、化学处理法、物理化学处理法和生物处理法；按废水处理程度，可分为一级、二级和三级处理。一级处理主要去除废水中的漂浮物和部分悬浮状态的污染物质，调节废水pH值、减轻废水的腐化程度和后续处理工艺负荷；二级处理主要用以除去污水中大量有机污染物，它是废水处理的主体部分；三级处理又称废水深度处理或高级处理。为进一步去除二级处理未能去除的污染物质，其中包括微生物未能降解的有机物或磷、氮等可溶性无机物。

（一）物理处理法

物理处理法主要去除废水中的漂浮物、悬浮固体、砂和油类等物质，具有设备简单、成本低、操作方便、效果稳定等优点，在工业废水的处理中占有很重要的地位，一般用作预处理或补充处理。主要方法有重力沉淀法、离心分离法、过滤法等。

扫一扫
M9-3 污水处理原理

1. 重力沉淀法

重力沉淀法是利用废水中悬浮状污染物与水的密度不同，借助重力沉降作用使其与水分离的方法，被广泛用作废水的预处理。一般采用沉淀池。沉淀法又分为自然沉淀和混凝沉淀两种。

（1）自然沉淀　是依靠废水中固体颗粒的自身重量进行沉降的。此种仅对较大颗粒，可以达到去除的目的。

（2）混凝沉淀　是在废水中投入电解质作为混凝剂，使废水中的微小颗粒与混凝剂能结成较大的胶团，加速在水中的沉降，此法实质为化学处理方法。

（3）沉降设备　生产上用来对废水进行沉淀处理的设备称为沉淀池，根据池内水流的方向不同，沉淀池的形式大致可以分为五种：平流式沉淀池、竖流式沉淀池、辐流式沉淀池、斜管式沉淀池、斜板式沉淀池等。

平流式沉淀池（见图9-1）的废水由进水槽经水孔流入池中。进水挡板的作用是降低水流速度，并使水流均匀分布于池中过水部分的整个断面。沉淀池出口为孔口或溢流堰，有时采用锯齿形（三角形）溢流堰，堰前设置浮渣管（或浮渣槽）及挡板，以拦阻和排除水面上的浮渣，使其不致流入出水槽。在沉淀池前部设有污泥斗，池底污泥由刮泥机刮入污泥斗内，污泥借助池中静水压力从污泥管中排出。当有刮泥机时，池底坡度为 0.01～0.02。当无刮泥机时，池底常做成多斗形，每个斗有一个排泥管，斗壁倾斜 45°～60°。平流式沉淀池的优点是构造简单、效果良好、工作性能稳定，但排泥较为困难。

辐流式沉淀池（见图9-2）常为直径较大的圆形池，直径一般介于 20～30m 之间，但变化幅度可为 6～60m，最大甚至可达 100m，池中心深度为 2.5～5.0m，池周深度则为 1.5～3.0m。

竖流式沉淀池（见图9-3）的表面多呈圆形，也有采用方形和多角形的。为了池内水流分布均匀，池径不宜太大，一般在 8m 以下，多介于 4～7m。沉淀池上部呈圆柱状的部分为沉淀区，下部呈截头倒圆锥状的部分为污泥区，在两区之间留有缓冲层 0.3m。

扫一扫

M9-4 辐流式
沉淀池

斜管式沉淀池（见图9-4）是一种新型高效的沉降设备。在平流式或竖流式沉淀池的沉淀区利用倾斜的平行管（有时可利用蜂窝填料）分割成一系列浅层沉淀层，被处理的和沉降的沉泥在各沉淀浅层中相互运动并分离。根据其相互运动方向分为逆（异）向流、同向流和侧向流三种不同分离方式。每两块平行斜板间（或平行管内）相当于一个很浅的沉淀池。其优点是去除率高，停留时间短，占地面积小。

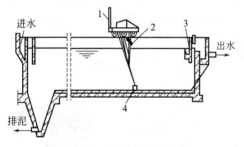

图 9-1 平流式沉淀池

1—行车；2—刮渣板；3—浮渣槽；4—刮泥板

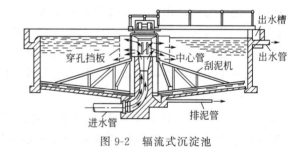

图 9-2 辐流式沉淀池

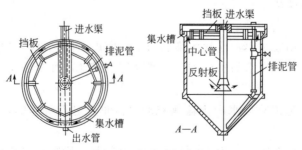

图 9-3 竖流式沉淀池

图 9-4 斜管式沉淀池

2.离心分离法

离心分离法是利用离心力的作用，使悬浮物从水中分离出来的方法。该法具有体积小、结构简单、使用方便、单位容积处理能力高等优点，但设备易磨损，电耗较大。常用设备有水力旋转器、离心机等。

（1）水力旋转器（见图 9-5） 具有体积小，单位容积的处理能力高、可达 $1000m^3/m^2$，构造简单，使用方便等优点，并易于安装维护。但水泵和设备易磨损，所以设备费用高，耗电较多。

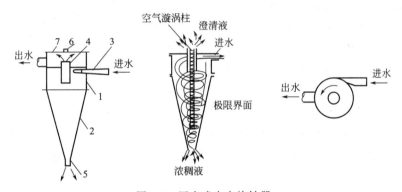

图 9-5 压力式水力旋转器

1—圆筒；2—圆锥体；3—进水管；4—上部清液排出管；5—底部清液排出管；6—放气管；7—顶盖

（2）离心机 离心机处理废水，也称为机械旋转的离心分离方法，离心机的种类很多，按分离系数 α 的大小可分为常速离心机（$\alpha<3000$）、高速离心机（$3000<\alpha<12000$）、超高速离心机（$\alpha>12000$）。因为离心机的转速高，所以分离效率也高，但设备复杂，造价比较昂贵。一般只用在小批量、有特殊要求的难处理废水方面。

3.过滤法

过滤法是让废水通过具有微细孔道的过滤介质，悬浮固体颗粒被截留从水中分离出来的方法。常作为废水处理过程中的预处理。常用过滤介质有格栅、筛网、颗粒介质、微滤机。

（1）格栅过滤（见图 9-6） 格栅是由一组平行的金属栅条制成的框架斜置在进水渠道上，或泵站集水池的进口处，用以拦截污水中大块的呈悬浮或飘浮状态的污物。格栅的种类较多，按格栅栅条的间隙，可分为粗格栅（50～100mm）、中格栅（10～40mm）、细格栅（3～10mm）三种。按构造形状不同可分为平面格栅、曲面格栅和回转式格栅。新设计的废水处理厂一般都采用粗、中两道格栅，甚至采用粗、中、细三道格栅。

（2）筛网过滤 适用于含有长 1～20mm 的纤维类杂物的废水。呈悬浮状的细纤维不能通过格栅去除，如不清除，则可能堵塞排水管道和缠绕水泵叶轮，破坏水泵的正常工作。

这类悬浮物可用筛网去除，且具有简单、高效、不加化学药剂、运行费低、占地面积小及维修方便等优点。筛网过滤装置很多，有振动筛网（见图9-7）、水力筛网（见图9-8）、转鼓式筛网、转盘式筛网等。

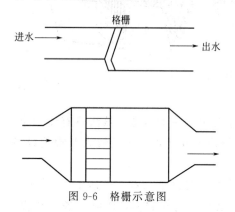

图9-6 格栅示意图

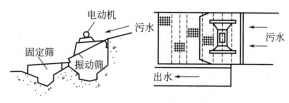

图9-7 振动筛网

（3）颗粒介质过滤 颗粒介质过滤适用于去除废水中的微粒物质和胶状物质，常用作离子交换和活性炭处理前的预处理，也能用作废水的三级处理。颗粒介质过滤器可以是圆形池或方形池。过滤器无盖的称为敞开式过滤器，一般废水自上流入，清水由下流出。有盖而且密闭的，称为压力过滤器，废水用泵加压送入，以增加压力。常用的颗粒介质过滤设备为普通快滤池（见图9-9）。普通快滤池的滤料组成及滤速范围见表9-2。

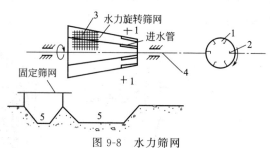

图9-8 水力筛网

1—进水方向；2—导水叶片；3—筛网；4—转动轴；5—水沟

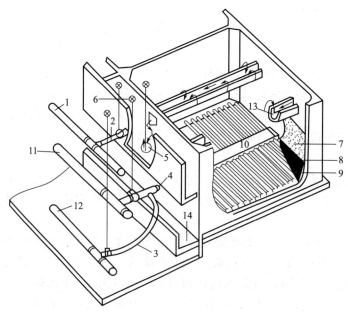

图9-9 普通快滤池

1—进水总管；2—进水支管；3—清水支管；4—冲洗水支管；5—排水阀；6—浑水渠；7—滤料层；8—承托层；9—配水支管；10—配水干管；11—冲洗水总管；12—清水总管；13—冲洗排水槽；14—排水渠

表 9-2　普通快滤池的滤料组成及滤速范围

滤池类型	滤料及粒径/mm	相对密度	滤料厚度/m	滤速/(m/h)	强制滤速/(m/h)
单层滤池	石英砂 0.5～1.2	2.65	0.7	8～12	10～14
双层滤池	无烟煤 0.8～1.8	1.5	0.4～0.5	4.8～24	14～18
	石英砂 0.5～1.2	2.65	0.4～0.5	一般为 12	
三层滤池	无烟煤 0.8～2.0	1.5	0.42	4.8～24	
	石英砂 0.5～0.8	2.65	0.23		
	磁铁矿 0.25～0.5	4.75	0.07	一般为 12	
	无烟煤 1.0～2.0	1.75	0.45	4.8～24	
	石英砂 0.5～1.0	2.65	0.20		
	石榴石 0.2～0.4	4.13	0.10	一般为 12	

（4）微滤机过滤　微滤机（见图 9-10）是一种机械过滤装置，其构造包括水平转鼓和金属滤网。转鼓和滤网安装在水池内，水池内还设有隔板。转鼓转动的圆周速度为 30m/min，2/3 的转鼓浸在池水中。滤网为含钼的不锈钢丝织成，孔径有 60μm、35μm、23μm 等三种。亦有采用 100μm 孔径的金属丝网。

另外，在化工废水的过滤处理中，还可以采用离心过滤机或板框过滤机等通用设备，近年来又有微孔管过滤机出现，微孔管代替金属丝网，起过滤作用，微孔管可由聚乙烯树脂或者用多孔陶瓷等制成。它的特点是，微孔孔径大小可以进行调节，微孔管调换比较方便，适用于过滤含有无机盐类的废水。

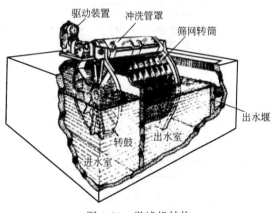

图 9-10　微滤机结构

（二）化学处理法

化学处理法是利用化学反应的作用来处理废水中的溶解物质或胶体物质。它既可以去除废水中的无机污染物或有机污染物，还可回收某些有用组分。常用的方法有中和法、混凝法、氧化还原和电解法等。

1. 中和法

在化工、炼油企业中，对于低浓度的含酸、含碱废水，在无回收及综合利用价值时，往往采用中和的方法进行处理。中和法也常用于废水的预处理，调整废水的 pH 值。中和就是酸碱相互作用生成盐和水。

（1）含酸性废水的处理　常采用方法有与碱性废水在中和池内进行反应（见图 9-11）；在废水中投入中和药剂如石灰、石灰石、电石渣、苏打等，经过充分中和反应，使废水得以治理。投药中和又分为湿投法（见图 9-12）和干投法（见图 9-13）两种；让废水通过装填有如石灰石、大理石、白云石等碱性材料的过滤池（见图 9-14）。采用过滤中和时，要求对废水中的悬浮物、油脂等进行预处理，以便于中和的进行，并防止滤料的堵塞。

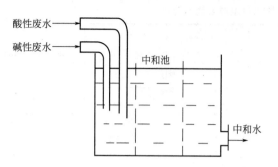

图 9-11　酸、碱性废水的中和处理流程

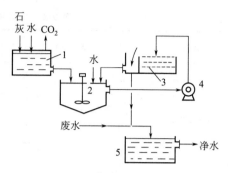

图 9-12　石灰石湿投法流程

1—石灰消化槽；2—乳液槽；3—投加器；

4—水泵；5—中和池

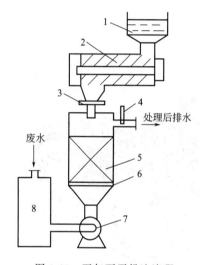

图 9-13　石灰石干投法流程

1—石灰石储槽；2—螺旋输送器；

3—计量计；4—pH 计；5—石灰石床层；

6—分配板；7—水泵；8—废水储槽

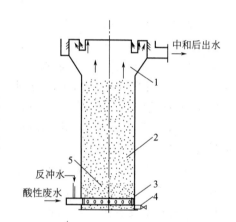

图 9-14　升流式膨胀中和滤池

1—清水区；2—石灰石滤料；3—大阻力配水系数；

4—放空管；5—卵石垫层

（2）含碱性废水的处理　常采用的方法有利用废酸性物质中和，废酸性物质包括含酸废水、烟道气等。烟道气中 CO_2 含量可高达 24%，此外有时还含有 SO_2 和 H_2S，故可用来中和碱性废水。该法的优点是以废治废、投资省、运行费用低，缺点是出水中的硫化物、耗氧量和色度都会明显增加，还需进一步处理；药剂中和，常用的药剂是硫酸、盐酸及压缩二氧化碳。硫酸的价格较低，应用最广。盐酸的优点是反应物溶解度高，沉渣量少，但价格较高。用 CO_2 作中和剂可以不需 pH 控制装置，但由于成本较高，在实际工程中使用不多。

2. 混凝法

混凝法是在废水中投入混凝剂，因混凝剂为电解质，在废水里形成胶团，与废水中的胶体物质发生电中和，形成絮体沉降。混凝沉淀不但可以去除废水中粒径为 $10^{-3} \sim 10^{-6}$ mm 的细小悬浮颗粒，而且还能够去除色度、油分、微生物、氮和磷等富营养物质、重金属以及有机物等。它是工业废水处理工艺中关键环节之一，既可以自成独立的水处理系统，又可以与其他单元过程组合，作为预处理、中间处理或最终处理。混凝法具有经济、处理效果好、操作运行简单等特点，在废水处理中得到广泛应用。

混凝剂的种类很多，主要有无机混凝剂和有机混凝剂。在选择混凝剂时应注意价格要便宜、用料要少、原料易得、处理效率高、沉淀要快且易与水分离等。

混凝处理流程应包括投药、混合、反应及沉淀分离等几个部分，见图9-15。

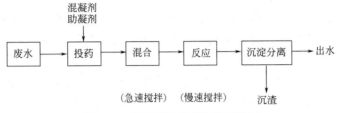

图 9-15 混凝沉淀处理流程示意图

3. 氧化还原法

废水经过氧化还原处理，可使废水中所含的有机物质和无机物质转变为无毒或毒性较小的物质，从而达到废水处理的目的。氧化还原法几乎可以处理各种工业废水以及脱色、脱臭，特别是对废水中难以降解的有机物处理效果较好。目前常用的方法有空气氧化法、氯氧化法、臭氧氧化法及湿式氧化法等。

（1）空气氧化法　空气氧化法是利用空气中的氧气氧化废水中的有机物和还原性物质的一种处理方法，空气因氧化能力比较弱，主要用于含还原性较强物质的废水处理，如炼油厂的含硫废水（见图9-16）。

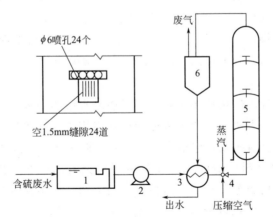

图 9-16 空气氧化法处理含硫废水流程

1—隔油池；2—泵；3—换热器；4—射流器；5—空气氧化塔；6—分离器

（2）氯氧化法　氯气是普遍使用的氧化剂，既用于给水消毒，又用于废水氧化，主要是起到消毒杀菌的作用。通常的含氯药剂有液氯、漂白粉、次氯酸钠、二氧化氯等。氯氧化法目前主要是用在对含酚、含氰、含硫化物的废水治理方面。

（3）臭氧氧化法　臭氧氧化法是利用臭氧的强氧化能力和杀菌能力，对各种有机物质氧化分解而达到处理废水的方法。在废水处理中的主要作用是杀菌、增加溶解氧、脱色、脱臭、降低浊度等。臭氧氧化法在废水处理中不会产生二次污染。

（4）湿式氧化法　湿式氧化法是在较高温度和压力下，用空气中的氧来氧化废水中溶解和悬浮的有机物和还原性无机物的一种方法，因氧化过程在液相中进行，故称为湿式氧化。与一般方法相比，湿式氧化法具有适用范围广、处理效率高、二次污染低、氧化速度快、装置小、可回收能源和有用物料等优点。

4. 电解法

电解法是用适当材料作电极，在直流电场作用下，使废水中的污染物分别在两极发生氧化还原反应，形成絮凝物质或生成气体从废水中逸出，以达到净化的目的。在工业废水处理中，主要用于处理含氰、铬、镉的电镀废水和染料工业废水。目前对电解还没有统一的分类方法，一般按照污染物的净化机理可以分为电解氧化法、电解还原法、电解凝聚法和电解气浮法。

（1）电解氧化法　废水中污染物在电极槽的阳极失去电子被氧化外，水中的 Cl^-、OH^- 等也可在阳极放电，生成 Cl_2、H_2O 而间接地氧化破坏污染物。实际上，为了强化阳极的氧化作用，减少电解槽的内阻，往往在废水电解槽中加一些食盐，进行所谓的电氯化，食盐投加后在阳极可生成氯和次氯酸根，对水中的无机和有机物也有较强的氧化作用。

（2）电解还原法　主要用于处理阳离子污染物，如 Cr^{6+}、Hg^{2+} 等。目前在生产应用中，都是以铁板为电极，由于铁板溶解，金属离子在阳极还原沉积而回收除去。

（3）电解凝聚法和电解气浮法　将需处理的废水作为电解质溶液，在直流电源的作用下发生电化学反应。在电解过程中，一般可产生三种效应，即电解氧化反应、电解絮凝和电解气浮。电解气浮主要是电解装置的阴极反应，有时也部分地出现于阳极反应。一般采用铁、铝作为阳极。

（三）物理化学处理法

废水经过物理方法处理后，仍会含有某些细小的悬浮物以及溶解的有机物。为了进一步去除残存在水中的污染物，可以进一步采用物理化学方法进行处理。

常用的方法有吸附法、膜分离法、浮选法、离子交换法等。

1. 吸附法

吸附法是利用多孔性固体物质作为吸附剂，使废水中的一种或多种污染物吸附在固体表面从废水中分离出来的方法。主要用来处理废水中用生化法难以降解的有机物或用一般氧化法难以氧化的溶解性有机物，包括木质素、氯或硝基取代的芳烃化合物、杂环化合物、洗涤剂、合成染料、除锈剂、DDT 等。常用的吸附剂有活性炭、硅藻土、铝矾土、磺化煤、矿渣以及吸附用的树脂等。其中以活性炭最为常用。当用活性炭等对这类废水进行处理时，它不但能够吸附这些难以分解的有机物以及一些如汞、锑、铬、镉、银、铅、镍等重金属离子，降低COD，还能使废水脱色、脱臭，把废水处理到可重复利用的程度，所以吸附法在废水的深度处理中得到了广泛的应用。

2. 膜分离法

膜分离法是以高分子分离膜为代表的一种新型流体分离单元操作技术，使溶液中的某种物质或者溶剂渗透出来，从而达到分离溶质的目的。它的最大特点是分离过程中不伴随相的变化，仅靠一定的压力作为驱动力就能获得很好的分离效果，是一种非常节省能源的分离技术，但处理能力较小，在处理之前，应进行预处理。膜分离法可分为电渗析法、反渗透法、超过滤法等。

（1）电渗析法　电渗析是在渗析法的基础上发展起来的一项废水处理新工艺。它是在直流电流电场的作用下，利用阴、阳离子交换膜对溶液中阴、阳离子的选择透过性（即阳膜只允许阳离子通过，阴膜只允许阴离子通过），而使溶液中的溶质与水分离的一种物理化学过程。

（2）反渗透法　反渗透是利用半渗透膜进行分子过滤来处理废水的一种新的方法。这种方法是利用"半渗透膜"的性质进行分离作用。这种膜可以使水通过，但不能使水中悬浮物及溶质通过，所以这种膜称为半渗透膜。利用它可以除去水中的溶解固体、大部分溶解性有机物和胶状物质。近年来该法开始受到人们的重视，应用范围也在不断扩大。

（3）超过滤法　简称超滤法，与反渗透一样也依靠压力推动力和半透膜实现分离。两种方法的区别在于超滤法受渗透压的影响较小，能在低压力下（一般为 $0.1\sim0.5MPa$）操作，而反渗透的操作压力为 $2\sim10MPa$。超滤法适于分离分子量大于 500，直径为 $0.005\sim10\mu m$ 的大分子和胶体，以及细菌、病毒、淀粉、树胶、蛋白质、黏土和油漆色料等，这类液体在中等浓度时，渗透压很小；而反渗透一般用来分离分子量低于 500，直径为 $0.0004\sim0.06\mu m$ 的糖、盐等渗透压较高的体系。

3. 浮选法

浮选法是利用高度分散的微小气泡作为载体去黏附废水中的污染物，使其密度小于水而上浮到水面以实现固液分离或液液分离的过程。常用的浮选方法有加压浮选法、曝气浮选法、真空浮选法、电解浮选法和生物浮选法等。

（1）加压浮选法（见图 9-17）　在加压的情况下，将空气通入废水中，使空气溶解在废水中达饱和状态，然后由加压状态突然减至常压，这时溶解在水中的空气就成了过饱和状态，水中空气迅速形成极微小的气泡，不断向水面上升。气泡在上升过程中，捕集废水中的悬浮颗粒以及胶状物质等，一同带出水面，然后从水面上将其加以去除。加压浮选法在国内应用比较广泛。几乎所有的炼油厂都采用这种方法来处理废水中的乳化油，并取得了较为理想的处理效果。

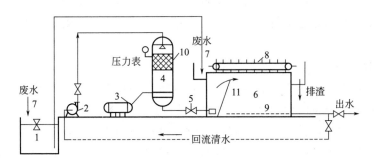

图 9-17　加压溶气气浮流程图

1—吸水井；2—加压泵；3—空压机；4—压力容器罐；5—减压释放阀；
6—浮上分液池；7—原水进水管；8—刮渣机；9—集水系统；10—填料层；11—隔板

（2）曝气浮选法　将空气直接打入到浮选池底部的充气器中，空气形成细小的气泡，均匀地进入废水；而废水从池上部进入浮选池，与从池底多孔充气器放出的气泡接触，气泡捕集废水中颗粒后上浮到水面，由排渣装置将浮渣刮送到泥渣出口处排出。而净化水通过水位调节器由水管流出。

（3）真空浮选法　废水与空气同时被吸入真空系统后接触，一般真空度为 $(2.7\sim4.0)\times10^4Pa$，真空浮选的主要特点是气浮池在负压下运行，因此空气在水中易呈过饱和状态。这种方法的优点是溶气压力比加压溶气法低，能耗较小，但其最大的缺点是气浮池构造比较复杂，运行维护都有困难，因此在生产中应用不多。

（4）电解浮选法 对废水进行电解，这时在阴极产生大量的氢气。由于产生的氢气气泡极小，仅为 $20\sim100\mu m$，废水中的颗粒物黏附在氢气气泡上，随它上浮，从而达到净化废水的作用。同时在阳极发生氧化作用，使极板电离形成氢氧化物，又起着混凝剂和浮选剂的作用，帮助废水中的污染物质上浮，有利于废水的净化。电解浮选法的优点是产生的小气泡数量很多，每平方米的极板可在 $1min$ 内产生 16×10^{17} 个小气泡；在利用可溶性阳极时，浮选过程和沉降过程可结合进行，装置简单、紧凑，容易实现一体化，在印染废水和含油废水的处理中有其特殊性，这是一种很好的废水处理方法。

（5）生物浮选法 将活性污泥投放到浮选池内，依靠微生物的增长和活动来产生气泡（主要是细菌呼吸活动产生的 CO_2 气泡），废水中的污染物黏附在气泡上浮漂到水面，加以去除，使水净化。但此法产生的气量较小，浮选过程比较缓慢，在过程上很难实现。

4. 离子交换法

离子交换法是利用固相离子交换剂功能基团所带交换离子，与废水中相同电性离子进行交换反应，以达到分离废水中污染物的目的。常用的离子交换剂有磺化煤和离子交换树脂。磺化煤是煤磨碎后经浓硫酸处理得到的碳质离子交换剂，而离子交换树脂是人工合成的有机高分子电解质凝胶。

（四）生物处理法

当废水中 BOD_5/COD 比值大于 0.3 时，可以采用生物处理法。生物处理法是通过微生物的代谢作用，使废水中呈溶液、胶体以及微细悬浮状态的有机性污染物质转化为稳定、无害物质的废水处理方法。生物处理过程的实质是一种由微生物参与进行的有机物分解过程，分解有机物的微生物主要是细菌，其他微生物如藻类和原生动物也参与该过程，但作用较小。在生化处理前要进行预处理。这种方法具有投资少、处理效果好、运行操作费用低等优点，在工业废水处理中得到较广泛的应用。常用的方法有好氧生物处理法和厌氧生物处理法。

1. 好氧生物处理法

好氧生物处理是在有溶解氧的条件下，好氧微生物和兼性微生物将有机物分解为二氧化碳和水，并释放出能量的代谢过程。这种方法释放能量多，代谢速度快，代谢产物稳定，可将废水有机污染物稳定化。但对含有有机物浓度很高的废水，由于要供给好氧生物所需的足够氧气（空气）比较困难，需先对废水进行稀释，要耗用大量的稀释水，而且在好氧处理中，需不断地补充水中的溶解氧，从而使处理成本比较高。常用的有活性污泥法、生物膜法等。

（1）活性污泥法 活性污泥法（见图 9-18）是处理工业废水最常用的生物处理方法，是利用悬浮生长的微生物絮体处理有机废水一类好氧生物的处理方法。这种生物絮体称为活性污泥，它由好氧性微生物（包括细菌、真菌、原生动物及后生动物）及其代谢的和吸附的有机物、无机物组成，具有降解废水中有机污染物（也有些可部分分解无机物）的能力，显示生物化学活性。按废水和回流污泥的进入方式及其在曝气池中的混合方式，活性污泥法可分为推流式和完全混合式两大类。推流式活性污泥曝气池有若干个狭长的流槽，废水从一端进入，从另一端流出。而完全混合式是废水进入曝气池后，在搅拌下立即与池内活性污泥混合液混合，从而使进水得到良好的稀释，污泥与废水得到充分混合，可以最大限度地承受废水水质变化的冲击。

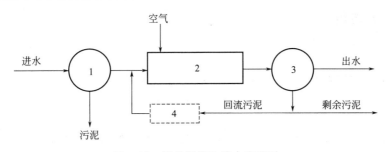

图 9-18　活性污泥法基本流程图

1—初次沉淀池；2—曝气池；3—二次沉淀池；4—再生池

衡量活性污泥数量和性能好坏的指标主要有活性污泥浓度（MLSS）、污泥沉降比（SV）、污泥容积指数（SVI）。活性污泥浓度指以 1L 混合液内所含的悬浮固体或挥发性悬浮固体的量，单位为 g/L 或 mg/L。污泥浓度的大小可间接地反映废水中所含微生物的浓度。一般在活性污泥曝气池内常保持 MLSS 在 2～6g/L 之间，多为 3～4g/L；污泥沉降比是指一定量的曝气池废水静置 30min 后，沉淀污泥与废水的体积比，用％表示。它可反映污泥的沉淀和凝聚性能好坏。污泥沉降比越大，越有利于活性污泥与水迅速分离，性能良好的污泥，一般沉降比可达 15％～30％；污泥容积指数又称污泥指数，是指一定量的曝气池废水经 30min 沉淀后，1g 干污泥所占有沉淀污泥容积的体积，单位为 mL/g。它实质是反映活性污泥的松散程度，污泥指数越大，则污泥越松散。这样可有较大表面积，易于吸附和氧化分解有机物，提高废水的处理效果。但污泥指数太高，污泥过于松散，则污泥的沉淀性差，故一般控制在 50～150mL/g 之间为宜，但根据废水性质的不同，这个指标也有差异。

（2）生物膜法　通过废水同生物膜接触，生物膜吸附和氧化废水中的有机物并同废水进行物质交换，从而使废水得到净化的过程。常用的有生物滤池、塔式滤池、生物转盘、生物接触氧化和生物流化床等。

2.厌氧生物处理法

厌氧生物处理是指在无分子氧的条件下通过厌氧微生物（或兼性厌氧微生物）的作用，将废水中的有机物分解转化为甲烷和二氧化碳的过程，所以又称为厌氧消化。这种方法不需要提供氧气，故动力消耗少，设备简单，可回收一定数量的甲烷气体作为燃料。缺点是发酵过程中产生少量的硫化氢气体，与铁质材料接触形成黑色的硫化铁，从而使处理后的废水既黑又臭。具有代表性的厌氧生物处理的处理工艺和设备有：普通厌氧消化池、厌氧滤池、厌氧接触消化、上流式厌氧污泥床（UASB）、厌氧附着膜膨胀床（AAFEB）、厌氧流化床（AFB）、升流厌氧污泥床-滤层反应器（UBF）、厌氧转盘和挡板反应器、两步厌氧法和复合厌氧法等。

化工废水中的污染物是多种多样的，往往用一种工艺是不能将废水中所有的污染物去除殆尽的。化工废水含较多的难降解有机物，可生化性差，而且化工废水的废水水量水质变化大，因此宜根据实际废水的水质采取适当的预处理方法，如絮凝、电解、吸附、光催化氧化等工艺，破坏废水中的难降解有机物、改善废水的可生化性；再联用生化方法，如序列间歇式活性污泥法（SBR）、接触氧化工艺、厌氧/好氧（A/O）工艺等，对化工废水进行深度处理。

复习思考题

一、选择题

1. 我国的淡水资源总量约为 28000 亿 m^3，居世界第（　　）位。但是，由于我国人口众多，人均水资源占有量稀少，不到世界平均水平的 1/4。

   A. 2　　　　　　　　B. 6　　　　　　　　C. 10　　　　　　　　D. 14

2. 依据地表水水域环境功能和保护目标，我国水质按功能高低依次分为（　　）类。

   A. 2　　　　　　　　B. 3　　　　　　　　C. 4　　　　　　　　D. 5

3. 《地表水环境质量标准》（GB 3838—2002），一共包含（　　）项控制项目。

   A. 100　　　　　　　B. 109　　　　　　　C. 118　　　　　　　D. 127

4. 水质指标一般分为物理的、化学的和（　　）的三大类。

   A. 营养　　　　　　　B. 平衡　　　　　　　C. 生物　　　　　　　D. 其他

5. 水体富营养化是由于（　　）物质超标引起。

   A. 悬浮物质　　　　　B. 氮和磷　　　　　　C. 病原体　　　　　　D. 重金属离子

6. 测定水中微量有机物的含量，通常用（　　）指标来说明。

   A. BOD_5　　　　　　B. COD　　　　　　　C. TOC　　　　　　　D. DO

7. BOD_5 指标是反应污水中（　　）污染物的浓度。

   A. 无机物　　　　　　B. 有机物　　　　　　C. 固体物　　　　　　D. 胶体物

8. 按废水处理程度，可分为一级、二级和三级处理。二级处理主要用以除去污水中大量（　　），它是废水处理的主体部分。

   A. 无机污染物　　　　B. 有机污染物　　　　C. 固体污染物　　　　D. 胶体污染物

9. 细格栅是指栅间距（　　）的格栅。

   A. 小于 25mm　　　　B. 小于 10mm　　　　C. 小于 15mm　　　　D. 小于 20mm

10. 沉淀池的形式按（　　）可分为平流式、辐流式、竖流式、斜管式和斜板式 5 种形式。

   A. 池的结构　　　　　B. 水流方式　　　　　C. 池的容积　　　　　D. 水流速度

11. 曝气池供氧的目的是提供给微生物（　　）的需要。

   A. 分解无机物　　　　B. 分解有机物　　　　C. 呼吸作用　　　　　D. 分解氧化

12. 当废水中 BOD_5/COD 比值大于（　　）时，可以采用生物处理法。

   A. 0.1　　　　　　　B. 0.2　　　　　　　C. 0.25　　　　　　　D. 0.3

13. 活性污泥处理污水起作用的主体是（　　）。

   A. 水质水量　　　　　B. 微生物　　　　　　C. 溶解氧　　　　　　D. 污泥浓度

二、名称解释

请写出下列名词的含义：

①水环境质量；②水污染；③化工废水；④生化需氧量；⑤化学需氧量；⑥总需氧量；⑦总有机碳；⑧污染因子；⑨曝气浮选法；⑩好氧生物处理法；⑪厌氧生物处理法；⑫活性污泥法。

三、简答题

1. 简述水体自净的概念。

2. 影响水体自净的主要因素有哪些？

3. 常用水体污染指标有哪些？

4. 简述化工废水的分类。

5. 简述平流式沉淀池的工作原理。

6. 简述辐流式沉淀池的工作原理。

7. 画出混凝沉淀处理流程示意图。

8. 简述加压浮选法的工作原理。

参考文献

[1] 温路新. 化工安全与环保. 2版. 北京：科学出版社，2020.

[2] 张志军. 工业水处理技术. 北京：中国石化出版社，2021.

[3] 高永. 工业废水处理工艺与设计. 北京：化学工业出版社，2020.

[4] 秦冰. 工业水处理技术. 北京：中国石化出版社，2021.

[5] 蒋克彬. 污水处理工艺及应用. 北京：中国石化出版社，2022.

第十章
化工固体废物的处理与利用

 教学目的及要求

通过学习本章，掌握化工固体废物的概念、来源和组成，熟悉化工固体废物的污染危害与途径；掌握塑料、煤矸石和粉煤灰的回收利用方法。通过学习蓝天白云保卫战、水污染防治计划和清废行动等成功案例，增强生态环境保护意识，积极投身生态文明建设，成为美丽中国的重要建设者、贡献者。

知识目标：

1.了解化工固体废物的定义、来源、组成和分类；

2.熟悉化工固体废物的污染途径和危害；

3.掌握化工固体废物的管理原则；

4.掌握塑料、煤矸石和粉煤灰综合利用的原理。

技能目标：

1.能根据化工固体废物的来源，分析其组成和类别；

2.掌握化工固体废物及其防治对策；

3.了解化工固体废物的一般处理技术；

4.掌握典型化工固体废物的回收利用技术。

素质目标：

1.熟悉国家垃圾处理的相关政策和环保类法律法规、设计规程规范，了解固废分类投放、收集、运输、处理和利用的技术动态；

2.爱岗敬业，践行绿色低碳生态文明建设，具有长时间户外体力劳动的能力，具有一定的解决问题能力、抗压能力；

3.学习利用理论知识解决固体废弃物处理、处置及资源化等实践工程问题的能力，认识我国目前的固体废弃物处理及资源化利用等方面亟待解决的关键难题，增强解决固体废弃物处理与资源化利用等工程问题的决心，培养创新能力。

课证融通：

1. 工业固体废物处理处置工职业技能等级证书（中、高级工）；
2. 化工危险与可操作性（HAZOP）分析职业技能等级证书（初、中级）；
3. 化工总控工职业技能等级证书（中、高级工）。

引言

近年来，习近平总书记曾在多个场合指出生态环境保护的重要性，强调要坚持精准治污、科学治污、依法治污，保持力度、延伸深度、拓宽广度，持续打好蓝天、碧水、净土保卫战。

固体废物具有量大面广、种类繁多、性质复杂和危害程度深等特点，是大气、水、土壤的重要污染来源。经过各方面不懈努力，我国固体废物污染防治工作取得长足进步，同时防治形势依然严峻。

第一节　化工固体废物的处理

工业固体废物数量庞大，种类繁多，成分复杂，处理相当困难。如今只是有限的几种工业固体废物得到了利用。如部分废塑料、煤矸石、粉煤灰、硫酸渣、铬渣、电石渣得到了资源化。其他工业固体废物仍以消极堆存为主，部分有害的工业固体废物采用填埋、焚烧、化学转化、微生物处理等方法进行处置，有的甚至投入了海洋。

一、化工固体废物的危害

典型案例

2020 年 3 月 23 日至 2020 年 4 月 1 日，张某伟将其在河北省正定县某村西的废旧塑料颗粒加工厂内的废塑料、废油布、废油墨桶、废油漆桶等废料，伙同张某盟联系无任何经营手续的康某伟（另案处理），以 800 元/车的价格进行处置。后康某伟以 200 元/车的价格让姜某提供倾倒场所，康某伟纠集康某辉先后非法向井陉县孙庄乡某村北一渗坑倾倒 6 车危险废物，在非法倾倒第 7 车时被查获。后公安机关将危险废物重新捡拾并交由有资质的公司处置，张某伟支付相关处置费用。经鉴定，已倾倒废料和被查获的车上废料均为危险废物，重量共计 2.99 吨。

河北省井陉县人民法院一审认为，被告人张某伟、张某盟、姜某、康某辉违反国家规定，非法处置、倾倒危险废物，鉴于四被告人已倾倒的固体废物不足 3 吨，在案发后认罪认罚，积极履行修复义务，判决张某伟、张某盟、姜某、康某辉犯污染环境罪，判处有期徒刑八个月至十个月不等，并处罚金，追缴违法所得。

（一）化工固体废物的来源和分类

人类在资源开发、产品制造、产品使用和消费后，都不可避免或多或少地产生废弃物。固体废物是指在生产、生活和其他活动中产生的丧失原有利用价值或者虽未丧失利用价值但被抛弃或者放弃的固态、半固态和置于容器中的液态或气态废物的物品、物质，以及法律、行政法规规定纳入固体废物管理的物品、物质。化工固体废物是指在化工产品生产、流通、消费等一系列活动中产生的所有固态、半固态和除废水以外的高浓度液态废物。

化工固体废物的来源广泛、种类繁多、性质各异、组成复杂。但其来源大体可分为两类：一类是生产过程中产生的废物，称为生产废物；另一类是产品进入市场后在流通过程中或使用消费后产生的废物，称为生活废物。

化工固体废物的分类方法有很多。按其化学性质可分为有机化工固体废物和无机化工固体废物；按其对人类和环境的危害程度可分为一般性化工固体废物和危险性化工固体废物。表 10-1 所列为化工固体废物的类别、来源和主要组成。

表 10-1　化工固体废物的类别、来源及主要组成

类别	来源	主要组成
工业	矿山开采、选矿	废石、尾矿、金属、废木、砖瓦等
	能源、煤炭	煤、炭、粉煤灰、炉渣、金属等
	黑色冶金	金属、矿渣、橡胶、塑料、陶瓷等
	石油化工	催化剂、化学试剂、橡胶、塑料、涂料、石棉、沥青等
	有色金属	化学试剂、废渣、金属、烟道灰、炉渣等
	交通运输、机械	涂料、木材、橡胶、塑料、陶瓷、金属等
	轻工	木材、化学试剂、橡胶、塑料、纸类等
	建筑	瓦、陶瓷、石棉、石膏、涂料、木材等
	电气仪表	绝缘材料、玻璃、陶瓷、金属、塑料、化学试剂等
	军工	含放射性废渣、一般危险废物、化学药物、含放射性劳保用品等
生活	居民生活	煤炭渣、塑料、家用电器、陶瓷、杂物等
	各事业单位	金属管道、烟道灰、玻璃、橡胶、办公杂品等
	机关、商业	废汽车、轮胎、电器、办公杂品等
其他	农林	塑料、农药、污泥等
	水产	水产加工污泥、塑料、添加剂等

（二）化工固体废物污染的危害

化工固体废物露天存放，其中有害成分可通过土壤、大气、地表或地下水等环境介质直接或间接传至人体，极大地危害人体健康。图 10-1 所示为化工固体废弃物的污染途径。

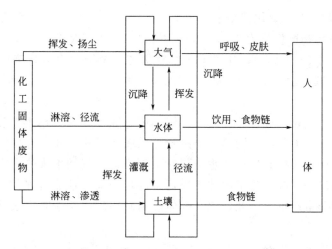

图 10-1　化工固体废弃物的污染途径

化工固体废物污染的危害主要包括以下几个方面。

1. 对土壤的危害

化工固体废物任意露天堆放，必将占用大量土地，破坏地貌和植被。这些废物长期堆存，其有害成分在地表径流和雨水的淋溶、渗透作用下向四周和纵深的土壤迁移。使土壤富集有害物质，导致渣堆附近土质碱化、酸化和硬化，甚至产生重金属和放射性等污染。

2. 对水域的危害

堆积的化工固体废物在雨水的作用下，很容易流入江、河、湖、海等地，造成水体污染与破坏。有些企业甚至直接将化工固体废物排入江、河、湖、海等地，使水质受到直接的、更大的污染。不仅严重危害水生生物的生存条件，同时影响水资源的充分利用。如我国某家铁合金厂的铬渣堆场，由于缺乏防渗措施，Cr^{6+} 污染了 20 多平方千米的地下水，导致 7 个自然村 1800 多个水井无法饮用。从世界范围看，核能反应堆的废渣、核爆炸产生的散落物及一些国家向深海投弃的放射性物质，已严重污染了海洋，海洋生物资源受到极大破坏。

3. 对大气的危害

化工固体废物中的有害成分在很多情况下都会污染大气，使大气质量下降。如堆积的煤矸石经常发生自燃，火势一旦蔓延，难以控制，同时释放出大量二氧化硫，造成大气污染。又如堆存的粉煤灰遇 4 级以上风力，一次可被剥离厚度为 1~1.5cm 的一层粉煤灰，粉煤灰飞扬高度可达 20~50m。

总之，化工固体废物可以造成土壤、水域和空气的污染，而其中的有毒有害物质可以对人类造成极大的危害。因此，必须采取措施，进行合理的管理和处理、处置。

（三）化工固体废物问题的特点及管理

化工固体废物的固有特性及其对环境的潜在危害决定了对其进行管理和污染控制的管理原则。

1. 化工固体废物问题的特点

（1）产量与日俱增　随着经济不断增长，生产规模不断扩大，人们需求不断提高，化工固体废物的产生量也在不断增加。

我国的固体废物产生量保持增长趋势。其中 2020 年固体废物产生量为 37.5 亿吨。2021 年，我国固体废物产生量为 39.7 亿吨。2022 年全国一般工业固体废物产生量为 41.1 亿吨，综合利用量为 23.7 亿吨，处置量为 8.9 亿吨。全国危险废物集中利用处置能力约 1.8 亿吨/年。全国城市生活垃圾无害化处理能力为 109.2 万吨/日，生活垃圾无害化处理率为 99.9%。

（2）污染物滞留期长、危害性强　化工固体废物除了直接占用土地和空间外，其对环境的影响需要通过水、大气或土壤等介质进行。以固态形式存在的有害物质向环境中的扩散速度相对比较缓慢，一些有机物和重金属对地下水、空气和土壤的污染需要经过数年甚至数十年才能显示出来。因此化工固体废物污染环境的滞后性非常强，但一旦发生对环境的污染，其后果将非常严重。因此，化工固体废物对环境的影响具有长期性、潜在性和不可恢复性。

（3）既是其他处理工程的"终态"，又是环境污染的"源头"　化工固体废物往往是很多污染成分的终极状态。如在废气治理过程中，利用洗气、吸附或除尘等技术将存在于气相中的粉尘或可溶性污染物转移或转化为固体物质。又如在水处理工艺中，采用物理化学处理技术（如混凝、沉淀、超滤等）或生物处理技术（如好氧生物处理、厌氧生物处理等），在水得到净化的同时，又将水体中的无机和有机污染物以固相的形态分离出来，因而产生大量的污泥和残渣。从这个意义上讲，无论是废气治理过程，还是废水处理过程，实际上都是将环境中的污染物转化为比较难以扩散的形式，即将气态或液态的污染物转变为固态的污染物，从而降低污染物质向环境迁移的速率。因此，化工固体废物既是废物、废水和废气处理过程的"终态"，又是污染水、大气、土壤等的"源头"。化工固体废物这一污染"源头"和"终态"特征说明：控制"源头"，处理好"终态"是化工固体废物污染控制的关键。

2.化工固体废物问题的管理

2020 年 4 月 29 日第十三届全国人民代表大会常务委员会第十七次会议第二次修订《中华人民共和国固体废物污染环境防治法》，该法律于 2020 年 9 月 1 日正式实施。该修订法律的颁布与实施为化工固体废物管理体系的建立与完善奠定了法律基础。该法律确立了"三化"原则，即"减量化、资源化、无害化"，并明确了全过程管理原则，如图 10-2 所示。

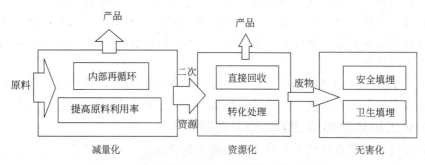

图 10-2　化工固体废物的全过程管理模式示意图

（1）坚持"减量化、资源化、无害化"原则　对化工固体废物问题的管理，关键在于处理好废物的产生、处理、处置和综合利用问题。首先，要从污染源头入手，改进或采用更新的清洁生产工艺，尽量少排或不排废物，使其减量化。其次，要对化工固体废物开展综合利用，使其资源化。最后，要对化工固体废物进行处理与处置，使其无害化。"三化"原则以减量化为前提、无害化为核心、资源化为归宿。

（2）实施全过程管理原则　化工固体废物管理是一项系统工程，需要对化工固体废物开展由源头到最终管理的全过程统筹规划。即化工固体废物从产生、收集、运输、利用、储存、处理与处置各个技术环节进行全过程控制，优化化工固体废物的综合利用，实现社会、经济、环境效益的最大化。

二、常见化工固体废物的处理与处置方法

典型案例

［案例1］我国废塑料回收利用量世界第一。

新华网，2022年4月30日消息，我国塑料材料化利用量占同期全球总量的45%，2021年材料化回收量约为1900万吨，材料化回收率达到31%，是全球废塑料材料化利用平均水平的1.74倍，并且实现了100%本国材料化回收利用，而同期美国、欧盟、日本的本土材料化回收率分别只有5.31%、17.18%和12.50%。

［案例2］中国天楹与霍尼韦尔携手打造大型废塑料化学回收商业化项目。

2022年7月，中国天楹近日与霍尼韦尔UOP公司签署废塑料化学回收商业应用项目合作协议。双方就中国首个固形燃料（RPF）工厂展开合作，将在工程设计、工艺技术、建设运营、维护等方面整合各自优势资源，成立联合工作组，为项目的快速顺利实施提供有力保障。此外，双方还将探索在废弃塑料预处理和热裂解设备制造等方面的合作机会。

（一）压实技术

压实，又称压缩，是通过外力加压于松散的化工固体废物，缩小其体积，使化工固体废物变得密实的操作技术。化工固体废物经过压实处理，既可增大容重、减小体积，便于装卸和运输，确保运输安全与卫生，降低运输成本；也可制取高密度惰性块料，便于储存、填埋或作为建筑材料使用。

1.压实原理

大多数化工固体废物是由不同颗粒与颗粒间的孔隙组成的集合体。一堆自然堆放的化工固体废物，其表观体积是废物颗粒有效体积与孔隙占有的体积之和。即

扫一扫

M10-2 固体
废弃物处理

$$V_m = V_s + V_V$$

式中　V_m——化工固体废物的表观体积，m^3；

　　　V_s——化工固体颗粒的体积（包括水分），m^3；

　　　V_V——孔隙体积，m^3。

当对化工固体废物实施压实操作时，随着压力的增大，孔隙体积减小，表观体积也随之减小，容重增大。因此，化工固体废物压实的本质是施加一定压力，延长废物容重的过程。当化工固体废物受到外界压力时，各颗粒之间相互挤压、变形或破碎，从而重新组合。

在压实过程中，某些可塑性废物当解除压力后不能恢复原状，而有些弹性废物在解除压力后的几秒钟内，体积可膨胀 20%，几分钟后可达到 50%。因此，如纸箱、纸袋、冰箱、洗衣机、金属细丝、纤维等压缩性能大而复原性小的物质适合作压实处理；而玻璃、塑料、木头、污泥、焦油等化工固体废物则不宜作压实处理技术。

2.压实设备

根据操作情况，化工固体废物的压实设备可分为固定式压实设备和移动式压实设备两大类。

（1）固定式压实设备　凡是采用人工或机械方法（液压方式为主）把废物送到压实机械中进行压实的设备都称为固定式压实器。各种家用小型压实器、废物收集车上配备的压实器和转运站配置的专用压实机等均属固定式压实设备。

固定式压实器通常是由一个容器单元和一个压实单元组成的。容器单元通过料箱或料斗接收废物物料，并把它们送入压实单元，压实单元通常装有液压或气压控制操作的挤压头，利用一定的挤压力把化工固体废物压成致密的形式。常用的固定式压实器主要有水平压实器、三向联合压实器和回转式压实器等。水平压实器常用于转运站固定型压实操作，三向联合压实器适用于压实松散的金属废物和松散的垃圾，回转式压实器适于压实体积小、质量小的化工固体废物。图 10-3～图 10-5 分别为这三种压实器的结构示意图。

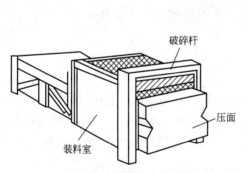

图 10-3　水平压实器结构示意图

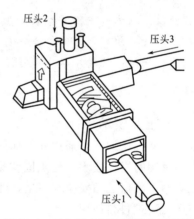

图 10-4　三向联合压实器结构示意图

除了以上形式压实器外，还有袋式压实器。这类压实器中填装一个袋子，当袋子满时必须将废物移走，并换上另一个空的袋子。它们适于工厂中某些均匀类型废物的收集和压缩。

（2）移动式压实设备　带有行驶轮或可在轨道上行驶的压实器称为移动压实器。主要用于填埋场压实所填埋的废物，也有安装在垃圾车上压实垃圾的。

移动式压实器按压实过程工作原理的不同，可分为碾（滚）压、夯实、振动三

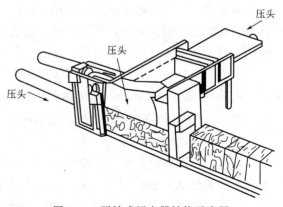

图 10-5　回转式压实器结构示意图

种，相应的压实器即为碾（滚）压压实机、夯实压实机、振动压实机。化工固体废物压实处理主要采用碾（滚）压方式。图 10-6 所示为填埋场常用的压实机。

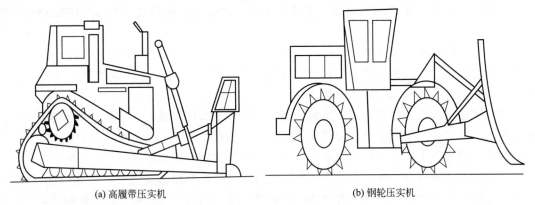

(a) 高履带压实机　　　　　　　　(b) 钢轮压实机

图 10-6　填埋场常用的压实机

（二）破碎技术

利用外力克服化工固体废物质点间的内聚力而使化工固体废物粒度减小的过程就是化工固体废物的破碎。化工固体废物经过破碎，不但可以减小化工固体废物的颗粒尺寸，而且还可降低其孔隙率、增大废物的容量，使化工固体废物有利于后续处理与资源化。

1.破碎原理

化工固体废物种类繁多，不同种类的废弃物，其破碎的难易程度是不同的。化工固体废物破碎的难易程度通常用机械强度或硬度来衡量。

需要破碎的化工固体废物，大多数机械强度较低、硬度较小，较易破碎。但也有些化工固体废物，如橡胶、塑料等由于其在常温下具有较高的韧性和塑性，常温下难以破碎，因此这部分化工固体废物需采用低温破碎的方法才能将其有效破碎。

按外力的不同，破碎可分为机械能破碎和非机械能破碎两种方法。机械能破碎是利用破碎工具如破碎机的锤子、球磨机的钢球等对化工固体废物施加力从而将其破碎的办法。非机械能破碎是利用电能、热能等对化工固体废物进行破碎的新方法，如低温破碎、超声波破碎等。目前，广泛应用的是机械能破碎。图 10-7 所示为常用破碎机的机械破碎方法。一般来说，破碎机破碎废物时，常常受两种或两种以上的破碎力的同时作用，如挤压和劈

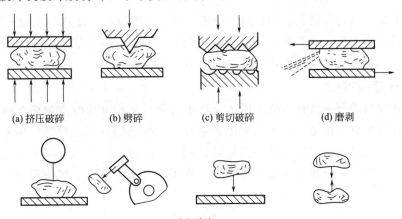

(a) 挤压破碎　　　(b) 劈碎　　　(c) 剪切破碎　　　(d) 磨剥

(e) 冲击破碎

图 10-7　常用破碎机的机械破碎方法

碎、冲击破碎和磨剥等。

2.破碎设备

化工固体废物常用的破碎设备有颚式、锤式、冲击式、剪切式、辊式破碎机和粉磨机6种。

（1）颚式破碎机　颚式破碎机是一种古老的破碎设备，属挤压型破碎机械。适用于坚硬和中硬废物的破碎。由于其结构简单、工作可靠、制造容易、维修方便等特点，至今仍广泛应用于冶金、建材和化学工业领域。

（2）锤式破碎机　锤式破碎机是最普通的一种工业破碎设备。主要用于破碎中等硬度、腐蚀性弱、体积较大的化工固体废物，也可破碎纤维结构物质、含水分及油脂的有机物、弹性和韧性较强的木块、石棉水泥废料、回收石棉纤维和金属切屑等。

（3）冲击式破碎机　冲击式破碎机是一种新型高效破碎设备，可破碎中等硬度、软质、脆性、纤维状等废物，且具有构造简单、外形尺寸小、安装方便和易于维护的特点。

（4）剪切式破碎机　剪切式破碎机根据活动刀的运动方式，可分为往复式和回旋式两种。剪切式破碎机适于处理松散状态的大型废物和强度较小的可燃性废物。

（5）辊式破碎机　辊式破碎机根据辊子的特点可分为光辊破碎机和齿辊破碎机。光辊破碎机的辊子表面光滑，主要破碎作用为挤压与研磨，适用于硬度较大的废物的中碎或细碎。齿辊破碎机辊子表面有破碎齿牙，主要破碎作用为劈裂，可用于脆性或黏性较大的废物或堆肥物料的破碎。根据齿辊数目的多少，齿辊破碎机可分为单齿辊和双齿辊两种，如图 10-8 所示。

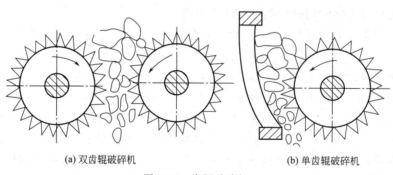

(a) 双齿辊破碎机　　　　　　　　　(b) 单齿辊破碎机

图 10-8　齿辊破碎机

（6）粉磨机　进行粉磨的目的：对废物进行最后一段粉碎，使其中各种成分单体分离，为下一步分选创造条件；对多种废物原料进行粉磨，同时起到把它们均匀混合的作用；制造废物粉末，增加物料比表面积，加速物料化学反应的速度。

（三）分选技术

化工固体废物的分选就是将化工固体废物中各种可回收利用的废物或不符合后续处理工艺要求的废物组分采用适当技术分离出来的过程。分选的基本原理是利用物料某些性质为识别标志，用机械或电磁的分选装置加以选别，达到分离的目的。由于化工固体废物的种类复杂繁多，因此，分选机械也多种多样，有手工拣选、筛分、风力分选、磁选、静电分选等。

1.筛分

（1）筛分原理　筛分是利用不同筛孔尺寸的筛子将松散废物分成不同粒度级别的分选

方法。经过筛分，化工固体废物中大于筛孔的粗粒废物留在筛面上，小于筛孔的细粒废物透过筛面，从而完成粗、细废物的分离。

筛分过程包括物料分层和细粒透筛两个阶段，其中物料分层是完成筛分的条件，细粒透筛是筛分的目的。为实现筛分过程，要求废物在筛面上要有适当的相对运动，保证筛面上物料层处于松散状态，使废物能按粒度分层：粗颗粒位于上层、细颗粒位于下层，并透过筛孔。同时废物和筛子的相对运动能使堵在筛孔上的颗粒脱离筛面，有利于颗粒透过筛孔。

（2）筛分设备　在化工固体废物的处理中，最常用的筛分设备是固定筛、滚筒筛和振动筛。

① 固定筛由于其结构简单、设备费用低、不耗用动力和维修方便的特点，在化工固体废物处理中应用广泛。固定筛可以水平安装或倾斜安装，其筛面由许多平行排列的筛条组成，筛面是固定不动的，废物靠自身重力作用作自由落体运动。

② 滚筒筛也称转筒筛，具有带孔的圆柱形筛面或截头的圆锥体筛面。滚筒筛在传动装置带动下，筛筒绕轴缓缓旋转。为使废物在筒内沿轴向运动，筛筒的轴线应倾斜 $3°\sim5°$ 安装。

③ 振动筛是通过由不平衡物体的旋转所产生的离心力使筛箱产生振动的一种筛子。适用于细粒废物（0.1～0.15mm）的筛分，也可用于潮湿或黏性废物的筛分。

2.磁选

（1）磁选原理　磁力分选简称磁选，是借助磁选设备产生的磁场使铁磁物质组分分离的一种方法。因此磁选在化工固体废物的处理中的主要作用是回收或富集黑色金属，或在某些工艺中用以排除铁质物质。

化工固体废物可根据磁性分为强磁性、中磁性、弱磁性和非磁性等组分。当这些组分通过磁场时，磁性较强的颗粒会被吸附到产生磁场的磁选设备上，而弱磁性和非磁性的颗粒则会被输送设备带走或受自身重力作用或离心力的作用掉落到预定的区域内，从而完成磁选过程。

（2）磁选设备　目前，在化工固体废物的处理中，最常用的磁选设备是滚筒式磁选机和悬挂带式磁选机。

① 滚筒式磁选机由磁力滚筒和输送带组成。当输送带上的废物通过磁力滚筒时，铁磁性物质在磁力作用下被吸附到输送带上，并随输送带一起向前运动，而非磁性物质则在重力及惯性的作用下，被抛落到滚筒的前方。

② 悬挂带式磁选机是在输送带的上方，悬挂一大型固定磁铁，并配有一传送带。由于磁力的作用输送带上的铁磁物质会被吸附到位于磁铁下方磁性区域的传送带上，并随传送带一起向一方移动，当传送带离开磁性区域时，铁磁物质就会在重力作用下脱落，从而完成铁磁物质的分离。

（四）固化处理

固化处理技术是利用物理或化学方法将有害废物与能聚结成固体的某些惰性基材混合，使化工固体废物固定或包容在惰性固体基材中，使之具有化学稳定性或密封性的一种无害化的处理技术。实际应用中，固化处理可分为两个既相互关联又相互区别的固化技术和稳定化技术。而实际操作过程中，固化和稳定化过程是同时发生的。

1.相关概念

（1）固化　在危险废物中添加固化剂，使其转变为不可流动固体或形成紧密固体的过程。

（2）固化剂　固化所用的惰性材料。

（3）固化体　有害废物经过固化处理后所形成的固化产物。

（4）稳定化　将有毒有害污染物转变为低溶解性、低迁移性及低毒性的过程。

（5）化学稳定化　通过化学反应使有毒物质变成不溶性化合物，使之在稳定的晶格内固定不动的过程。

（6）物理稳定化　将污泥或半固体物质与一种疏松物料（如粉煤灰）混合生成一种颗粒的过程，此颗粒组成有土壤状坚实度的固体，这种固体可以用运输机械送至处置场。

（7）包容化技术　用稳定剂、固化剂凝聚，将有毒物质或危险废物颗粒包容或覆盖的过程。

2.固化处理的目的

对其他处理过程留下的残渣、危险废物及被污染的土壤进行处理，使其中有毒有害组分呈现化学惰性或被包容起来，减少后续处理与处置的潜在危险。

3.固化处理对不同化工固体废物的适用性

根据固化基材和固化过程，常用的固化技术有：水泥固化、石灰固化、自胶结固化、塑性材料固化和熔融固化等。不同固化处理的适用对象和优缺点见表10-2。

表10-2　不同固化处理的适用对象和优缺点

分类	适用对象	优点	缺点
水泥固化	重金属、废酸、氧化物	1.技术成熟 2.废物不用预处理 3.能承受废物中化学性质的变化 4.可由废物与水泥的比例来控制固化体结构强度与不透水性 5.处理成本低	1.固化体可能因废物中的某些特殊盐分而破裂 2.固化体的体积和重量相对较大 3.有机物分解造成裂隙，增加渗透性并降低结构强度
石灰固化	重金属、废酸、氧化物	1.不需特殊设备和技术 2.处理成本低	1.强度较低，需较长的养护时间 2.体积较大，处置困难
自胶结固化	含有大量硫酸钙和亚硫酸钙的废物	1.性质稳定，结构强度高 2.不具生物反应性和着火性	1.应用范围较小 2.需特殊设备和专业人员
塑性材料固化	部分非极性有机物、重金属、废酸	1.固化体渗透性较其他固化法低 2.对水溶液有良好阻隔性	1.废物需预处理 2.需特殊设备和专业人员
熔融固化	不挥发的高危害废物、核能废物	1.固化体稳定时间长 2.核能废物的处理已有相当成功的技术	1.不适于可燃及挥发性的废物 2.需消耗大量能源 3.需特殊设备和专业人员

（五）焚烧、热解

化工固体废物的热处理是利用物理化学的方法改变废物状态的过程，广泛应用于化工固体废物的预处理过程，如干燥、焙烧等。化工固体废物的热化学处理是在高温条件下，使化工固体废物中可回收利用的物质转化为能源的过程，主要包括焚烧和热解。

热化学处理的优点有：处理时间短；减容效果好；消毒彻底；焚烧厂占地面积相对较小；可回收能源和资源。但采用热化学处理的同时也存在着很大的问题，如投资和运行费用较高、操作运行复杂、焚烧使垃圾利用率降低、带来二次污染。

1. 焚烧

（1）焚烧原理　焚烧是一种高温高热处理技术，是以一定量的空气与被处理的废物在焚烧炉内进行氧化燃烧反应，使废物中的有毒有害成分在高温下氧化、热解从而被破坏掉，是一种可以同时实现废物减量化、无害化和资源化的处理技术。

焚烧适合处理有机成分多、热值高的废物。不但可以处理化工固体废物，还可以处理化工废气和化工废水；既可以处理一般性废物，也可以处理危险废物。

（2）焚烧设备　焚烧设备一般由焚烧炉及其附属的料斗、推料器、助燃器和出渣器等组成。焚烧炉是整个焚烧过程的核心部分，焚烧炉的类型不同，焚烧效果也不尽相同。目前，广泛应用的为机械炉排焚烧炉、多段焚烧炉、回转窑式焚烧炉和流化床焚烧炉。

① 机械炉排焚烧炉的炉排是构成焚烧炉燃烧室的最关键部件，炉排的上部是炉膛。机械炉排焚烧炉中的废物燃烧主要是在炉排上完成的。炉排可以搅拌和混合物料，使从炉排下方进入的空气一次性顺利地通过燃烧层，并通过炉膛输送废物和灰渣。

② 多段焚烧炉适用于颗粒小或粉末状化工固体废物及泥浆状废物的处理。多段焚烧炉的炉体是一个垂直的内衬耐火材料的钢制圆筒，由许多段（层）组成，每段（层）是一个炉膛。多段焚烧炉操作弹性大、适应性强、可靠性高，可以长期连续运行。但其机械设备较多，其中的小部件易受损伤，因此，需要较多的维修和保养。

③ 回转窑式焚烧炉是一种炉床可动的焚烧设备。它可以使废物在炉床上松散或移动，从而改善焚烧条件，并可自动加料和自动出灰。目前应用最多的是旋转窑焚烧炉。旋转窑焚烧炉可耐废物性状（如黏度、水分），而且不受发热量、加料量等条件突然变化的影响，可处理污泥、塑料、废树脂等多种废物。另外，旋转窑焚烧炉需配备二次燃烧室，废物在旋转窑焚烧炉内受热分解产生的可燃性气体，在二次燃烧室内可达到完全燃烧。

④ 流化床焚烧炉是近年发展起来的一种高效焚烧炉，适用于处理多种废物，如有机污泥、有机废液和化工固体废物等。流化床焚烧炉是利用炉底吹出的热风将废物悬浮起来并呈现沸腾状后进行燃烧的一种设备。

2. 热解

（1）热解原理　热解也称干馏，是一种古老的工业化生产技术，最初应用于煤的干馏，直至 20 世纪 70 年代初才应用于处理固体废物。热解是利用有机物的热不稳定性，在无氧或缺氧的条件下，使有机物受热分解成分子量较小的物质的过程。它与焚烧是完全不同的两个过程，主要区别在于：

① 热解吸热；焚烧放热。

② 热解产物主要是可燃性低分子化合物（如燃料油或燃料气），便于储存和远距离输送；焚烧产物主要是 CO_2 和 H_2O，焚烧过程中所产生的热能大的可用于发电，热能小的只可供加热水或产生蒸汽，适于就近利用。

化工固体废物的热解过程是一个复杂、连续的化学反应过程。包含大分子键的断裂、小分子的聚合和分子间的异构化，最后生成各种较小分子的过程。这些反应没有明显的界线，许多反应都是交叉进行的。

通常，热解可用如下通式表示：

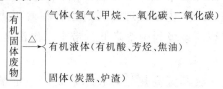

（2）热解反应器　热解反应器依据燃烧床条件可分为固定床、流化床、旋转炉、分段炉等；根据物料流动方向可分为同流向、逆流向和交叉流向热解反应器。

① 固定床热解反应器。这种反应器的产物包括从顶部排出的气体和从底部排出的熔渣或灰渣。顶部排出的气体中常含有一定量的焦油、木醋等成分，经冷却洗涤后可用作燃气。

② 流化床热解反应器。流化床反应器适用于含水量高或水量波动大的废物。其设备尺寸比固定床的要小，但热损失大，排出的气体中不仅带走大量的热量，也带走较多的未反应的燃料粉末。因此，若废物本身热值不高，则需提供辅助燃料以保证设备的正常运行。

③ 旋转炉反应器。是一种间接加热的高温分解反应器。旋转炉的主体设备是一个稍微倾斜的圆筒，它缓缓旋转，可以使废料经过蒸馏容器移至卸料口。这类装置要求废物必须破碎较细，以尺寸不超过 5cm 为宜，从而保证反应的完全进行。

（六）生物处理

生物处理分为好氧生物处理和厌氧生物处理两种。好氧生物处理是在有充分溶解氧存在前提下，利用好氧微生物的活动，将化工固体废物中的有机物分解为二氧化碳、水、氨和硝酸盐的过程。厌氧生物处理是在缺氧的条件下，利用厌氧微生物的活动，将化工固体废物中的有机物分解为甲烷、硫化氢、二氧化碳、水和氨的过程。生物处理法具有运行费用低、效率高等特点。化工固体废物处理中常用的生物处理法有以下几种。

1. 沼气发酵

沼气发酵属于厌氧生物处理法中的一种，是有机物质在隔绝空气的前提下，并保持一定水分、温度、酸度和碱度，利用厌氧微生物分解有机物质的过程。污水处理厂的污泥、人畜粪便等都可作为沼气发酵的原料。为了使沼气发酵持续进行，必须提供并保持发酵过程中微生物所需的各种条件。

2. 细菌冶金

细菌冶金也称生物冶金或微生物浸出，是利用微生物的生物催化作用或新陈代谢作用，使矿石或化工固体废物中的金属溶解出来，从而提取所需金属的过程。它与传统提炼金属的过程相比较具有如下特点：

① 设备简单，操作方便。

② 特别适宜处理尾矿、废矿和炉渣。

③ 可综合浸出，并分别回收多种金属。

3. 堆肥

将化工固体废物或垃圾等堆积起来，利用微生物的作用，使堆料中有机物质分解，并产生高热以杀灭寄生虫卵和病原菌，从而产生肥料的过程就是堆肥。化工固体废物生产或代替农肥具有广阔的前景。粉煤灰、铁合金渣、钢渣、高炉渣甚至可以直接作为硅钙肥在农田中使用，而含磷量较高的钢渣还可用来生产钙镁磷肥。

一、废塑料的综合利用

根据中国物资再生协会再生塑料分会发布的《中国再生塑料行业发展报告（2021—2022）》，2021 年中国废塑料产生量约为 6200 多万吨，其中材料化回收量约为 1900 万吨，回收率达到 30%，是全球废塑料平均回收水平的 1.74 倍。与此同时也应清醒看到：仍有将近 70% 的废塑料被填埋或焚烧，其中包含了大量软质塑料，不仅造成了资源的极大浪费，也为生态环境带来相当的威胁。

（一）废塑料的来源

塑料具有质轻、化学稳定性好、耐腐蚀、耐磨、绝缘性好、导热性低、经济实惠等优点，因而在生产、生活中得到了广泛的应用。但是塑料是高分子聚合物，在环境中极不易降解，因此被丢弃的大量塑料就造成了"白色污染"。所以，废塑料的综合利用不但具有经济价值，还具有明显的环境效益。

塑料制品种类繁多、用途广泛，在农业领域、商业部门、家庭日用等方面都有大量应用。

在农业领域中主要有：农用地膜、棚膜、种子、化肥、粮食等的编织袋，硬质、软质输水、排水等农用水利管件，塑料绳索、网具等。在这些农用塑料制品中编织袋、管件、网具等都可以回收再利用，而回收难度最大的则是农用地膜。

在商业部门中，百货商店、杂货店、批发站等经销部门中使用的一次性包装材料，如包装袋、打捆绳等，虽然种类较多，但基本无污染，可以回收后分类、再生。而饭店、旅馆、火车、轮船等的消费者在消费中会产生废弃塑料制品，如塑料瓶、食品盒、塑料容器等。

家庭日用中所产生的塑料废品主要有包装材料，如包装袋、包装盒、家用电器的泡沫塑料等；一次性塑料制品，如饮料瓶、牛奶袋、杯、盒、容器等；非一次性容器，如塑料鞋、炊具、化妆用具、厕具等。

另外，其他领域中也会产生部分废塑料。如工业过程中产生的各种齿轮、油管、油箱、管道、阀门和电冰箱、电视机的电气外壳等；环保部门产生的废垃圾箱、垃圾桶等；渔业中产生的废渔网、渔竿、渔袋等。

（二）废塑料的分选

回收的废塑料中经常含有纸、织物、金属和泥沙等，而且不同种类的塑料经常混杂在一起，因此，必须对废塑料进行分选，以清除杂质并将其归类。加热法为分离塑料和纸经常使用的方法之一（图 10-9），图 10-10 为目前常用的分离混合塑料的流程。

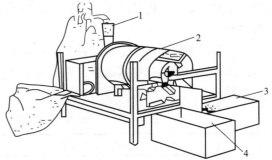

图 10-9　加热法分离废塑料和纸原理

1—料斗；2—加热分离器；3,4—分离物储存箱

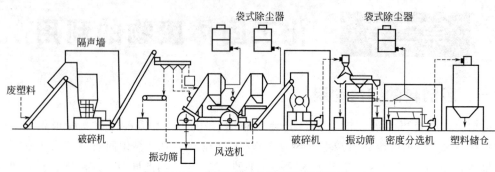

图 10-10　低温破碎-分选混合塑料流程

（三）废塑料的利用

1. 废塑料生产建筑材料

废塑料生产建筑材料是废塑料综合利用的重要途径之一，目前已开发了许多新型的建筑材料产品，如废塑料生产的防水涂料、防腐涂料、塑料油膏、色漆、胶黏剂、塑料砖、板材等。

（1）废塑料生产涂料　表 10-3 为废塑料生产涂料的一种配方。

废塑料先进行分选、清洗，再经晾干、烘干后用粉碎机粉碎，加入装有混合溶剂（二甲苯、乙酸乙酯和丁醇的混合物）的容器中，在一定温度下使废塑料全部催化溶解，制成塑料胶浆，然后将塑料胶浆放入已装有改性剂的容器中制成清漆。在清漆中加入颜料、填料、增塑剂、增韧剂并分散均匀，然后研磨到所需的粒度，用适量的汽油调节其黏度，经过滤即可得到产品。

M10-3 塑料回收

表 10-3　废塑料生产涂料配方

成　分	废塑料	混合溶剂	汽油	颜料、填料	增塑剂、增韧剂
含量/%	15～30	50～60	适量	0～45	0.5～5

（2）生产色漆　收集的废塑料经处理后，投入能搅拌的反应釜中，并加入适当比例的酚醛树脂、甲基纤维素、松香和混合溶剂（氯仿、香蕉水和二甲苯的混合物）浸泡一段时间，再高速搅拌浸泡一定时间使其完全溶解，制得均匀的胶浆状溶液。此溶液经过滤得到合格的改性塑料浆，然后废塑料、混合溶剂、废环氧树脂、废酚醛树脂和颜料按一定比例混合，制得色漆。这种色漆耐磨、耐热、耐寒、防水、耐酸碱都很好，是一种物美价廉的装饰材料。

（3）生产塑料油膏　塑料油膏是一种防水嵌缝材料，通常用聚氯乙烯树脂制得。现在可以用废聚氯乙烯代替聚氯乙烯树脂进行生产。表 10-4 为塑料油膏的配方，图 10-11 为其工艺流程。

表 10-4　塑料油膏的配方

成　分	煤焦油	废聚氯乙烯塑料	滑石粉	炭	邻苯二甲酸二甲酯	稳定剂
含量/%	58	7	17.5	10	7	0.5

（4）生产板材　利用废塑料可生产软质拼装地板、木质塑料板材、人造板材、混合包装板材等。

图 10-11　塑料油膏制备工艺流程

聚氯乙烯塑料地板块是一种新型室内地面铺设材料，具有耐磨、耐腐蚀、隔凉、防潮、不易燃等特点，又具有色泽美观、铺设方法简单和可拼成各种图案及装饰效果好等特点，已被广泛应用。木质塑料板材具有不霉、不腐、不折裂、隔声、隔热、减振、不易老化等特点，其价格仅为一般塑料的 1/3，因此这种板材用途广泛，既可用于建筑材料、交通运输、包装容器，也可用于制作家具。人造板材具有耐酸、碱、油及耐高温、不变形、成本低、亮度好的特点，是制造各种高档家具、室内装饰品和建筑方面的理想材料。

（5）生产塑料砖　塑料砖是以废旧塑料为主要制砖材料，掺和在黏土中烧制而成，在烧制过程中，塑料化为灰烬，砖里呈现出孔状空隙，使其质量变小，保温性能提高。

2. 废塑料热解油化技术

废塑料热解油化技术是通过加热或加入一定的催化剂使废塑料分解，从而获得单体、汽油、燃料气等的过程。废塑料热解油化不仅对环境无污染，又能使塑料还原成石油制品，能最有效地回收资源。也可以认为，废塑料热解油化是以石油为原料的石油化工制造塑料制品的逆过程。废塑料热解油化的一般工艺流程如图 10-12 所示。

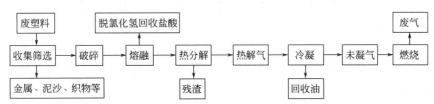

图 10-12　废塑料热解油化的一般工艺流程

二、煤矸石的综合利用

典型案例

陕煤集团于 2020 年成立了固废综合利用中心，设计了煤矸石制陶粒、煤矸石制岩板等五个项目，重点实现了集团固体废物内循环。

山东省创联建材有限公司利用当地丰富的煤矸石制砖和制砂，利用余热给社区供暖及生产豆制品，然后再利用豆制品残余物养鱼，形成了联动模式，2021 年总产值 6.5 亿元，经济和社会效益可观。

辽宁省阜新市煤矸石历史堆存量约 5 亿吨。通过对煤矸石余热的利用延伸产业发展链条，塑造煤矸石综合利用产业生态，形成了"制坯不用土、烧砖不用煤、造纸不排水、发电靠余热"的阜新模式。

20 世纪 60 年代我国开始对煤矸石的综合利用进行探索与实践。初期，煤矸石利用技术发展较慢，主要以地面筑基、制砖为主。1985 年，其综合利用率仅为 25%。1995～2005 年间呈快速增长趋势。2005 年后呈小幅增长趋势且综合利用率均在 60% 以上，煤矸石综合利用量已由 1990 年的 2.60×10^7 吨增至 2021 年的 5.43×10^8 吨，处理能力增长约 20 倍。

（一）煤矸石的来源和组成

煤矸石是煤矿在建井、采煤和煤炭洗选过程中排出的含碳岩石及岩石，是煤矿建设生产过程中所排放出的固体废物的总称。煤炭是我国最主要的能源，随着煤炭生产的不断发展，煤矸石的产量与日俱增。露天存放的大量煤矸石侵占了大量的土地和农田，破坏了土地资源和水源，甚至会造成因煤矸石山失稳而引起的泥石流、滑坡、坍塌等重力灾害。若不加紧有效利用煤矸石，将影响煤炭工业的正常发展、污染环境，甚至造成人员伤亡和财产损失。

1.煤矸石的来源

① 岩石巷道掘进时产生的煤矸石，通常称为原矿石。主要有泥岩、粉砂岩、砂岩、砾岩、石灰岩等。

② 采煤过程中从顶板、底板和夹在煤层中的岩石夹层里所产生的煤矸石。煤层顶板常见的岩石包括泥岩、粉砂岩、砂岩、砂砾岩；煤层底板的岩石多为泥岩、黏土岩、粉砂岩；煤层夹层的岩石有黏土岩、碳质泥岩、粉砂岩、砂岩等。

扫一扫

M10-4 煤矸石的
来源与组成

③ 煤炭分选或洗选过程中产生的煤矸石，又称洗矸石。主要由煤层中的各种夹石如高岭石、黏土岩、黄铁矿等组成。

2.煤矸石的组成

煤矸石的化学成分是评价煤矸石性质、决定其利用途径的重要指标。煤矸石的化学成分随地层岩石种类和矿物组成的不同而变化。煤矸石的主要成分是无机矿物质，其中元素以硅、铝为主，另外还有氧、铁、钙、镁、钠、钾、钛、钒、钴、镍、硫、磷等。这些元素一般以数量不等的金属氧化物、无机非金属氧化物及少量的稀有金属元素形式存在。其具体化学组成见表 10-5。

表 10-5　煤矸石的化学组成

成　分	SiO_2	Al_2O_3	Fe_2O_3	CaO	MgO
含量/%	50～60	16～36	2～5	1～7	1～4
成　分	TiO_2	P_2O_5	K_2O+Na_2O	V_2O_5	烧失量
含量/%	0.9～4	0.004～0.24	1～2.5	0.008～0.03	2～17

（二）煤矸石的利用

1.代替燃料

煤矸石中含有一定的可燃物质，一般烧失量在 10%～30%，发热量可达 4.19～12.6MJ/kg，因此煤矸石可以用来代替燃料。近年来，煤矸石代替燃料的比例相当大，目前采用煤矸石作为燃料的工业企业主要有以下几个方面的应用。

（1）化铁　铸造生产中一般都采用焦炭作燃料化铁。实践证明，用焦炭和煤矸石的混合物作燃料来化铁，也能取得较好的结果。煤矸石的块度必须为 80～200mm，得到的铸铁的化学成分和铸铁件质量都符合要求。因煤矸石灰分较高，所以化铁时要做到勤通风眼、勤出渣、勤出铁水。

（2）沸腾锅炉燃料　使用沸腾锅炉燃烧，是近年来发展的新燃烧技术之一。沸腾炉的优点是对煤种适用性广，可以燃烧烟煤、无烟煤、褐煤及煤矸石。沸腾炉料层的温度在 850～1050℃，料层比较厚，相当于一个大的储蓄热池。其中燃料仅占约 5%，新加入的煤粒进入料层后与是其几十倍的灼热颗粒相混合，很快燃烧，所以可用煤矸石来代替。但因为沸腾炉要求将煤矸石破碎至 8mm 以下，所以燃料的破碎量大，煤灰渣量也大，使沸腾炉层埋管磨损严重，耗电量增大。

（3）烧石灰　烧石灰一般是将破碎至 25～40mm 的煤炭作为燃料，每生产 1 吨石灰需燃煤 370kg 左右。用煤矸石烧石灰时，除特别大块的需要破碎外，100mm 以下的均无需破碎，生产 1 吨石灰需煤矸石 600～700kg。虽然消耗稍微高些，但使用煤矸石代替煤炭，可以保证炉窑稳定的生产操作，生产能力也有所提高，石灰质量较好，生产成本显著降低。

（4）回收煤炭　煤矸石中常混杂有一定数量的煤炭，因此可以利用现有的选煤技术加以回收利用。另外，煤矸石在生产水泥、砖瓦综合利用前，必须预先洗选煤矸石中的煤炭，才能保证煤矸石生产产品的质量。一般，回收煤炭的煤矸石中含煤量应大于 20% 才有回收的价值。

（5）发电　我国将煤矸石作为燃料进行发电的历史始于 20 世纪 70 年代，早期的煤矸石发电技术主要通过沸腾炉进行燃烧，但存在燃烧效率低、能耗高和污染严重的问题。2002 年，由中国科学院工程热物理研究所循环流化床实验室开发的 130t/h 燃用煤矸石循环流化床锅炉在甘肃窑街投运，成功解决了煤矸石的高效燃烧问题。

近几年，我国每年至少有 1.4 亿吨煤矸石被用于发电，绝大部分都是通过循环流化床燃烧技术实现的，其效果相当于每年节约 3800 万吨标准煤。

（6）造气　国内某些厂利用煤矸石作燃料造煤气，这是一种混合煤气，也叫半水煤气。煤矸石造气的特点是燃料不需破碎，烟尘量少，设备构造简单，制作容易，投资小，一次投煤，一次清渣。但存在的问题是结渣严重，气化效率低，不能连续、稳定地进行造气。

2. 生产建筑材料

目前，煤矸石主要用于生产建筑材料和筑路回填等。煤矸石生产的建筑材料主要有：煤矸石烧结砖、煤矸石免烧砖、煤矸石水泥、煤矸石轻骨料等。

（1）生产煤矸石制砖　利用煤矸石制砖包括制烧结砖和免烧砖两种。煤矸石制烧结砖是用煤矸石全部代替或部分代替黏土，采用适当的烧结工艺生产烧结砖。免烧砖是由机械压制成型的一种新型建筑材料，它的主要原料是劣质黏土、煤矸石或建筑垃圾，在这些原料中加入少量的水泥、石灰、化学添加剂作为黏结剂和胶固剂。免烧砖具有强度高、耐久性强、吸水性小、保温和隔声效果好、可加快墙体砌筑速度、外观漂亮、节省原材料和劳动力等优点。

（2）生产水泥　煤矸石中含有大量的二氧化硅、氧化铝、氧化铁，是一种天然的黏土原料，可代替黏土烧制硅酸盐熟料，生产普通硅酸盐水泥、特种水泥和无熟料水泥。

（3）生产轻骨料　轻骨料和用轻骨料配制的混凝土是一种轻质、保温性好的新型建筑材料，可用于建造高层建筑和大跨度的桥梁。煤矸石轻骨料的产品质量取决于煤矸石的成分和性质。适宜生产轻骨料的煤矸石主要是碳质页岩和选煤厂排出的洗矸，其中含碳量不能过高，以低于 13% 为宜。

3. 煤矸石生产化工产品

由煤矸石的化学成分决定了可经煤矸石生产化学肥料及结晶氯化铝、固体聚合铝、硫酸铝、硫酸铵、水玻璃、白炭黑等多种化工产品。

三、粉煤灰的综合利用

典型案例

2021年3月，一列满载50组集装箱、3200吨粉煤灰的专列由呼和浩特市晋丰元装车线缓缓驶出，驶向山东烟台站，将经过烟台港转装上船，发往大洋彼岸的西非国家几内亚。这些粉煤灰来自我国内蒙古，经过长途运输后，将供给几内亚的中资企业，作为建筑材料掺配料用于当地的铁路、桥梁等工程建设。据介绍，今后内蒙古的粉煤灰将定期发运，为工业固废开辟综合利用新空间。

我国粉煤灰综合利用经历了"以储为主"—"储用结合"—"以用为主"三个发展阶段。目前，我国粉煤灰主要应用于建材、道路工程、回填工程、农业、矿物提取等领域。

粉煤灰的利用有多种方式，包括进行物质提取，作为原料生产建材、化工材料、复合材料等产品以及直接用于建筑工程、筑路、回填和农业等。根据有关报告数据，在2014年我国粉煤灰的综合利用率已经达到70%以上，2019年我国粉煤灰综合利用量约4.91亿吨，综合利用率约为77%。其中，粉煤灰用于水泥、混凝土和建材深加工产品3种方式的合计利用量占粉煤灰总利用量的比例达到78%。2022年我国粉煤灰市场规模为192.89亿元，其中，水泥制造、建筑深加工、混凝土领域销售额占比较大。随着国家去产能政策实施和煤炭清洁利用的推进，粉煤灰的资源属性更加突出明显，在建材、化工、筑路、农业、环境和绿色灰基等领域的发展将更加多元化，资源化利用愈加高值化和产业化。

（一）粉煤灰的来源和组成

随着国家对大气治理逐步标准化、制度化，火力发电厂除尘、脱硫、脱硝技术日益成熟，粉煤灰产量也随之增加。2021年我国粉煤灰产量达8.27亿吨，同比增长9.4%，未来仍将继续保持增长趋势，预计2023年我国粉煤灰产量将达到8.65亿吨。

粉煤灰是发电的必然产物，每消耗四吨煤能产生一吨粉煤灰。粉煤灰中含有20多种对人体和环境有害的物质，甚至包括可能导致神经系统损伤、出生缺陷及致癌的重金属。我国多数大、中型火力电厂产生的粉煤灰的化学成分如表10-6所示，其化学成分与黏土极为相似。

表 10-6 粉煤灰的化学成分

成　分	SiO_2	Al_2O_3	Fe_2O_3	CaO
含量/%	43～56	20～32	4～10	1.5～5.5
成　分	MgO	Na_2O+K_2O	SO_3	烧失量
含量/%	0.6～2	1～2.5	0.3～1.5	3～20

（二）粉煤灰的利用

1. 提取粉煤灰中的有用组分

粉煤灰中有煤炭资源、空心微珠、铁、铝等有用组分，并含有锗、钼、钒、铀等多种稀有金属，因此，从粉煤灰中提取这些有用组分具有重要的经济价值。

（1）回收煤炭　电厂锅炉在燃烧煤炭时往往不能将煤完全燃烧，造成粉煤灰中含碳量较高，一般为 8%～20%。我国热电厂粉煤灰中含碳量大于 10% 的占 30%。为了充分利用煤炭资源和降低粉煤灰中的含碳量，常对粉煤灰进行提炭处理。

（2）提取空心微珠　空心微珠具有质量小、强度高、耐高温和绝缘性能好等优点，是一种多功能的无机材料。图 10-13 所示为目前提取空心微珠的方法之一。

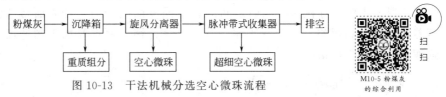

图 10-13　干法机械分选空心微珠流程

M10-5 粉煤灰的综合利用

（3）提取金属铁和氧化铝　一般，粉煤灰中含氧化铁的量为 4%～10%，最高可达 43%。当氧化铁的含量大于 5% 时就有回收的价值。通常利用铁具有磁性的性质而采用干式磁选或湿式磁选的方法来回收粉煤灰中的铁。氧化铝是粉煤灰的主要成分之一，其含量为 20%～32%，因此粉煤灰可作为提取氧化铝的重要资源。

2. 粉煤灰生产建筑材料

粉煤灰在建筑材料中应用广泛，主要可生产水泥、作水泥混合材、蒸制粉煤灰砖、生产粉煤灰加气混凝土和粉煤灰轻骨料等。

（1）生产水泥　由于粉煤灰的化学成分与黏土极为相似，因此，可用粉煤灰代替黏土生产低温合成水泥和无熟料水泥。粉煤灰和生石灰经过一定工艺可生产低温合成水泥，这种水泥块硬、强度大，可制成喷射水泥等特种水泥，也可制作用于一般建筑工程的水泥。用粉煤灰制作的无熟料水泥包括石灰粉煤灰水泥和纯粉煤灰水泥两种。石灰粉煤灰水泥适用于农田水利基本建设工程和底层的民用建筑工程，如基础垫层、砌筑砂浆等。纯粉煤灰水泥可用于配制砂浆或混凝土，适用于地上和地下的一般民用、工业建筑和农村基本建设工程及一些小型水利工程。

（2）作水泥混合材　粉煤灰是一种人工火山灰质材料，加水后不硬化，但能与石灰、水泥熟料等碱性激发剂发生化学反应，生成具有水硬胶凝性能的化合物，因此可用作水泥的活性混合材。

（3）蒸制粉煤灰砖　粉煤灰砖是一种墙体材料。图 10-14 所示为国内大多数粉煤灰建材厂蒸制粉煤灰砖的工艺流程。我国南方这种砖多应用于一般工业厂房和民用建筑。

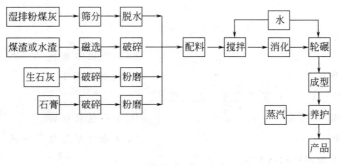

图 10-14　粉煤灰蒸养砖生产工艺流程

（4）生产粉煤灰加气混凝土　粉煤灰加气混凝土是以粉煤灰水泥、石灰为主要原料，以铝粉作发泡剂，经细磨、配料、浇注、成型、坯体切割、蒸汽养护等工序制成的一种多孔轻质建筑材料。粉煤灰加气混凝土具有质轻、有一定强度、绝热性好、防火性强、易于加土等特点，是一种良好的墙体材料。

（5）生产粉煤灰轻骨料　粉煤灰轻骨料包括粉煤灰陶粒、活性粉煤灰陶粒和蒸养陶粒三种。粉煤灰陶粒是以粉煤炭为主要原料，掺入少量黏结剂和固体燃料，经混合、成球、高温焙烧而制得的一种人造轻质材料。其工艺流程如图10-15所示。活性粉煤灰陶粒是为了提高混凝土中轻骨料和水泥面之间的黏结强度而生产的一种表面带活性的粉煤灰陶粒。蒸养陶粒是以粉煤炭、石灰、水泥、石膏、氯化钙等原料经加工制造而成的，其密度小，强度与粉煤灰陶粒相近。

图 10-15　粉煤灰陶粒生产工艺流程

3.粉煤灰生产化工产品

粉煤灰中二氧化硅、氧化铝含量较高，因此可用于生产聚合铝、硫酸铝、白炭黑、絮凝剂、分子筛、水玻璃、无水氯化铝等化工产品。另外，由于粉煤灰具有脱色、除臭功能，因此，广泛应用于制药废水、有机废水和造纸废水的处理。

4.粉煤灰的农业用途

粉煤灰中含有大量金属及非金属元素，既可作土壤改良剂使用，也能生产多元素复合肥。粉煤灰作土壤改良剂时可使土壤的颗粒组成发生变化，从而改善土壤的可耕性；因含有大量的氧化铝、氧化钙、氧化镁等组分，因此可改善土壤的酸碱性；粉煤灰呈黑色，吸热性能好，可提高土壤的温度，有利于农作物的早熟和丰产；因粉煤灰中的硅酸盐矿物与炭粒具有多孔性，因而能提高土壤的保水能力。粉煤灰含有大量可溶性硅、钙、镁、磷等农作物必需的营养元素，因此可视为复合微量元素肥料，也可制成硅钙肥、钙镁肥及各种复合肥料。

 复习思考题

一、选择题

1. 粉煤灰属于（　　）。

　　A.生活垃圾　　　　　　　　　　　B.工业固体废物

　　C.农业固体废物　　　　　　　　　D.放射性固体废物

2. 下列选项中，（　　）属于危险性固体废物。

　　A.厨房垃圾　　　　　　　　　　　B.食品包装垃圾

　　C.电镀污泥　　　　　　　　　　　D.生活污水处理厂污泥

3. 可用磁选方法回收的组分为（　　）。

　　A.废纸　　　　　　B.塑料　　　　　　C.钢铁　　　　　　D.玻璃

4. 对于不挥发的高危害化工固体废物，主要采用（　　）法进行固化。

　　A.熔融固化　　　　　　　　　　　B.水泥固化

　　C.塑性固化　　　　　　　　　　　D.自胶结固化

5. 从化工固体废物中提取物质作为原材料或者燃料的活动是指化工固体废物的（　　）。

    A. 储存　　　　　　　B. 利用　　　　　　C. 处置　　　　　D. 处理

6. 废塑料资源化的常用方法为（　　）。

    A. 填埋　　　　　　　B. 固化　　　　　　C. 高温热解　　　D. 堆肥

7. 塑料常采用（　　）法进行破碎。

    A. 辊式破碎　　　　　　　　　　　　　B. 冲击式破碎

    C. 低温破碎　　　　　　　　　　　　　D. 颚式破碎

8. 煤矸石的大量排放带来的危害表述不正确的是（　　）。

    A. 占用大量宝贵土地资源

    B. 长期堆放日晒下会自燃，排放 CO_2、SO_2 等气体，污染大气

    C. 淋雨后的滤液渗到地下，污染土壤及地下水

    D. 大量煤矸石的长期堆放不会诱发灾害

9. 煤矸石的转化利用是煤炭工业可持续发展的必然要求，下列利用方式最适合的是（　　）。

    A. 回填矿坑　　　　　　　　　　　　　B. 铺路

    C. 生产煤矸石砖　　　　　　　　　　　D. 对煤矸石进行选洗，采出其中的含岩成分

10. 粉煤灰中含量最多的是（　　）。

    A. SiO_2　　　　　　　B. Al_2O_3　　　　　C. Fe_2O_3　　　　D. CaO

二、简答题

1. 什么是化工固体废物？我们为什么要对它进行处理、处置？

2. 化工固体废物污染的特点是什么？

3. 什么是化工固体废物的"三化"管理原则？

4. 常见的化工固体废物处理与处置的方法有哪几种？

5. 压实技术的优点是什么？

6. 化工固体废物常用的破碎设备有哪几种？

7. 什么是化工固体废物的分选？常用的筛分设备有哪几种？

8. 什么是化工固体废物的固化处理技术？常用的固化技术有哪些？

9. 焚烧和热解都属于热化学处理吗？热化学处理有什么优点？焚烧和热解又有什么区别？

10. 生物处理分为哪两种？沼气发酵属于哪种？

11. 废塑料可以生产哪些建筑材料？

12. 煤矸石的资源化包括哪几方面？

13. 粉煤灰有哪些农业用途？

参考文献

[1] 曲向荣. 环境保护概论. 北京：机械工业出版社，2014.

[2] 韩宝平，王子波. 环境科学基础. 北京：高等教育出版社，2013.

[3] 方淑荣. 环境科学概论. 北京：清华大学出版社，2011.

[4] 曾建文，孙焱婧. 工业化进程与资源·环境·节能. 北京：机械工业出版社，2010.

[5] 李定龙，常杰云. 工业固废处理技术. 北京：中国石化出版社，2013.

[6] 杨慧芬，张强. 固体废物资源化. 2 版. 北京：化学工业出版社，2013.

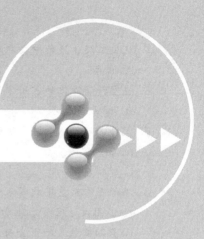

第十一章
化工责任关怀与可持续发展

 教学目的及要求

通过本章学习，了解清洁生产和化工产品的全生命周期的安全管理，了解可持续发展，熟悉责任关怀。坚定不移贯彻创新、协调、绿色、开放、共享的新发展理念，推动绿色发展，促进人与自然和谐共生。

知识目标：

1. 了解清洁生产，掌握清洁生产的内涵；

2. 了解绿色化工、原料的绿色化、绿色能源及其概念；

3. 掌握责任关怀的定义和主要内容，熟悉责任关怀的起源和发展历程。

技能目标：

1. 能认清化工安全生产的形势，对可持续发展的内涵有深刻认识；

2. 能认识责任关怀的标志；

3. 能初步实施绿色化工生产；

4. 结合 HSE，能按我国责任关怀实施的准则理解责任关怀的基本步骤。

素质目标：

1. 遵守道德规范和职业操守，理解清洁生产与可持续发展的理念及内涵，知晓环境保护的法律法规；

2. 具有持续改善环保、健康及安全绩效的先进理念，具有化工责任关怀自觉性；

3. 积极关心社会、关爱他人、爱护环境，增强社会责任感，深入贯彻社会主义核心价值观和创新、协调、绿色、开放、共享的新发展理念。

课证融通：

1. 化工危险与可操作性（HAZOP）分析职业技能等级证书（初、中级）；

2. 化工总控工职业技能等级证书（中、高级工）。

引言

在化工产品的生产过程中，绿色化工从工艺源头促进污染物减量，优化整合生产工艺，化学废弃物循环利用，从而降低成本和消耗，减少废物的排放和毒性，减少化学产品全生命周期对环境的不利影响。

责任关怀是一种基于化工行业特殊性的自律、环保、健康管理体系。自 20 世纪 80 年代开始在全球推广，2002 年引入我国并在全化工行业推行，2018 年从企业延伸至化工类院校，从在职化工人扩大到未来的化工人，从而实现整个行业的可持续发展。

第一节　绿色化工与清洁生产

一、绿色化工的概念

绿色化工，是指在化工产品生产过程中，从工艺源头上就运用环保的理念，推行源消减，进行生产过程的优化集成，废物再利用与资源化，从而降低成本与消耗，减少废弃物的排放和毒性，减少产品全生命周期对环境的不良影响。

绿色化工技术要求化工产品全生产过程的绿色化，化工产品完整的生产周期包括从设计、生产、销售、消费到最终回收。

绿色化工的兴起，使化学工业环境污染的治理由先污染后治理转向从源头上根治环境污染。

二、清洁生产的内涵

1.清洁生产的定义

《中华人民共和国清洁生产促进法》中清洁生产的定义：清洁生产是指不断采取改进设计、使用清洁的能源和原料、采用先进的工艺技术与设备、改善管理、综合利用等措施，从源头削减污染，提高资源利用效率，减少或者避免生产、服务和产品使用过程中污染物的产生和排放，以减轻或消除对人类健康和环境的危害。

清洁生产在不同的发展阶段或者不同的国家有不同的叫法，例如"废物减量化""无废工艺""污染预防"等。但其基本内涵是一致的，即对产品和产品的生产过程、产品服务采取预防污染的策略来减少污染物的产生。

2.清洁生产的内涵

清洁生产从本质上来说，就是对生产过程与产品采取整体预防的环境策略，减少或者消除它们对人类及环境的可能危害，同时充分满足人类需要，使社会经济效益最大化的一种生产模式。具体措施包括：不断改进设计；使用清洁的能源和原料；采用先进的工艺技术与设备；改善管理；综合利用；从源头削减污染，提高资源利用效率；减少或者避免生产、服务和产品使用过程中污染物的产生

M11-1 清洁生产

扫一扫

和排放。清洁生产是实施可持续发展的重要手段。

（一）清洁生产的由来

世界上最先明确提出清洁生产概念的是美国。美国国会 1990 年 10 月就通过了《联邦污染预防法》，把污染预防作为美国的国家政策，取代了长期采用的末端处理的污染控制政策，要求工业企业通过源削减，包括设备与技术改造、工艺流程改进、产品更新设计、原材料替代，以及促进生产各环节的内部管理，减少污染物的排放，并在组织、技术、宏观政策和资金方面做了具体的安排。

清洁生产是人类社会发展的必然而明智的选择，其原因有三：

1. 以消费资源为特征的工业发展不能持久

工业生产以追求生产总值为目标的传统发展模式，受到了世界各国的深刻反思和批判，这种发展模式带来一系列不可克服的社会弊端，其中污染和资源浪费是最突出的表现。取而代之的是可持续发展战略，现已被世界各国普遍接受，正逐渐成为人类伟大的实践。

2. 节约资源，降低消耗，减少排废的工业、企业及产品在竞争中日趋有利

在国际贸易中，保护环境越来越成为一条制约因素。不符合环境标准的物品越来越多地受到环境要求的制约，随着国际环境公约的不断出台，工业产品环境保护方面的要求会越来越多，越来越高。比如，遵循《蒙特利尔议定书》的规定，用氟利昂的制冷设备、冰箱等产品，以及各类化妆品难以进入国际市场，必须以新品代替。相反，凡重视环境保护的工业企业，由于千方百计降低消耗，节约能源，减少排放，因而产品成本降低，获得有利的竞争地位。有名的美国杜邦公司采用先进生产工艺和技术，不产生或很少产生有害环境的废物，为此，不惜投入巨资，收到良好的效果。

3. 资源有价，环境法规日趋健全，全社会环境意识提高，创造良好的社会生活环境工业界责无旁贷

人们的价值观念正发生重大变化，认识到自然资源（包括空气和水）有限，因而也都有价。使用自然资源要付出相应代价，已成为国际社会的共识。人们的生活方式和意识也正在发生深刻变化，广大公众环境意识明显提高，认识到环境与自己息息相关，并关系到后代的生存和发展，因此，纷纷积极投入到保护环境的行列。人们现在已不满足于工业产品对提高物质生活水平的贡献，同时也要求工业界为创造良好的生活环境做出贡献。而工业界作为造成污染的主要来源，应当顺应潮流率先采取保护环境的行动措施。

要想做到工业与环境协调发展，清洁生产是最好的途径。大量实践证明清洁生产可以从源削减、生产工艺和废物的回收利用上来节约资源，降低能耗，减少废物，以此来保护环境，取得社会和经济的双重效益。

（二）清洁生产的主要内容

（1）清洁能源　包括开发节能技术，尽可能开发利用再生能源以及合理利用常规能源。

（2）清洁生产过程　包括尽可能不用或少用有毒有害原料和中间产品。对原材料和中间产品进行回收，改善管理、提高效率。

（3）清洁产品　包括以不危害人体健康和生态环境为主导因素来考虑产品的制造过程甚至使用之后的回收利用，减少原材料和能源使用。

扫一扫

M11-2 清洁能源

三、化工清洁生产

清洁生产是工业发展的一种新模式。贯穿产品生产和消费的全过程。它不单纯是一个清洁生产技术问题，而是一个复杂的系统工程。因此，要实现清洁生产，必须首先转变观念，从揭示传统生产技术的主要问题入手，从生产-环境保护一体化的原则出发，具体问题具体分析，逐个解决产品生产、贮运、使用和消费全过程中存在的问题。

（一）源削减

源削减是指通过预先制定的措施预防污染，使污染物产生之前就被削减或消灭于生产过程中。其实质是避免污染的产生，它在经济上和环境上要比净化和控制污染更为可取。

例如，由异丙苯制取苯酚的生产工艺，典型产率为93%，会产生有毒的丙酮副产物。孟山都公司和俄罗斯 Boreskov 催化剂研究所合作开发了由苯直接制取苯酚的新工艺，该工艺采用沸石基催化剂，苯和一氧化碳通过催化剂层生成苯酚，不仅产率可以提高到99%，并且没有副产品丙酮，工艺简单，一步设计不需要废物处理设备，降低了基建和操作费用，大大有利于环保。

源消减可以从以下几个方面实施：

① 改进产品设计、调整产品结构；

② 原材料改进；

③ 改革工艺和设备，开发全新流程；

④ 加强管理。

（二）废物循环利用，建立生产闭合圈

工业生产中物料的转化不可能达100%。生产过程中工件的传递、物料的输送，加热反应中物料的挥发、沉淀，加之操作的不当、设备的泄漏等原因，总会造成物料的流失。工业中产生的"三废"实质上是生产过程中流失的原料、中间体和副产品及废品废料。尤其是我国农药、染料行业，主要原料利用率一般只有30%～40%。其余都以"三废"形式排入环境。因此对废物的有效处理和回收利用，既可创造财富，又可减少污染。

山西太原某集团，生产的主要产品有氯碱、苯酚、氯化苯、聚氯乙烯、环己酮、己二酸等，其中氯化苯是该厂的主要产品，对整个氯碱生产、平衡氯气、提高效益起重要作用，直接关系到全厂的整体生产能力。由于种种原因，主要工艺较落后，设备陈旧、技术老化，致使单位产品物耗、能耗居高不下，物耗、能耗未能物尽其用，以废物的形式排入环境，有害物质均超过国家或地方的排放标准，导致社会公众与企业矛盾十分突出，环境纠纷也有发生，环境问题已制约了企业生产发展。

通过开展清洁生产，对企业现有传统工艺进行剖析，找出物耗、能耗高，污染严重的工序，结合技术改造，分期分批解决。为了节约用水，降低生产成本，投资了87.7万元。新建了一座400m³/h冷却水系统，循环水用于各种换热器及其他工艺上，以减少新鲜水用量，使每吨产品新鲜水用量由原来的73.3吨下降到5.5吨，吨产品节约新鲜水67.8吨，按年生产氯化苯产品15000吨计，年节约新鲜水101.7万吨，按每吨新鲜水1.6元计，年节约水价值为162.72万元，扣除年运行成本32.3万元，年净效益为130.42万元。

实现清洁生产要求流失的物料必须加以回收，返回流程中或经适当处理后作为原料或副产品回用。建立从原料投入到废物循环回收利用的生产闭合圈，使工业生产不对环境构成任何危害。在生产过程中比较容易实现的是用水闭路循环。工业用水的原则是供水、用

水和净水一体化，要一水多用、分质使用、净水重复使用。尤其是在水资源短缺的地区，实现用水闭路循环的工作更为紧迫。

（三）发展环保技术，搞好末端治理

为了实现清洁生产，在全过程控制中还需包括必要的末端治理，使之成为一种在采取其他措施之后的防治污染的最终手段。

2019年度荣获国家科技进步奖一等奖的"制浆造纸行业清洁生产与水污染全过程控制关键技术及产业化"项目，改变了造纸行业水污染的治理模式，实现了清洁生产与末端治理相结合的水污染全过程控制，让造纸行业走上了循环经济、绿色发展、清洁生产的轨道。

该成果覆盖了造纸行业化学机械法制浆、化学法制浆、废纸制浆及造纸等所有主要工艺流程的清洁生产技术，形成了化学法制浆清洁生产节水减排集成技术及装备、化学机械法制浆废水蒸发燃烧资源化技术、废纸近中性脱墨制浆及造纸白水梯级循环回用集成技术等标志性成果，实现了造纸行业水污染全过程控制，解决了造纸行业面临的环境与资源约束难题。清洁生产技术达到国际领先水平，部分关键技术填补国内外空白，已获授权发明专利30件、发表SCI论文36篇、出版专著3部。研发的技术已在10家大中型企业推广应用，近三年累计实现产值876.79亿元、利润168.29亿元。

第二节　化工责任关怀与可持续发展

责任关怀是石油和化学工业在全球范围内开展的一套自律性和持续性改进环保、健康及安全绩效的管理体系，其宗旨是化学品制造商承诺在创造物质财富的同时，履行对社会和谐发展的责任。实施责任关怀是我国化工行业贯彻党的二十大提出的绿色发展理念，推动可持续发展的重要举措。

一、责任关怀的起源和发展历程

1.责任关怀的定义

责任关怀（responsible care）是指全球化工行业自发地在环保、健康和安全（EHS）方面所采取的行动计划，以推动持续改善化工行业在环保、健康以及安全领域的表现。化工企业通过遵守法规或法规以上的要求，以及自愿与政府和其他利益相关者进行合作来达到这个目的。

不同于法律法规的强制性，责任关怀属于道德规范的范畴，是对赢得公众对化工行业的信心与信任、持续提高人民生活水平和生活质量的承诺。

2.责任关怀的起源及其发展历程

责任关怀起源于加拿大。20世纪80年代中期，工业对环境的污染危害越来越大，西方发达国家广大公众的环境保护意识空前觉醒，保护环境、经济可持续发展成为人类的共同理念。人们普遍习惯地把严重污染与化学工业联系在一起，提起化学工业，人们首先想到的是污染物、致癌物，似乎污染环境是化学工业不可克服的通病。为了扭转人们的这种观念，1985年加拿大化工协会最先提出责任关怀的构想，坚信并承诺化学工业也能够和其他工业行业一样，能够负责任地关心环境保护和人类健康，消除对环境的污染。

1988 年美国化学品制造协会正式推行责任关怀，1992 年被国际化工协会联合会（ICCA）接纳并形成在全球推广的计划。其宗旨是在全球石油和化工企业实现自愿改善健康、安全和环境质量。30 年来，责任关怀在全球 68 个国家和地区得到推广。几乎所有跻身世界 500 强的化工企业都践行了这一体系。

2018 年中国正式成为国际化工协会联合会（ICCA）的会员。目前，责任关怀已经成为国际化工界保护环境的共同理念。

3. 责任关怀的标志

责任关怀的标志是双手捧着象征着化学工业的物质分子结构的图形（见图 11-1）。

图 11-1　责任关怀的标志

二、化工行业责任关怀的推进

在国际化学品制造商协会（AICM）及各国化工学会的推动下，世界主要工业国家的化工公司通过源头削减污染物、废物综合利用、建立大型处理装置等多种方法，基本解决了企业的环境污染问题，不但达到了相应的法规要求，且污染物浓度低于标准限值。各国、各公司推进责任关怀的具体做法各不相同，但大的框架类似。

（一）《责任关怀全球宪章》

签署《责任关怀全球宪章》，是企业加强化学品管理体系，保护人与自然环境，敦促各方为达成可持续发展解决方案等做出郑重承诺。具体包括：

① 构建公司领导力文化；

② 保护人员和环境；

③ 加强化学品管理制度；

④ 影响商业合作伙伴；

⑤ 引导利益相关者参与；

⑥ 促进可持续发展。

签署责任关怀承诺书（如《责任关怀全球宪章》）是一种自愿的行为。但是，一旦组织签署了责任关怀承诺书，则向全社会表明其公开承诺实施责任关怀，在组织内部需强制性执行。

（二）责任关怀指导原则

责任关怀指导原则概括描述了协会成员持续改进环境、健康和安全绩效的相关政策和道德规范，以确保协会成员履行持续改进健康、安全和环境绩效的承诺。企业一旦签署了实施责任关怀的承诺书，就表明企业要将责任关怀指导原则运用到工作中。具体内容如下：

① 不断提高对健康、安全、环境的认知，持续改进生产技术、工艺和产品在其生命周期中的性能表现，避免对人和环境造成伤害。

② 有效利用资源，注重节能减排，将废弃物降至最低。

③ 研发和制造能够安全生产、运输、使用以及处理的化学品。

④ 通过研究有关产品、工艺和废弃物对健康、安全和环境的影响，提升健康、安全、环境的认识水平。

⑤ 制定所有产品与工艺计划时，应优先考虑健康、安全和环境因素。

⑥ 装置和设施的运行方式应能有效保护员工和公众的健康、安全和环境。

⑦ 与用户共同努力，确保化学品的安全使用、运输以及处理。

⑧ 与有关方共同努力，解决以往危险物品在处理和处置方面所遗留的问题。

⑨ 充分认识相关方对化学品以及运作过程的关注和期望，并对其做出回应。

⑩ 向政府有关部门、员工、用户以及公众及时通报与化学品相关的健康、安全和环境危险信息，并且提出有效的预防措施。

⑪ 与政府和相关组织合作，制定和实施有效的法规和标准，以达到或超越这些法规和标准。

⑫ 与供应商和客户分享道德和经营理念，并提供帮助和建议，促进所有在价值链上管理和使用化学品的人对化学品进行负责任的管理。

（三）责任关怀六项实施准则

我国责任关怀实施的准则有六项：社区认知和应急响应、污染防治/环境保护、职业健康安全、工艺安全、产品安全监管和储运安全。

1. 社区认知和应急响应

社区认知：通过信息交流和沟通，企业要让社区的方方面面提高对化工企业的认知度，以便于社区公众对化工企业的认识和监督。这里的社区范围已经从单纯的周边居民群众含义扩展到了企业周边的企业，包括整个工业区、经济区，甚至是工业区周边的居民。

应急响应：确保每套装置/设备都有应急方案，能对紧急情况做出迅速有效的响应，从而保护员工和社区的安全，将紧急事故的损失降至最低。应急响应不仅仅是管理层的事或者是政府的事，和每个人有关，只有大家都能掌握了在紧急情况下保护好自己的技能，才能在关键的时刻采取必要的措施，企业才能将损失降到最低。因此，应急响应应有制度、计划、培训、定期的演练、评估、修正，才能使整个应急响应的体系不断地完善，在真实事件发生时，才能处事不惊、处惊不乱，将危害程度控制到最低。

2. 污染防治/环境保护

规范化学品相关企业进行污染防治管理，使企业能对污染物的产生、处理和排放进行综合控制和管理，持续地、最大限度地减少废弃物的排放总量，使企业在生产经营中对环境造成的影响降至最低。每一位员工应该知道工厂主要的原料是什么，都含有哪些主要的污染环境的物质，如果超标，必须经过处理才能排放。

遵循"减量化、再利用、再循环"的原则，倡导污染物低排放、零排放的理念，充分利用能源，尽可能降低原材料的消耗，避免、减少或控制污染物的产生、排放或处置。

污染防治的最终目标是"零排放"。

3. 职业健康安全

加强劳动保护和职业病预防。规范化学品相关企业进行职业健康安全的管理，防止安全事故和职业病发生，保护相关人员的健康与安全。

在计算伤亡事故时，在职员工、外来人员（承包商、参观学习人员）分别统计纳入企业的管理目标。

职业健康安全的目标是"零事故"。

4. 工艺安全

工艺安全是指通过应用良好的设计原则、工程控制和操作做法，有相应的"指南"、操作手册、标准的操作流程、作业许可证等等，由这些规章制度来指导员工的各项作业。对处理危险物质的操作系统和工艺过程进行完整性的管理，以达到本质安全。

企业应规范化学品相关企业实施工艺安全管理，防止化学品泄漏、火灾、爆炸，避免发生伤害及对环境产生负面影响。

工艺安全事故是企业健康环保安全事故的组成部分，因此，工艺安全的目标和企业安全总目标一致：零事故。

5.产品安全监管

产品安全管理涵盖产品的研发、生产、销售、储存、运输、使用、回收以及处理的整个过程。在产品生命周期的每个阶段，保护公共健康、安全和环境必须被视为核心价值。

产品安全管理要求在产品生命周期中涉及的各方（包括设计者、生产制造商、销售商、用户、废物处理商）共同承担责任，减少产品的危害。

产品安全目标和企业安全总目标一致：零事故。

6.储运安全

规范化学品相关企业实施化学品储运安全管理，涵盖化学品（包括化学原料、化学制品及化学废弃物）经由公路、铁路、水路、航空及管输等各种形式的运输、转移（包括装货和卸货）及其储存活动的全过程。并确保应急预案得以实施，从而将其对人和环境可能造成的危害降至最低。

储运安全目标和企业总安全目标一致：零事故。

（四）实施责任关怀的基本步骤

化工企业实施责任关怀，首先要由最高管理层召开会议集体决策，并要提出承诺，为实施责任关怀需要的人才、资金等予以保障和支持。实施责任关怀一般包括以下八个步骤：

① 签订责任关怀承诺书。最高管理层的承诺要由最高管理者签署书面的承诺书，并公开向社会公布，成为实施责任关怀行动的依据文件。

② 设立责任关怀的管理机构。企业内部管理层应设立负责实施责任关怀的管理机构，或明确现有的管理部门中由哪一个部门负责管理此工作。

③ 制定责任关怀的方针和方向。企业应对本企业的健康、安全和环保工作的实际状况，进行一次先期的评估。根据评估结果，制定出企业的责任关怀方针。依据方针总的要求，制定出各项工作目标。

④ 制定责任关怀的实施计划与管理制度。企业应根据责任关怀的实施准则，结合本企业以往在安全、健康和环保等方面实施的管理体系、管理规范、管理制度的实际情况，依据责任关怀的工作目标制定出责任关怀的具体实施计划和管理制度。计划一定要把完成目标的具体措施列出来，并列出完成时间表，任务要落实到部门和执行者。

⑤ 实施。根据责任关怀实施准则的要求和本企业的责任关怀实施计划，在企业内全面实施责任关怀。首先应进行全员培训，让每个员工认识责任关怀，了解本企业的目标和实施计划以及个人在实施责任关怀过程中的职责（做什么、如何做）。

⑥ 绩效考核和自我评估。企业应定期对实施计划的执行情况进行检查，查找执行过程中存在的问题与不足，并予以纠正。

绩效考核是责任关怀实施一个阶段后，对实施准则的执行情况进行综合考核，提出进一步完善执行实施准则的措施，不断提高健康、安全和环保的管理绩效。

自我评估是企业采用责任关怀评估导则进行定性化的自我评估。评估过程是对实施准则中的每一条款在企业中的执行情况，根据评估导则给出的判断标准进行评价，判断该项实施准则的执行情况。

⑦ 管理评审和持续改进。企业应建立评审制度，成立评审小组，明确评审目的，制订评审计划，每年进行一次责任关怀评审活动，编写评审报告。

企业的责任关怀评审报告要上报最高管理层，并予以公布。最高管理层依据评审报告书提出的问题，进行持续改进。比如，修改工作目标，修改规章制度，对事故、事件、不符合项提出预防措施，并予以落实等。

⑧ 年度报告。企业应在每年初将上一年的责任关怀实施情况进行认真总结，并编制出企业的责任关怀年度报告。全面总结实施责任关怀的经验、体会、取得的成绩、存在的问题和不足，并列出企业在健康、安全和环保等方面的有关绩效数据表。年度报告可以向公众发布或在企业网站上公开。

（五）责任关怀八大基本特征

① 建立并实施一套各成员公司共同签署的指导原则；

② 使用与责任关怀理念相一致的标语；

③ 通过一系列制度、准则、政策或指导性文件来实施有效的管理，以帮助公司取得更好的成绩；

④ 协会制定一套可以用来衡量责任关怀实施效果的主要绩效指标；

⑤ 与内部及外部利益相关方进行沟通；

⑥ 在成员之间分享最佳做法；

⑦ 鼓励所有企业和组织做出承诺并参与到责任关怀的行动中；

⑧ 会员企业通过一定程序来检验执行实施责任关怀的情况。

（六）责任关怀绩效报告

国际化工协会联合会全球责任关怀领导小组（ICCA-RCLG）编制了一套基本指标体系作为协会收集企业业绩表现的数据指标，并要求其协会成员每年通过国际化工协会联合会全球责任关怀领导小组的电子网络报告系统提交国家数据报告（包括协会会员企业的业绩表现结果和协会实施责任关怀基本特征以及全球产品战略的整体进展）。国际化工协会联合会向公众以及包括联合国（UN）在内的国际相关利益者公布协会提供的年度数据报告。

例如，《中国石油和化工行业 2021 年度责任关怀报告》从"实施概况""组织推进""准则实践""责任关怀之星"和"持续改进"五个方面全面梳理 2021 年石油和化工行业的责任关怀工作，系统总结了 2021 年中国石油和化学工业联合会在全行业组织开展责任关怀工作所作的努力及取得的成绩，展示了部分化工园区、专业协会、央企、国企、外企、民企和科研院校等企事业单位的优秀实践和典型经验，收集整理了部分承诺企业的关键绩效指标数据（KPI），以助于反映 HSE 绩效，持续改进 HSE 管理水平，促进行业安全、绿色可持续发展。

随着我国"一带一路"建设以及碳达峰、碳中和战略的制定，绿色化工、绿色能源以及绿色生产成为化工行业宏观战略规划的重点内容。通过实行责任关怀，使化工生产过程更加安全有效，一方面为企业创造更大的经济效益，另一方面也赢得了公众的信任，从而实现整个化工行业的可持续发展，为建设美丽中国作出新贡献。

三、化工行业的可持续发展

（一）什么是可持续发展

可持续发展是指既满足现代人的需求又不损害后代人满足需求的能力。换句话说，就是指经济、社会、资源和环境保护协调发展，它们是一个密不可分的系统，既要达到发展经济的目的，又要保护好人类赖以生存的大气、淡水、海洋等资源。

（二）可持续发展的内涵

人类追求健康而富有生产成果的生活权利，应当和坚持人与自然和谐相统一，而不应当凭着人们手中的技术和投资，采取耗竭资源、破坏生态和污染环境的方式来追求这种发展权利的实现。

当代人在创造与追求今世发展与消费的时候，应当承认并努力做到使自己的机会与后代人的机会相平等，不能允许当代人一味地、片面地、自私地为了追求今世的发展与消费，而毫不留情地剥夺了后代人本应合理享有的同等的发展与消费的机会。

为了可持续发展，人类必须依照下列原则来使用各种自然资源：

① 满足全体人民的基本需要（粮食、衣服、住房、就业等）和给全体人民机会，以满足他们要求美好生活的愿望；

② 人口发展要与生态系统变化着的生产潜力相协调；

③ 像森林和鱼类这样的可再生资源，其利用率必须在再生和自然增长的限度内，使其不会耗竭；

④ 像矿物燃料和矿物这样的不可再生资源，其消耗的速率应考虑资源的有限性，以确保在得到可接受的替代物之前，资源不会枯竭；

⑤ 不应当危害支持地球生命的自然系统，如大气、水、土壤和生物，要把对大气质量、水和其他自然因素的不利影响减少到最低程度；

⑥ 物种的丧失会大大地限制后代人的选择机会，所以可持续发展要求保护好物种。

环境与发展是不可分割的，它们相互依存，密切相关。可持续发展的战略思想已成为当代环境与发展关系中的主导潮流，作为一种新的观念和发展道路被人们广泛接受。

（三）化工行业可持续发展的主要任务

化学工业是对环境中的各种资源进行化学处理和加工转化的生产部门，其产品和废弃物具有多样化、数量大的特点。废弃物大多有害、有毒，进入环境会造成污染。有的化工产品在使用过程中造成的污染甚至比生产本身所造成的污染更严重、更广泛。由于化学工业对环境影响巨大，所以实施可持续发展对化工生产尤为重要。

化学工业实施可持续发展主要任务：

一是深入实施责任关怀，改善行业形象。通过多渠道做好责任关怀宣传工作，进一步完善责任关怀体系。同时持续开展责任关怀实施效果评估。

二是降低资源能源消耗，促进节约发展。通过完善能效"领跑者"发布制度和节能标准体系，深入开展能效对标。节水方面，可以推进取水定额标准体系建设，开展水效"领跑者"活动。同时大力推进低阶煤分级分质清洁高效利用技术，"煤化电热"多联产技术以及煤油气综合利用等多项煤化工产业化。

三是深入开展碳减排工作，促进低碳发展。需要因地制宜布局制氢项目，还要大力发展可再生能源，以及在强化生物航油制取、绿色生物炼制升级等方面开展研发与攻关。同时减少温室气体排放，实施行业碳达峰行动。

四是加快工艺技术改造，促进清洁发展。需要减少有毒有害物质使用，逐步限制、淘汰高毒、高污染、高环境风险产品和工艺技术，实现生产清洁化。同时推进清洁生产技术改造，开发绿色石化工艺以及加快数字化发展，培育智能化工厂。

五是加强资源综合利用，促进循环发展。构建循环经济产业链，从企业小循环、园区中循环、社会大循环三个层面构建循环经济体系，同时推进固体废物综合利用和副产资源的回收利用。

六是强化企业主体责任，促进安全发展。通过运用互联网和大数据技术，加大智慧园区和智慧工厂建设力度，加速安全生产从静态分析向动态感知、事后应急向事前预防、单点防控向全局联防的转变，提升工业生产本质安全水平。

七是开展污染防治攻坚，解决突出问题。围绕重点行业挥发性有机物、高难度废水等重点污染物治理，加快采用先进适用污染治理技术开展污染防治攻坚，进一步降低"三废"排放量；进一步加强化学品管理，强化化学物质环境风险管控，推进危险废物的无害化处置和资源化利用，不断培育壮大高端环保产业。

八是完善绿色制造体系，实现全产业链绿色制造。积极发挥品牌引领作用，提升企业品牌价值和核心竞争力。进一步建立和完善行业绿色制造体系，为推进行业绿色低碳循环发展提供保障。进一步深化绿色制造体系建设，树立行业绿色标杆，发挥示范带动、典型引领作用，推动全行业绿色发展迈上一个新台阶。

 复习思考题

一、选择题

1. 清洁生产从本质上来说，就是对生产过程与产品采取整体预防的（　　），减少或者消除它们对人类及环境的可能危害，同时充分满足人类需要，使社会经济效益最大化的一种生产模式。

   A. 环境策略　　　　　B. 技术方法　　　　　C. 工业设计　　　　　D. 实施方案

2. 绿色化工技术要求化工产品全生产过程的绿色化，化工产品完整的生产周期包括从设计、生产、销售、消费到最终（　　）。

   A. 废弃　　　　　　　B. 循环　　　　　　　C. 填埋　　　　　　　D. 回收

3. 责任关怀起源于（　　）。20世纪80年代中期，工业对环境的污染危害越来越大，西方发达国家广大公众的环境保护意识空前觉醒，保护环境、经济可持续发展成为人类的共同理念。

   A. 加拿大　　　　　　B. 美国　　　　　　　C. 英国　　　　　　　D. 德国

4. （　　）年中国正式成为国际化工协会联合会（ICCA）的会员。

   A. 2015　　　　　　　B. 2018　　　　　　　C. 2019　　　　　　　D. 2020

5. 我国责任关怀实施的准则有六项：社区认知和（　　）、污染防治/环境保护、职业健康安全、工艺安全、产品安全监管和储运安全。

   A. 交流沟通　　　　　B. 计划培训　　　　　C. 应急响应　　　　　D. 评估修正

6. 产品安全管理涵盖产品的研发、生产、销售、储存、运输、使用、（　　）以及处理的整个过程。

A. 设计　　　　　　B. 操作　　　　　　C. 转移　　　　　　D. 回收

二、简答题

1. 简述清洁生产概念。

2. 简述源消减从哪些方面实施。

3. 简述绿色化工的概念。

4. 简述可持续发展的内涵。

5. 什么是责任关怀?

6. 简述责任关怀的指导原则。

7. 简述实施责任关怀的八个步骤。

8. 简述责任关怀八大基本特征。

9. 简述责任关怀六项实施准则。

参考文献

[1] 李廷友. 环境保护概论. 北京：化学工业出版社，2021.

[2] 袁霄梅. 环境保护概论. 2 版. 北京：化学工业出版社，2020.

[3] 杨永杰. 化工环境保护概论. 3 版. 北京：化学工业出版社，2022.

[4] 徐文明. 责任关怀与安全技术. 北京：化学工业出版社，2019.